机场鸟击防范系列丛书
民航局安全能力建设资助项目

机场植物学野外实习指导

施泽荣　白文娟　王　正　邹玉明　编著

合肥工业大学出版社

图书在版编目(CIP)数据

机场植物学野外实习指导/施泽荣等编著．—合肥：合肥工业大学出版社，2017.2
ISBN 978-7-5650-3288-2

Ⅰ.①机… Ⅱ.①施… Ⅲ.①机场—植物—识别—高等职业教育—教学参考资料
Ⅳ.①Q949②V351

中国版本图书馆 CIP 数据核字(2017)第 044007 号

机场植物学野外实习指导

施泽荣 白文娟 王 正 邹玉明 编著 责任编辑 权 怡 责任校对 马栓磊

出 版	合肥工业大学出版社	**版 次**	2017 年 2 月第 1 版
地 址	合肥市屯溪路 193 号	**印 次**	2017 年 3 月第 1 次印刷
邮 编	230009	**开 本**	787 毫米×1092 毫米 1/16
电 话	编 校 中 心：0551-62903210	**印 张**	16
	市场营销部：0551-62903198	**字 数**	317 千字
网 址	www.hfutpress.com.cn	**印 刷**	合肥创新印务有限公司
E-mail	hfutpress@163.com	**发 行**	全国新华书店

ISBN 978-7-5650-3288-2 定价：45.00 元

序

自古以来，人类对鸟类的飞行都有着极大的兴趣。“列子御风”，“嫦娥奔月”，翱翔蓝天之梦，随着社会的发展，人们对“腰缠十万贯，骑鹤下扬州”的憧憬之心，日渐浓厚，充分反映出古代人们对快捷、安全、舒适、美观的飞行器的向往与追求。一百多年来，飞机的发明给人类插上了金翅膀，使飞行成为一种抵挡不住的诱惑。

人类的飞行，比鸟类晚了1.5亿多年。随着科学技术的不断发展，人类终于可以与鸟类共游一片蓝天。然而，蔚蓝的天空并不平静，当飞机与鸟类试图同时使用同一空域时，鸟击灾害就发生了……。据不完全统计：全世界民航业，每年有大约2万起不同程度的鸟击灾害发生，造成直接和间接经济损失150亿美元。以美国为例，该国民航业每年因鸟击灾害导致直接经济损失6.3亿美元、间接经济损失25.2亿美元、飞机停场超过50万小时。鸟击灾害给人类造成了巨大的生命和财产损失，也带来了巨大的社会影响和心理压力。自20世纪50年代以来，全世界因鸟击造成的灾害是：民航业有103架飞机损毁，706架飞机被击伤，3980人伤亡；军方有312架军机损毁，981架飞机损伤，396名飞行员伤亡（其中，272人死亡，124人受伤）。更为严重的是，2005年美国“发现”号航天飞机升空时，燃料箱前端遭遇鸟击……。因此，国际航空联合会（FAI）把鸟击灾害定为“A”级航空灾难。鸟击造成的灾害，也使人们在乘坐飞机时平添了几分心悸。

在人们的想象中，柔弱的小鸟与飞机相撞是以卵击石。而事实绝非如此。飞机真的害怕小鸟，鸟击飞机的威力非同一般。据测定，一只800g的鸟类，在飞机相对速度为300～500km/h时撞击飞机，就相当于一枚小型炮弹击中飞机。一只小鸟如果被吸进发动机，会使进气道阻塞或打断涡轮叶片，导致空中停车、失火或操纵失控，造成灾难事故。

鸟击灾害并非是个新问题，早在20世纪初的1912年，美国人卡尔·罗杰斯

(Kari・Rogers),驾机飞越美洲大陆时,就因鸟击导致坠机身亡。随后,为防止鸟击灾害的发生,飞机设计专家做了大量改进。但是,喷气发动机时代的到来,进一步加剧了鸟击灾害的发生。因为,早期飞机的活塞式发动机噪音大、速度慢,鸟类在空中还来得及避让飞机,即使发生鸟击问题其损失也比较小。然而,现代喷气式飞机的速度快、噪音小、体型大,发动机的涡轮叶片与螺旋桨极易受鸟击的破坏。因此,如何减控鸟击灾害的发生,确保飞行安全,已成为各国政府共同关心的一个大问题。

随着航空事业的快速发展,鸟击灾害问题被列入航空业的议事日程,因地制宜制定综合防治与控制措施,坚持“以防为主,防治并举,土洋结合,经济存效”的原则,治早、治小、治了,及时清除鸟击带来的飞行安全隐患,已成为全人类的基本共识。目前,摆在我们面前的现实是,机场上空和地面上的鸟类及其他有害生物,已成为飞行安全的大敌。防止鸟击灾害,确保飞行安全,不能等到事故发生了才仓促应对,而要“以防为主”,打主动仗,在鸟类迁徙、集群、繁殖、扩散及活动峰值期,做好防控工作。也就是说,不但要认识防治对象,熟悉防控措施,还要掌握相应的鸟类及其他有害生物的活动规律,通过系统的调查研究和周密的计算分析,综合各种信息,预测(判断)鸟击灾害发生的高峰期、发生数量,以及可能受到危害的航线、机种、飞行高度等等,只有做到“知己知彼”,才能取得最佳的防治效果。鸟击灾害基础理论的研究工作,是我国鸟击灾害防治工作的基础,是减控鸟击灾害的重要环节,是保证飞机安全起降的重要工作。

在机场鸟击灾害防治工作中,我们要建立一支以机场专业人员为主的鸟击防灾专业队伍,广泛开展鸟击防范基础理论的研究工作,形成特有的鸟击防范理论体系和防灾综合治理模式,从而及时、有效地防治鸟击灾害的发生,为飞行安全作出贡献。

机场鸟击防范是一项崭新的、前所未有的工作,与气象、地质、害虫等自然灾害相比,鸟击防范没有完整的理论体系,缺乏先进的仪器设备,缺乏专业技术人才,更没有深厚的理论基础积淀。可以说,机场鸟击防范工作,在国内外起步都很晚,在理论体系的建设、应用技术的研究开发以及人才培养等方面都是白手起家。为开拓这一新的领域,广州民航职业技术学院的教师抓住机遇,率先协同相关专家学者进行深入探讨与研究。首先,从基础理论体系建设入手,针对机场鸟击灾害的特点,编写出一套综合性的“机场鸟击防范系列丛书”,初步形成了较为完整的理论体系;其次,以全国不同生态、不同区域的民用和军用机场为研究基地,为培养鸟击防范专业技术人才,建立了一套鸟击防范综合治理模式;此外,利用现代雷达扫描技术,研究航空鸟击灾害预测预报与控制技术。

读了“机场鸟击防范系列丛书”让我耳目一新,特别是《鸟击防灾预测与预报技术》。据我了解,目前,国内外尚无人开展这一领域的系统研究,这是一种创新和探索。该系列丛书的出版,为我国在鸟击防范工作理论体系建设方面抢占世界理论研究和实践的制高点创造了条件,并且首开先河,开拓思路,为后续研究夯实了基础。该系列丛书既有比较深厚的理论基础,又有丰富的实践案例,图文并茂,通俗易懂,集科学性、实用性、可读性于一体。由于时间等诸多原因,尽管该系列丛书还存在不够完善之处,甚至有不少疏漏,仍希望抛砖引玉,得到相关专家学者和同行的批评、指正;同时,也期盼更多的同仁及有兴趣的人士能够了解、支持并加入这一研究领域,为提升我国机场鸟击防范技术水平,实现有效治理作出贡献。勿庸置疑,该丛书必将对我国鸟击防范工作起到积极的指导和促进作用。可以说,它是一套具有科研参考价值和教学参考价值的好书,这是我在阅读该丛书后的观感,也是欣然为序的原因。相信广大读者也会有同感。

希望本书的出版能进一步推动我国民航、军用机场鸟击防范工作的进步,使鸟击防范理论研究、新技术应用及鸟击防范人才培养工作,走在世界的前列。

广州民航职业技术学院校长 吴万敏

二〇一五年五月十八日

目 录

第一章　环境与植被类型

地球上植物的生长、发育和分布与环境条件有不可分割的联系。研究植物与环境的关系，既要了解植物本身的特点，也要了解它们生活和生存环境的特性，以及它们两者之间的相互作用。只有对植物和环境进行具体分析，才能弄清和掌握植物与环境相互促进、相互制约、共同发展的规律。

第一节　植物的环境

一、自然环境

生态学中的环境，是指某一特定生物体或群体以外的空间，以及影响该生物体或群落生存与生活的外部条件的总和。这些空间由无机的物理、化学因素以及有机的生物因素构成。无机的物理、化学因素指土壤、温度、水分、光、气候等，有机的生物因素指来自研究对象以外其他生物的作用和影响，如拮抗、共生等。

植物所需要的物质基础，除了地球本身所提供的物质条件之外，最根本的能源动力是由太阳辐射所提供的。有了无机物和能源的供应，植物体才能生产有机物质，将能源储存下来，有生命活动的植物体才能把有机物质和有机能源不断地转化、传递、循环下去。

当地球在距今大约46亿年前形成后，第一批生物诞生时遇到的环境是水、原始大气和地表岩石的风化壳，基本上是无机环境。以后在生物的作用下，岩石圈的表面形成了土壤圈。大气圈的对流层、水圈、岩石圈和土壤圈的综合作用，共同组成了地球生物圈环境。

1. 大气圈

地球表面的大气圈，虽然厚度有1000km以上，但直接构成植物气体环境的部分只是下部对流层，厚度约有16km。大气中含有植物生命所必需的物质，如光合作用需要的CO_2和呼吸作用所需要的O_2等。对流层中含有水汽、粉尘和化学物质等，由于气温的作用，可以形成风、雨、雾、冰雹等气候现象，一方面调节地球环境的水分平衡，有利于植物的生长发育；另一方面也会给植物带来损伤和破坏。臭氧层是指距离地球25km至30km处臭氧分子相对富集的大气平流层，它能吸收99%以上对人类有害的太阳紫外线，保护地球上的生命免遭短波紫外线的伤害。

2. 水圈

地球表面约有71%的面积为海洋所覆盖，还有陆地江河、湖泊、地下水、气态水及雪山冰盖的固态水，构成植物丰富的水分基础物质。液态水中还溶有多种有机物质、多种盐（含矿物质营养）等，提供植物生命活动需要。各地区水质不同，构成植物环境的生态差异。例如海水和淡水、碱水和酸水等，都是植物不同的生活环境。液态水通过蒸发、蒸腾转化为大气圈的气态水，再转化为降水回到地面上，构成了自然界的水循环。生物的呼吸、蒸腾和蒸发作用，地球水圈的全部水体约 2000 年循环一次。大气中的水热条件结合起来，就能产生千变万化的地区气候特征，成为影响地球植被类型分布的重要因素。

3. 岩石圈

岩石圈指的是地球表层的地壳和地幔顶部坚硬的岩石，厚度有 70～150km，成为大气圈、水圈、土壤圈以及生物圈存在的牢固基础，没有岩石圈就没有地球表面的一切。岩石圈中藏着丰富的化学物质，成为植物生长所需要的矿物质营养来源。矿质养分通过溶解于地下水而到达土壤，再由植物的根部吸收进入植物体内。岩石圈中还蕴藏着丰富的资源，如化石燃料、铁矿等和各种有色金属，以及磷、氮、钾等矿藏。由于各种岩石的厚度及组成成分不同，使得在风化中所形成的土壤性质就有很大的差异，这就为植物生存创造了不同的土壤环境，因而成为影响植被分布的又一重要因素。

4. 土壤圈

岩石圈表面的风化壳是土壤的母质。母质中虽含有丰富的矿质营养物质，但还不能算是真正的土壤，必须再加上水分、有机物及有生命的生物体，特别是微生物群，在长时间的作用下，才形成真正的土壤。它覆盖在土地表面及海水和淡水的底层，形成地球表面一层很薄的土壤圈层。土壤本身的结构和化学性质，介于无机物质和有机物质之间，是含有微生物群的特殊物质。土壤圈是在生物圈进化过程中，有了生物的作用后才形成的，但又反过来成为绿色植物必不可少的基础。不能因为它的数量相对较少，而把它列为岩石圈的附属部分，而应该根据它的性质、作用，列为一个独立的圈层。土壤圈和植物之间的关系非常密切，改良土壤就可以控制和促进植物的生长发育，获得优质高产，这是农业生产措施的一般常识。

以上 4 个自然圈，是生物圈的物质基础，是地球环境最基本的构成要素。

（二）生物圈

生活在大气圈、岩石圈、水圈和土壤圈中的生物构成了一个有生命的、具有再生产能力的生物圈。其中绿色植物植被层给地球穿上了一件绚丽多彩的艳装。由于生物活动，尤其是绿色植物的活动，使地球各个自然圈之间发生着物质和能量的相互渗透，形成了整个地球表面生物的能量转化和物质循环系统。

广义的生物圈是指地球上所有的生物及其生活环境。根据生物分布的幅度，生物圈的上限可达海平面以上 10km 的高度，下限可达海平面以下 12km 的深度。在这一广阔的范围内，最活跃的是生物。其中绿色植物能在生命活动过程中，摄取太阳的辐射能量，吸收土壤中的水分和养分，扎根在风化的岩石面上，吸收 CO_2 和 O_2 等，使地球各个自然圈之间发生相互联系，以及各种物质和能量的相互渗透，构成了一个整体，形成了地球表面物质能量转化和循环中心，向着越来越丰富的方向发展。

环境与生物之间经常进行各种各样的能量变化、物质循环，维持着动态平衡。例如，植物光合作用所产生的O_2暂时回到大气圈中再为生物所利用，以现在的速度来计算，约2000年再循环一次；生物呼吸作用释放的CO_2进入大气圈中再为生物所利用，大约经过300年再循环一次。整个水圈的大量水分，经过生物的吸收、蒸发、蒸腾和排泄，大约需要20亿年再循环一次。其他矿质循环和氮素等元素的循环，在生物的作用下，再循环的时间就更长了。植物对太阳辐射能的转化效率占太阳全部辐射能量的1%左右，所以太阳能还具有极大一部分的生产潜能有待发挥，这也是农业生产不断增长的最根本的能源基础。由此可见，植物与地球环境之间相互作用和相互影响，是地球生命活动的表征，是无机世界物流、能流转化循环再发展的中心。

在上述地球大环境之下，又可以划分为各种不同的环境级别，例如区域环境、生境以及小环境和体内环境等。

1. 区域环境

在地球表面的不同地区，5个自然圈相互配合的情况差异很大，形成了很不相同的地区环境特点。例如，江河、湖海；陆地、平原、高原、高山和丘陵；热带、亚热带、温带、寒带等。从而形成了各自不同的植被类型，如森林、草原、稀树草原、荒漠、沼泽、水生植被等，以及农田作物、经济作物等。其中多样的生物资源，是人类赖以生存的物质基础。植物群落类型是构成植被类型的基础，群落的一切特征与地域环境存在着密切关系。简单的和复杂的、低级的和高级的群落单位都是由其所处的地域环境所决定的，同时，群落本身又对其所处的环境进行着改造作用。

2. 生境

生境是指植物个体、种群或植物群落所居住的地方，是指具体、特定地段上对植物起作用的环境因子的总和。植物的分布幅度受到周围地理条件和生物环境的制约，有其最适分布幅度和最大、最小分布限度。植物在最适分布幅度以内，生长最好，向着最大和最小限度两极发展，而逐渐减退，乃至全部消失。

各种植物的生境有好有坏，如桦树在阳坡上生长最高、最大、最好，而在阴坡上不能生长，或生长不好。因此，生境的好坏是相对的。

3. 小环境和体内环境

小环境是指接触植物个体表面，或者个体表面不同的环境。例如，植物根系接触的土壤环境（根际环境）、叶片表面接触的大气环境以及由温度、湿度、气流的变化所形成的小气候或微气候等对树冠的影响都可以产生局部生境条件的变化。

植物体内又有内环境，例如叶片内部直接和叶肉细胞接触的气腔、气室、通气系统都是形成内环境的场所，对植物体有直接的影响。叶肉细胞生命活动所需的环境条件，都是内环境通过气孔控制的差异。内环境中温度、湿度、CO_2和O_2的供应状况，都直接影响细胞功能的发挥，对细胞的生命活动非常重要。保持比较恒定的温度和饱和的水分，使细胞维持旺盛的生命活动，就能促进转化和运输更多的能流和物流，提高生产效率。这种内环境的特点是由植物本身创造出来的，是外界环境所不能代替的。

研究植物个体、种群、群落、生态系统等与环境间的相互关系，主要是以自然环境为依据的。随着生产力的不断发展，人类社会活动和生活需要对自然环境的影响也愈来愈大，这就为植物学的研究提出了新的问题、新思路。

二、人工环境

广义的人工环境包括所有栽培、引种驯化的植物，以及所有农作物需要的环境，还有人工经营管理的森林、草地、绿化造林，甚至自然保护区以内的一些控制、防护的措施，都属于人工环境。人为的环境污染、干扰和破坏植物资源的现象，也可以说是受人类社会影响的结果。狭义的人工环境指的是人工控制下的植物环境，例如薄膜生产（利用薄膜育苗等），可以防止夜间低温和霜害，提高土温和气温，促进幼苗生长发育，提前进入农业季节，确保丰产丰收，是行之有效的人工环境。我国北方土法温室是采用阳温室的办法，生产各种蔬菜。现代化的温室更是人所共知的人工环境，在温室中培育各种观赏植物，虽在冰天雪地之中，仍可看到热带珍贵植物，如树阙、王莲等花木盛开，满室春色，与室外环境相比，完全是两个不同的世界。

以上各种植物的生态环境，是根据植物界的植被水平、群落类型水平、植物种群水平、植物个体水平和生态系统及细胞组织水平划分的。人工环境是植物各种环境水平中最强有力的特殊环境水平。环境之间的综合作用，总是相互渗透在一起，各种环境类型之间的界限所构成的界面是错综复杂的，是各种环境因子互为影响、共同作用的动态界面。

三、环境因子的生态分析

环境是指植物生存条件的总和。从环境中分析出来的条件单位称为环境因子。在环境因子中，对于某一具体植物有作用的因子叫作生态因子，如对植物形态、结构、生长、发育、生理、生化等有影响的环境因子。

（一）生态因子的分类

在任何一种综合性环境中都包含着许多性质不相同的单因子。每一单因子在综合环境中的性能和强度，都会对植物起着主要的或次要的、直接的或间接的、有利的或不利的生态作用。而且这些生态作用在时间上和空间上都不是固定不变的，在不同的情况下，它们的作用也是不相同的。在研究环境与植物之间的相互关系中，根据因子性质，通常可以划分为以下五类：

1. 气候因子

气候因子包括光、温度、水分、空气等许多因子。其中光因子又可以分为光的强度、性质和周期性等；温度因子可以分为平均温度、积温、节律性变温和非节律性变温，它们对于植物的生长、发育、引种和地理分布均有很大作用；水分因子由于降水的性质（雨、雪、雾、露、雹）、数量以及季节分配不同而又可分为若干因子。

2. 土壤因子

土壤因子又可分为许多种，如土壤的物理性质和化学性质、土壤肥力、土壤生物等。土壤的物理性质是指土壤质地、结构、孔隙度等；土壤化学性质又可以细分为土壤酸度、土壤矿物质和土壤有机质等。土壤是气候因子和生物因子共同作用的产物，必然会受到这两种因子影响，同时亦对生长其中的植物发生作用。因此，不同的土壤分布着相应的植被类型。

3. 地理因子

地球表面上的海洋和陆地、山川湖沼、平原、高山、山丘、丘陵、海拔高低、坡度坡向、纬度经度等，都是影响植物生长和分布的地理因子。

4. 生物因子

生物因子包括对环境起作用的动物、植物、微生物。

5. 人为因子

人为因子主要是指人类对植物资源的利用、改造、发展、引种驯化和破坏作用，以及对环境污染的危害等作用。

以上五类因子，在很多情况下可以起到综合作用。其中人为因子对植物的影响远远超过其他所有的自然因子。这是因为人类社会活动通常是有意识、有目的的，可以对自然环境中的生态关系起着促进或抑制、改造和建设的作用。放火烧山、砍伐森林、扩大耕地面积等，都是人为活动改变自然环境的例子，影响生态平衡，起了破坏自然的作用。人类在利用自然资源的过程中，逐步认识自然和掌握环境变化的规律性，使社会环境和自然环境紧密地结合起来，向着提高生产率与提高生态水平、相互促进、共同发展的方向前进。

但是，自然因子也有强大的、不可抗拒的生态作用，非人为因子所能代替。例如，生物因子中的昆虫传粉对开花、结实的作用，就绝非人工授粉所能代替的；又如风媒花植物，靠的是大气因子——风的动力来传粉的，世界上主要粮食作物小麦、水稻等，都是靠风媒传粉的。

（二）环境因子的生态作用

植物生态因子之间的相互关系有着普遍性的规律，这些规律是研究生态因子的基本出发点。在分别研究生态因子作用的过程中，必须注意下面几个基本原则：

1. 生态因子综合作用

生态环境是由许多生态因子组合起来的综合体，对植物起着综合的生态作用。通常所指环境对植物的作用，也就是指环境因子的综合作用。

各个因子之间不是孤立的，而是相互联系、相互促进、相互制约的，环境中任何一个因子变化，必将引起其他因子不同程度的变化。例如温度是和光照强度的变化分不开的，光照不仅可以直接影响空气的温度和湿度等气候因子的变化，同时也会引起土壤因子的温度、湿度、蒸发、蒸腾等的变化。因此，自然环境对植物的生态作用，必然是各个生态因子共同组合在一起，对植物所起的综合作用。

2. 主导因子作用

组成环境的所有生态因子，都是植物必需的，但在一般或一定条件下，其中必有一个或两个是起主导作用的，这种起主导生态作用的因子就是主导因子。例如，长江流域降雨量 1500mm 的区域是富饶的农林地带；而在海南岛的临高、澄迈等地，年降雨量同样是 1500mm，却是显著的荒芜热带草原。上述两个地区仅仅是温度这一主导因子不同，导致了两地的植被类型完全不同。

3. 生态因子的不可代替性和可调剂性

植物在生长发育过程中所需要的光、热、水分、空气、无机盐类等因子，对植物的作用虽不是等价的，但是都是同样重要而不可缺少的。如果缺少其中任何一种因子，便会引起植物的生活失调，生长受到阻碍，甚至发病死亡；而且任何一个因子都不能由另一个因子代替，这就是植物生态因子不可代替和同等重要性规律。在一定情况下，某一因子存量的不足，可以由其他因子的增加或加强而得到调剂，并且仍然有可能获得相似或相等的生态效益，这就是生态因子的可调剂性。例如，增加CO_2的浓度，可以补偿由于光照减弱所引起的光合强度降低的效应，但是这种补偿作用是有限度的。

4. 生态因子作用的阶段性

植物的生长、发育具有阶段性。这种阶段性是由生态环境的规律性变化如季节性的气候、昼夜温差、地区的光周期等因子的规律性造成的，也就是说植物对生态因子的需要是分阶段的。在植物的生活史中，不同阶段所需要的生态因子，会随着生长发育阶段的推移而变化。例如，低温在某些作物春化阶段是必需的生态条件，但在以后的生长中，低温对这些植物则是有害的。另外，同一生态因子在植物某一发育阶段可能不起作用，而在另一发育阶段则为植物所必需。例如光照的长短，在植物的春化阶段并不起作用，但在光周期阶段则是必需的。

5. 生态因子的直接作用和间接作用

在对植物的生长发育状况及其分布原因的分析研究中，必须区别生态因子的直接和间接作用。很多地形因子，如地形起伏、坡度、海拔、经纬度等，可以通过影响光照、温度、雨量、风速、土壤质地等对植物发生影响，从而引起植物和环境生态关系的变化。例如，我国四川省二郎山东、西坡上分布着两类迥然不同的植被，在其东坡上分布着湿润的常绿阔叶林，山脊的西坡上则分布着干燥的草本植物，不但没有任何树木生长，就连灌丛植物都很少见。这是由于从东向西运行的潮湿气流，在东坡底部开始上升，随着海拔的逐渐提高，气温逐渐降低，把空气中大量的水分滞留在东坡的坡面上，使东坡非常湿润，形成了湿润的常绿阔叶林。当气流运行到山脊顶部时，已成为又干又冷的空气，这种干冷的空气本来缺水就已经达到了极点，再由山脊开始顺着西坡向下运行时，随着海拔逐步降低，温度逐步增高，干热空气不但不能向西坡上放出水分，而且反过来从坡面上吸收水分，使西坡上只能分布干燥的草地植被类型。这就是生态因子间接作用的一个例子。

生态因子的直接作用可用生物因子来说明，如生物与生物的寄生、共生对植物有直接关系；植物根与根之间的接触多发生的有利和有害作用等，也是直接关系。

第二节　植被分布的地带性规律

自然界中的植物都极少单独生长，几乎都是聚集成群的。植物群居在一起，植物与植物之间发生了复杂的相互关系。就绿色高等植物而言，这种相互关系在包括生存空间中，如植物对光能、土壤水分和矿质养料的利用，植物分泌物彼此影响，以及植物之间的附生、寄生和共生关系等。另一方面，群居在一起的植物在受环境影响的同时，又作为一个整体影响一定范围的外界环境，并在群落内形成特有的“植物环境”（包括小气候和土壤）；由群落“改变了的”环境，又反过来影响群落中植物本身。植物与植物之间以及植物与环境之间的相处作用，使得群居在一起的植物，其生长发育乃至生存，都决定于这些相互关系和影响。这就是说，群居在一起的植被并非杂乱地堆积，而是一个有规律的组合；一定植物种类组合，在环境相似的不同地段重复出现。每一个这样的组合单元称为一个植物群落（plant community，phytocoenosium）。整个地球表面上全部植物群落的总和，称为植被（vegetation）。植物群落是植被的基本单位。

地球表面的热量随所在纬度位置而变化，水分则随着距离海洋的远近，以及大气环流和洋流等特点而变化。水热结合导致了气候、植被、土壤等地理分布，一方面沿纬度方向成带状发生有规律的更替，称为纬度地带性。此外，随着海拔高度的增加，气候、土壤和动植物也发生有规律的更替，称为垂直地带性。纬度、经度和垂直地带性三者结合起来，综合地影响并决定着一个地区的基本特点。

地球表面上各种各样的植被类型都与它们所处的环境条件有着密切的联系，特别与热量和水分这两个主导因素的关系最密切，它们遵循着纬度地带性、经度地带性和垂直地带性规律而成带状的、有规律的分布。一般情况下，植被与整个自然带是相吻合的。

一、植被分布的水平地带性

植被分布的水平地带性，包括由南至北因热量变化而形成的纬度地带性和由海洋至大陆中心因水分变化而形成的经度地带性。

地球表面的太阳辐射总量随地理纬度的增加而减少，从南到北就形成了不同热量带，各种植被类型也成带状从南至北依次更替，它们依次为：热带雨林→亚热带常绿阔叶林→温带落叶阔叶林→寒温带针叶林→极地苔藓，这就是植被分布纬度地带性。在全球植被分布中，纬度地带性规律表现明显的地区是非洲大陆。在非洲的赤道两侧，热带雨林分布广，它的南面和北面大体对称地依次分布着热带季雨林、热带稀树草原及热带荒漠、半荒漠和硬叶常绿阔叶林等植被类型。

同时，陆地上的降水量在同一纬度的不同地点往往十分悬殊。一般是从沿海到内陆渐次减少。因此，在同一热量带内，沿海地区空气湿润，降水量大，分布着森林植被；距离海洋较远的地区，大气降水量减少，干旱季节长，分布着草原植被；到了大陆中心，大气降水量最少，地面蒸发大量降水，气候极为干旱，则分布着干旱荒漠植被。植被因水分状况而由东到西（按经度方向）成带状依次更替，即为植被分布的经度地带性。在世界植被中，经度地带性表现最明显的是北美洲的中部。它的东面是大西洋，西面是太平洋，从大西洋沿岸向西，依次出现南北向伸延的森林（常绿阔叶林、落叶阔叶林）、草原、半荒漠、荒漠，至太平洋沿岸又出现森林。

在中国，由于西部青藏高原在一定程度上破坏了高空环流和受该环流影响的气候系统，这对中国植被的水平分布产生了巨大的影响，形成了中国植被分布的独特性。沿大兴安岭—吕梁山—六盘山—青藏高原东缘一线，把中国分为东南半壁和西北半壁两个部分，很明显，东南半壁是季风区，发育着各种类型的中生性森林；西北半壁受季风影响微弱，大部分为旱生性草原和荒漠所分布。东南半壁的森林自南向北，随着热量的递减而依次发育着热带雨林带→亚热带常绿阔叶林带（南亚热带常绿阔叶林带→中亚热带常绿阔叶林带→北亚热带常绿、落叶阔叶混交林带）→暖温带落叶阔叶林带→温带针阔叶混交林带→寒温带针叶林带。另一方面，昆仑山—秦岭—淮河一线以北的温带和暖温带地区，从东向西或从东南到西北，植被则依次更替着落叶阔叶针叶混交林→草原（草甸草原→典型草原→荒漠草原）→荒漠（草原化荒漠→典型荒漠）等，表现出明显的经度地带性分布规律。

二、植被分布的垂直地带性

垂直地带性是山地植被最显著的特征。山地植被总是随着海拔高度上升，更替着不同的植被带。通常，一个足够高度的山地，从山脚到山顶更替的植被带系列，大致类似于从该山地开始到极地的水平地带性植被系列。但两者之间也存在不同，例如，亚热带山地和寒温性针叶林与北方寒温性针叶林，中纬度山地的高山冻原及其高山植被类型与极地冻原带的植被等，尽管平均温度相同，但是群落外貌、植物种类组成、区系性质、结构特征和历史发生等都有很大的差异。此外，在纬度位置相同的情况下，经度位置对于山系的植被垂直带谱有着显著的影响。例如，我国东部吉林的长白山与西部新疆天山相比，这两个山系都位于北纬 42°左右，长白山占东经 128°，离海岸很近，属针叶、落叶阔叶混交林带，天山中段占东经 86°，位于内陆，属荒漠范围。因此，两山系植被的垂直带谱是不同的。

表 1-1　吉林长白山与新疆天山中段北坡植被垂直带谱比较

吉林长白山		新疆天山中段北坡	
海拔高度	植被垂直带谱	海拔高度	植被垂直带谱
300～500m	蒙古栎和落叶阔叶杂木林带	500～1000m	荒漠带
500～1000m	针叶—针叶阔叶混交林	1000～1700m	山地荒漠草原和山地草原带
1000～1600m	山地针叶林（冷杉林和落叶松林）带	1700～2700m	山地针叶林（云杉林）带
1600～1900m	山地矮曲林（岳桦林）带	2700～3000m	亚高山草甸带
1900～2744m	山地冻原带和终年冰雪带	3000～3800m	高山草甸、高山垫状植物

同理，经度位置相同而纬度位置不同的山系，其植被的垂直带谱也是不相同的。

中国山地植被的垂直地带性，大致可分为湿润区和干旱区两大类型。中国湿润区的山地植被垂直带谱，由于受到海洋性季风的影响，一般具有中生性质，在带谱中各类森林植被占优势，高山植被也是以低温中生的灌丛和草甸植被为代表。山地植被垂直带谱的特点，取决于山地所处的纬度和山体高度。一般来说，纬度增加，带谱的结构由南至北渐趋简单，层次减少，山地不高，垂直带谱减少，并缺乏典型的高、亚高山植被垂直带。

中国干旱区的山地植被具有不同于湿润海洋性地区植被垂直带谱的结构和性质，在干旱地区的山地植被带谱中，森林植被通常居于次要地位，甚至完全消失，而以旱生的草原或荒漠植被占主要地位。一般来说，气候愈干旱，山地植被垂直带谱的结构愈趋简化，其基带由东到西随着干旱程度的加强而由草甸草原→典型草原→荒漠草原→温带荒漠和暖温带荒漠依次更替。

第三节　植被类型概述

地球表面所分布的植物群落是多种多样、错综复杂的。植物群落的分布与自然环境条件有着密切的关系。一个地区出现什么样的植物群落，主要取决于该地区的气候和土壤条件。地理环境条件差异是导致不同植物群落类型及其分布规律的原因。可以说，地球上任何地区分布的不同植物群落都是它们对该地环境条件的综合反应，都是它们对该地区环境条件长期适应的结果。

目前，植被的主要类型及其分布，主要是根据 Ellenberg 和 Mueller-Dombois（1967）的《世界植被分类》、Brockmann-Jerosch 和 Rübel（1912，1933）的《世界植被分类》，以及《中国植被分类》（中国植被编委会，1980）来阐述。下面分别概述森林、草原、荒漠、冻原、草甸和沼泽等植被类型。

一、森林

（一）热带雨林

热带雨林（tropical rain forest）或称热带适雨林（tropical ombrophilous forest）或系列亚群落（hylaeion）。一般认为雨林是常绿的，具湿生性，至少 30m 高，富有粗茎藤本及木本和草本附生植物的森林。

热带雨林在外貌结构上具有丰富、粗大的木质藤本、有花附生植物，板根现象、茎花现象以及半附生毁坏植物或绞杀植物等独特景象，群落层次结构复杂，仅乔木层通常就有 3 层或者更多，而且乔木树干高大、挺直、光滑、分支少，最高可达 60～80m。同时，叶多具滴水尖，嫩叶多具鲜明的颜色，地面草本多具花叶现象等。热带雨林具有异常丰富的植被种类，特别是乔木，如在印度尼西亚的外部省份，树干直径超过 40cm 的乔木约有 3000 种。

热带雨林的分布一般仅局限赤道南北纬度 5°～10°的热带范围内，但个别地区可伸展至 15°～25°。除欧洲外，其他各洲都有分布，而且在外貌结构上都非常相似，但在种类组成上却有差异。据此，可将热带雨林划分为亚洲雨林、美洲雨林和非洲雨林。其中亚洲雨林是以龙脑香科（Dipterocarpaceae）为优势树种，覆盖面积约为 $250\times10^6 hm^2$；美洲雨林的面积最大，约有 $400\times10^6 hm^2$，但在种类组成上却比亚洲雨林贫乏得多。美洲雨林的优势科是豆科，尤其是毛拉豆（*Mora*）、瓦拉巴豆（*Eperua*）等属的植物常构成单优雨林；非洲雨林的面积较小，只有 $180\times10^6 hm^2$，在种类组成上较少且均一。在非洲雨林中，棕榈科植物引人注目，咖啡属种类很多。而在西非却是以楝科为优势科，豆科也占有一定的优势，并广布着以亚氏喃喃果（*Cynometra alexandri*）和大瓣豆（*Macrolobium dewerrei*）为主的单优雨林。

中国的热带雨林主要分布于台湾、广东、广西和云南南部，以及西藏东南地区，但以海南岛和云南东南部的较为典型。根据中国热带雨林所处的地理位置及气候条件，可将中国热带雨林分为湿润雨林、季雨林和山地雨林等三类。

（二）红树林

红树林（mangrove）是热带地区适应于海岸和河湾特殊生态环境的常绿林或灌丛，主要生长于不受风力冲击的平坦海岸及海湾浅滩上。红树林的组成成分除了主体红树科（Rhizophoraceae）外，还有马鞭草科（Verbenaceae）、紫金牛科（Myrsinaceae）和海桑科（Sonneratiaceae）等科的植物。它们表现出类似的生态环境要求和类似的外貌，它们还有相同的生理特征和构造的适应性，大多数具有支柱根和呼吸根，具有一定程度的胎萌趋势。

红树林主要分布于热带海岸地区，以赤道附近最为发达。根据红树林的组成种类和分布特点，可将其分为东方红树林群系和西方红树林群系。

中国红树林分布跨度较大，南从海南岛最南端的榆林港（约北纬 18°9′），北至福建的福鼎（约北纬 27°20′）都有间断分布。中国红树林属东方群系的一部分，种类组成较丰富，有 16 科 20 属 29 种植物。其常见种类有白骨壤（*Avicenniamarina*）、桐花树（*Aegiceras corniculatum*）、秋茄（*Kandelia candel*）、木榄（*Bruguiera gymnorrhiza*）、海莲（*Bruguiera sexangula*）、海漆（*Excoecaria agallocha*）、海桑（*Sonneratia caseolaris*）等。

（三）常绿阔叶林

常绿阔叶林（evergreen broad-leaved forest）通常被称为照叶林或樟叶林（laurisilvae）。与热带雨林相比，常绿阔叶林在种类组成上没有那么丰富，主要组成为樟科（Lauraceae）、壳斗科（Fagaceae）、山茶科（Theaceae）、木兰科（Mangnoliaceae）、杜英科（Elaeocarpaceae）、金缕梅科（Hamanmelidaceae）等双子叶植物，真蕨类植物在林下占有一定优势，群落结构较热带雨林简单，乔木层通常有 2～3 层，树冠较整齐，木质藤本、附生、茎花、板根等现象大大减少或罕见。此外在常绿阔叶林分布的相似范围内，广泛分布着具有扁平枝叶的、由裸子植物组成的暖性常绿针叶林，它们在生态和外貌上都与双子叶植物组成的常绿林、阔叶林相似。

常绿阔叶林分布于热带以北、温带以南的中纬度地区，为亚热带地带性植被类型。除欧洲外，其余各大洲都有分布，但以我国的常绿阔叶林分布面积最大（占国土面积的 1/4）。

组成中国常绿阔叶林的植物区系具有种类丰富，地理成分复杂，富有起源的古老的孑遗植物、系统进化上原始或孤立的科、属以及特有类群等特点。据统计，我国常绿阔叶林中含种子植物 2674 属 14600 种，属占国产种子植物总数的 2/3 以上，种占国产种子植物总种数的 1/2，其中，壳斗科、樟科、山茶科和木兰科等科的属、种是基本的组成成分。我国的常绿阔叶林有着极为广泛的分布，从秦岭—淮河以南，一直分布到广东、广西中部，东至黄海、东海海岸，西达青藏高原东缘，纬度跨度大，为北纬 23°～34°，南北气候条件差异明显，群落类型亦较复杂，通常又把常绿阔叶林划分为北亚热带、中亚热带和南亚热带 3 个常绿阔叶林类型。其中中亚热带常绿阔叶林是亚热带地区最典型的地带性植被类型，其分布面积大，为北纬 23°40′～32°、东经 99°～123°的中亚热带地区；北亚热带常绿阔叶林上层乔木中含有较多的落叶成分，在外貌上接近落叶阔叶林。北亚热带常绿阔叶林实际上是一类常绿落叶混交林，它显示了由亚热带森林向温带森林过渡的性质；南亚热带常绿阔叶林是我国南亚热带的地带性植被，群落中含有较多的喜暖种类，并具有某些雨林特征，如具有板根、茎花、绞杀、大型木质藤本、附生植物等，实际上是亚热带常绿阔叶林向热带雨林过渡的一个类型。

根据我国常绿阔叶林的组成和分布等特点，又将我国常绿阔叶林划分为 4 个植被类型，即典型常绿阔叶林、季风常绿阔叶林、山地常绿阔叶苔藓林和山顶苔藓矮曲林。

（四）常绿硬叶林

常绿硬叶林（evergreen sclerophyllous forest）或称为冬雨常绿阔叶硬叶林（winter-rain evergreen board-leaved sclerophyllous forest），是在亚热带大陆西岸的地中海气候条件下发育的，并与冬季温度、多雨和夏季长期干旱密切相关的一种植被类型，主要由硬叶常绿乔、灌木如栎属（*Quercus*）等的硬叶种类组成，树皮粗糙，林下草本层大多缺乏，无有花植物附生，而仅有少数隐花植物附生，具有木质藤本。

最典型的常绿硬叶林分布于地中海地区，由常绿、革质叶的栎属植物所组成。在地中海西部是木栓栎（*Quercus suber*）林，东部是刺叶栎（*Q. ilex*）林。此外，还有油橄榄（*Olea europaea*）林。现存的原始常绿硬叶林在地中海地区并不多见。此外，在北美洲、澳大利亚及中国也有常绿硬叶林的分布。

中国硬叶常绿林面积不大，也不典型，主要分布于川西、滇北的高海拔山地，以及西藏东南部的一部分河谷中，金沙江河谷两侧的高山中部是本类型分布的中心。这里气候夏季多雨而冬季干冷，不是冬雨夏旱的典型硬叶常绿林。从植被的起源发生方面来看，中国的硬叶常绿林可能是古地中海近海热带植被的直接衍生物，是一个特殊类型，称为“山地硬叶常绿阔叶林”。喜马拉雅山脉的抬升，导致了地理环境的改变，进而产生了分化和新的适应结果。中国硬叶常绿林是由壳斗科的川滇高山栎（*Quercus aquifolioides*）、黄背栎（*Q. pannosa*）、川西栎（*Q. gilliana*）、光叶高山栎（*Q. longispica*）等种类组成。

（五）竹林

竹林（bamboo forest）由禾本科中的竹亚科植物组成。竹类植物常有地下茎（竹鞭）和地上茎（竹杆）之分，并主要进行营养繁殖，即从地下茎节处的侧芽伸出地表成竹笋，生长增大后成竹杆。竹杆常常是成群或成片分布，竹林往往是单优群落。

构成竹林的竹类，有的呈高大乔木状，不少种类高达 30m，但大多数是灌木状的中、小型竹类；有散生的，亦有丛生的，还有少数是蔓生竹类。在野生状况下，竹类植物常常与阔叶林树种混生，形成混交林，或生于森林乔木层之下，构成森林的下木。

竹林在全球的分布面积不大，但相当广泛，主要分布于亚洲，尤其在我国有广泛的分布区，南起海南岛，北至黄河流域，东至台湾，西到西藏的聂拉木地区都有分布，这与竹类植物的适应性强、适宜于在各类土壤中生长密切相关。据统计，我国有竹类植物 27 属近 300 种，居亚洲之首，其中有经济价值的有 50 余种，不少种类原产我国，如毛竹（*Phyllostachys pubescens*）、刚竹（*P. bambusoides*）、溪竹（*P. nigra* var. *henonis*）和茶杆竹（*Pseudosasa amabilis*）等。

（六）落叶阔叶林

落叶阔叶林（deciduous broad-leaved forest）或称落叶林（deciduous forest），或夏绿乔木群落（aestatisilvae），通常是指具有明显季相变化的夏季盛叶冬季落叶的阔叶林，它是温带地区湿润海洋性气候条件下典型的地带性植被。构成群落的乔木基本上在冬季整个群落的植被都处于休眠状态，季相变化非常明显，显示着该类群落的生态适应特点。群落结构一般较为简单，层次结构明显，乔木层多为一层或两层，林相整齐，具有灌木层、草本层，也具有明显的层片季相，无地表苔藓层，藤本和附生植物少，木质藤本和有花附生植物罕见。构成落叶阔叶林的乔木树种是落叶树种，常见的有栎（*Quercus*）、山毛榉（*Fagus*）、槭（*Acer*）、桦木（*Betula*）、鹅耳枥（*Carpinus*）、桤木（*Alnus*）、榆（*Ulmus*）、柳（*Populus*）等属植物，它们大多是风媒植物，经常是以单优出现，在不同地区不同生境下形成各种单优群落。

落叶阔叶林在世界上的分布极为广泛，主要分布于北美大西洋沿岸、西欧和中欧，以及东亚三大区域。在西欧可沿大西洋沿岸从伊比利亚半岛的北部开始，一直延伸到斯堪的纳维亚半岛的南端，甚至可达北纬 58°。在中欧和东欧向东延伸至俄罗斯第聂伯河一带。在北美主要分布在五大湖以南、密西西比河流域，以及向东的大西洋沿岸的低地，可达北纬 45°左右，也分布于阿巴拉契亚山脉的下部。在东亚主要分布于中国、朝鲜和日本的北部，以及俄罗斯萨哈林岛的南部。

中国的落叶阔叶林主要分布于暖温带，包括长白山地带海拔 70m 以下的低山、丘陵、东北南部、华北平原、黄土高原南部、秦岭至淮河一线以北的广阔地区。其主要的乔木树种除栎、栗（*Castanea*）、槭、椴（*Tilia*）、胡桃（*Juglans*）、桦、鹅耳枥、榆、桤木等属外，苹果（*Malus*）、朴树（*Celtis*）、钻天柳（*Chosenia*）等也常占有优势而构成特定的群落类型。林下还有忍冬（*Lonicera*）、丁香（*Syringa*）、杜鹃（*Rhododendron*）、女贞（*Ligustrum*）等欧洲所没有的属。同时，落叶阔叶林向南逐渐过渡到针叶林，并或多或少形成相应的混交林，如针阔混交林等。此外，中国的落叶阔叶林常划分为典型落叶阔叶林、山地杨桦林和河岸落叶阔叶林 3 个植被亚型。

（七）针叶林

针叶林（coniferous）或称针叶木本群落（aciculisilvae）是由松柏类植物所形成的森林，它是寒温带的地带性植被，其北方界限也是森林群落类型的北界。在欧亚大陆寒温带地区或南方高海拔山地分布的针叶林，通常泛称为泰加林（taiga）。

针叶林的外貌非常容易识别，林冠的色彩单调一致，结构简单，乔木层通常为一层，并常由一个树种组成，林下明显地具有一个灌木层、一个草本层和一个地面苔藓层。而由一个树种构成的针叶林，常可根据林下地被层的不同划分为不同的林型。由于组成针叶林的种类不同，群落的外貌结构也有差异。例如，由于杉、冷杉等耐阴树种组成的森林比较郁闭，林下阴暗，称为阴暗针叶林；相反，由杉、落叶松等喜阳树种构成的森林比较稀疏，林下明亮，称为明亮针叶林。

针叶林在北半球的温带地区形成了相当大的分布区，特别是在欧亚大陆，从大西洋东岸一直延伸到太平洋西岸，从北美大陆的西岸分布到其东岸。

中国针叶林主要分布于大兴安岭和新疆境内的阿尔泰山地。根据针叶林所处的气候带及其组成成分，可将我国针叶林划分为寒温带针叶林、暖温带针叶林、亚热带和热带针叶林。其中，寒温带针叶林北部与泰加林有密切的关系，尤其是分布在我国大兴安岭北部的寒温带针叶林是其向南延伸的部分。中国寒温带针叶林主要是由冷杉、云杉、落叶松等属树种所组成，有些甚至与泰加林是同种，如兴安落叶松（*Larix gmelinii*）、西伯利亚云杉（*Picea abovata*）、落叶松（*Larix sibirica*）等，但多数种类因在不同生境条件长期影响下，随着地区的不同而异。

图 1－1 为森林的类型。

热带雨林	红树林
常绿阔叶林	常绿硬叶林
竹林	落叶阔叶林
针叶林	

图 1－1　森林的类型

二、草原

草原或干草原（steppe）或称为夏绿干燥草本群落，它是温带地区地带性植被类型之一。草原是由多年生抗寒和抗旱的草本植物所形成的植物群落，其优势植物是禾本科草本，而且无论在何处，禾本科的针茅属（*Stipa*）植物在很大程度上总是草原的典型植物，尤其是在欧亚大陆，"草原（steppe）"这一名称即由此而来。

草原的外貌结构通常是相当浓密的，并呈暗绿色，具有明显的季相变化，大多数是丛生的禾本科植物，生长形式以地上芽植物和风滚植物为主，也有地面芽植物。大多数植物的叶子具有绒毛、蜡被、叶面缩小等旱生结构特征，并具有耐割、耐践踏和对火有忍耐力等特性。

草原的分布很广，在欧亚大陆、北美中部、南美南部以及非洲南部等地均有大面积的分布，并且名称各异。例如欧亚大陆草原称为干草原，其中匈牙利多瑙河低地上的草原，又称为普斯塔草原（Puszta）；北美中部大面积的草原称为普列里草原（Prairie）；南美的草原称为潘帕斯草原（Pampas）；大洋洲的草原称为马来草原（Mallee）；南非的草原称为维尔德草原（Veld）。这些地区的草原在群落外貌生态上具有相似性，但其种类组成，尤其是优势植物的差异甚大。

中国温带半干旱地区、青藏高原干旱地区的山地上，草原植被分布极广，形成辽阔的草原区域，是欧亚大陆草原的组成部分。中国温带的草原，集中分布于北纬35°～51°，南北约跨越16个纬度，总面积为41.1万km^2。青藏高原的高寒草原主要分布在4000m以上的山地和高原。根据草原水热条件的差异和植被生态外貌特点，可将我国的温带草原划分为草甸草原、典型草原（干草原）、荒漠草原和高原草原4个类型。

三、荒漠

荒漠（desert）是在降水稀少、蒸发强烈、极端干旱的生境环境下发育形成的稀疏植被。荒漠植被以稀疏性、具有大面积裸露地面为其显著外貌特征。荒漠植被的组成成分是一系列特别耐旱的极旱生植物，而且这些植物的生活型多种多样。这是荒漠植物长期在荒漠严酷生境的自然选择过程中，适应极端干旱环境的结果。

按气候条件，可将荒漠分为热带亚热带荒漠、暖温带荒漠、寒温带荒漠、北极高山荒漠等；按土壤基质类型可分为砂质荒漠（沙漠）、砾质荒漠（砾漠）、石质荒漠（石漠）、黄土状或壤土荒漠（壤漠）、龟裂地或黏土荒漠、风蚀裂地（雅丹）荒漠，以及盐土荒漠（盐漠）等；按荒漠建群种的生活型，则可分为半乔木荒漠、灌木荒漠、半灌木和小半灌木荒漠。

荒漠分布于热带、亚热带和温带地区，以及寒冷干旱的山地，在非洲、亚洲、北美、澳大利亚等地都有大面积的分布。其中非洲的荒漠面积占其总面积的40%，属热带亚热带荒漠，其中的撒哈拉大沙漠面积最大，达906.5万km^2，它几乎完全没有植被。

亚洲荒漠的面积最大，类型较多。亚洲西部主要是阿拉伯荒漠属亚热带荒漠或部分属暖温带荒漠，或可看作为撒哈拉荒漠向东北延伸。在小亚细亚，盐质荒漠占相当面积，在伊拉克有石质荒漠和砾质荒漠，后者以梭梭属（*Haloxylon*）的一些种为主。伊朗高原的荒漠在种类上与北非和阿拉伯荒漠相似。中亚荒漠主要属暖温带荒漠，可分为南方和北方两个类型。南方荒漠春雨较多，具有很多典型的短命植物；北方荒漠雨水分配较为均匀，以野生的小半灌木为主。

中国的荒漠位于亚洲荒漠的东部，与中亚荒漠相连，广布于西北各省区，占国土面积的1/5还多，绝大部分属暖温带荒漠。其基本特征与亚洲荒漠一致，但极旱生中亚型灌木荒漠比较发达，中亚性质的短生与类短生植物群落不存在或不发育，并在极端干旱的核心地带出现近25万 km^2 大面积无植被的戈壁、石漠和流沙等。但从准噶尔向西，中亚荒漠的性质逐渐浓厚，而塔克拉玛干荒漠，根据干燥度则居世界大荒漠的第二位。

中国不存在亚热带和热带荒漠气候，但在干旱季节分明的亚热带和热带西部地区，如四川、云南、贵州一带，受到焚风作用的干热河谷中，都有非地带性的热带荒漠，主要是喜热、常绿多汁的肉质有刺植物如仙人掌（*Opuntia*）、霸王鞭（*Euphorbia antiquorum*）组成的稀疏有刺灌丛。中国的高寒荒漠是大陆性高山和高原上出现的荒漠，降水十分稀少，再加以低温寒冷的大风所造成的植物生理干旱，荒漠植被低矮稀疏。按荒漠建群植物的生活型、建群层片与群落结构的性质可将中国荒漠划分成为小乔木荒漠、灌木荒漠、半灌木和小灌木荒漠及垫状小半灌木（高寒）荒漠等类型。

四、冻原

冻原或苔原（tundra）是寒带的典型植被，其植被可能由矮灌木、苔草和禾草、苔藓以及地衣占优势，而出现多种多样的复杂格局，主要是指无树的北极平原。

冻原的普遍特点是地下有永冻层，并因地处北方森林线以外，无林现象是它的又一基本特征。冻原的植物种类贫乏，是以苔藓和地衣占优势的植物群落，并散生有一些灌木或小灌木，如乌饭树（*Vaccinium bracteatum*）、喇叭茶（*Ledum palustre*）、极柳（*Salix polaris*）、桦、桤和松等，这些灌木或小灌木多矮生，呈垫状、匍匐状、裙状等；同时，石楠类植物占有一定的优势，或大多数植物具有石楠型叶，因此，从这个意义上冻原或称为石楠荒原（heath）。

冻原主要分布于欧亚大陆和北美。在欧亚大陆，随着从南到北气候条件的差异，冻原又分为森林冻原亚带、灌木冻原亚带、藓类地衣冻原亚带、北极冻原亚带4个亚带。北美大陆北部的冻原与欧亚大陆的冻原十分相似。

高山树线以上存在着与极地冻原相似的植被，称为高山冻原（alpine tundra）或山地冻原（mountain tundra）。它们是与高海拔寒冷、湿润气候与寒冻土壤相适应的植被类型。组成高山冻原的植物以高山成分和北温带成分为主。

中国没有极地冻原，而高山冻原在长白山和阿尔泰山的寒冷湿润高山带上都有其代表类型，如小灌木、藓类高山冻原，草类、藓类高山冻原，藓类、地衣高山冻原等。长白山冻原的主要植物有仙女木（*Dryas octopetala*）、牙疙瘩（*Aaccinium vitisidaea*）、牛皮杜鹃（*Rhododendron xanthostephanum*）、圆叶柳等，并混有大量的草本植物。阿尔泰山的冻原植物种类较少，属于干旱型的山地冻原，以镰刀藓（*Drepanocladus*）、真藓（*Bryum*）、冰岛衣（*Cetraria*）等藓类和地衣植物为主。

五、草甸

草甸（meadow）或称中生草本群落（pratoherbosa），是由多年生中生草本为主组成的群落。所谓中生植物，是包括在中度湿度、通气、温度和土壤无机物质下正常生长的植物。它既不同于湿生条件下的沼泽，也不同于干旱条件下的草原。

草甸一般不呈地带性分布，但却广泛分布于欧、亚、美各洲的森林地带中，草甸所要求的中生环境条件，也正合适于各类森林生长，因此，在大多数情况下，草甸大多是森林破坏后形成的次生植被，而在高纬度或高海拔的草甸可能有其原生态类型。

组成草甸的植物类特别丰富，尤以双子叶植物为多，如蔷薇科（Rosaceae）、菊科（Compositae）、豆科（Leguminosae）、蓼科（Polygonaceae）等都有较多的种类，且优势度较大。以生活型来说，主要是地面芽植物。结构较复杂，尤其是层片结构，季相变化亦多种多样，开花盛期时，五颜六色极为华丽，故又称为“五花草甸”（multicoloured meadow）。按生境类型，可将草甸分为河漫滩草甸、大陆草甸和山地草甸三大类型。

中国的草甸主要分布在青藏高原东部、北方温带地区的高山和山地，以及平原和海滨。组成中国草甸的植物以北温带成分为主，常见的建群植物有：野青茅（*Deyeuxia arundinacea*）、无芒雀麦（*Bromus inermis*）、假苇拂子茅（*Calamagrostis pseudophragmites*）、野黑麦（*Hordeum brevisubulaturn*）、地榆（*Sanguisorba officinalis*）、光稃香茅（*Hierochloe glabra*）、黄花苜蓿（*Medicago falcate*）等。蒿草属（*Kobresia*）的许多种类在青藏高原的高山草甸中占优势。根据优势种的生活型及层片结构的差异，可将中国草甸划分为典型草甸、高寒草甸、沼泽化草甸和盐生草甸四大类型。

六、沼泽

沼泽（bog，swamp）是一种湿生的植被类型，通常发育于非常潮湿或过度潮湿的地方，也就是积水的地方。它不是地带性植被类型，而是一种隐域植被类型，但在一定程度上，仍带有地带性烙印。

组成沼泽的种类绝大多数是沼生植物，以草本植物为主，也有木本植物，均着生于泥中。这些沼生植物的特点是通气组织发达，有不定根和特殊的繁殖能力，有些植物还有食虫的习性等。根据沼泽植物的性质，通常把沼泽划分为草本沼泽、苔藓沼泽和木本沼泽。

沼泽分布于世界各地，从赤道到极地，到处都有它的踪迹。沼泽不形成单独的植被带，而是散布于各个植被带之中，以针叶林带、森林苔原带、苔原带中分布最广，其中又以在针叶林带内发育最为典型。

中国的沼泽植被分布十分广泛，总面积达 1400 万 hm^2（仅次于加拿大和俄罗斯），尤以温带地区及青藏高原分布面积最大，东北三江平原和西南的若尔盖高原是我国著名的沼泽分布区。然而，在亚热带地区只有零星分布，而热带地区主要分布在沿海一带。在我国，主要有以下几种沼泽类型。

1. 木本沼泽

木本沼泽主要分布于温带的大、小兴安岭地区，有乔木沼泽和灌木沼泽之分，优势木本植物主要有杜香（*Ledum*）、桦、柳（*Salix*）等属植物。

2. 草本沼泽

草本沼泽主要分布于东北三江平原和若尔盖高原，其面积最大，类型也最多。这类沼泽的表面往往比周围低，因此有时又称为低位沼泽。又由于生长在其中的植物可以直接从富有营养物质的地下水中获得营养，故又称营养沼泽。组成草本沼泽的植物种类丰富，建群种主要为苔原草属（*Carex*）中的一些种类，其次芦苇（*Phragmites*）、香蒲（*Typha*）等属可以形成单优群落。

3. 苔藓沼泽

苔藓沼泽主要分布于青藏高原和大、小兴安岭等地。该类沼泽由于在其发育过程中，苔藓不断积累而逐渐向上升高，最后超过其周围的地面，所以又称高位沼泽。因其表面断绝了与地下水的营养联系，又称为寡养或中养沼泽。苔藓沼泽占优势的植物主要是泥炭藓属（*Sphagnum*）的一些种类，还有少量的金发藓属（*Polytrichum*）植物。

图 1-2 为其他植被类型。

草原	荒漠
冻原	草甸
沼泽	

图 1-2　其他植被类型

第二章 实习的准备

野外实习是植物学教学过程中最重要的实践过程。在开展这一教学活动之前，必须让学生掌握一定的理论知识，了解识别植物的基本方法。尤其是野外实习要远离城区，出发之前必须准备好实习的器械、资料及生活必需品。现就野外实习之前的准备工作做一些说明。

第一节 必备的植物学知识

自然界的植物种类繁多，但每种植物都有相对稳定的形态特征，据此人们可以识别植物，并对其进行分门别类、鉴别定名。植物学野外实习任务之一是要求学生认识一定种数的常见植物，要想达到这个目的，了解和熟悉植物形态特征是前提。

一、形态特征的描述

描述植物是应用植物形态术语来描述和说明植物。对植物所做的描述和说明，不但日后自己可以看懂，而且要让别人也能看懂。

（一）描述的基本方法

（1）应用已知植物，对照植物志、植物手册或植物图鉴等参考书，看书上是如何对一个植物进行描述的，注意描写的顺序、每个部位的变化幅度，如叶片的长度，最长和最短以及一般长度、颜色、附属物等。

（2）取一株自己不认识的植物进行描述，然后，对照植物志、图鉴等书，找出自己描述的差距，经过多次训练，慢慢就可以熟悉和掌握描述植物的方法。

（二）描述植物的一般规律

（1）确切性。描述一种植物，最重要的一点是根据实际标本，最好用生活植物进行描述，对每一器官的质地、颜色、附属物的有无、数目、大小、形状等进行对比观察，用恰当的术语来描述。

（2）典型性。描述的材料、标本或生活植物应选择典型的，特别应注意其变异幅度。书上的描述仅能作为参考。例如某些植物叶缘的变化，随着由北往南不同地区的变化，可以依次描述为全缘→锯齿缘→裂片。而描述某一特定地区的植物时，则要取材于当地的标本加以描述。所谓完整的标本就是指营养器官（根、茎、叶）和生殖器官（花、果实、种子）完全的标本。

（3）顺序性。描述植物时，应依照一定的顺序，如习性、生长期、根、茎、叶、花序、花、果实、种子、染色体数目、花果期、产地、生境、分布、用途等。

(4) 描述中，对高矮、大小、尺寸的描述尽量用确切的数据，如植物高 8～15cm，而不能用一些“较大”“较小”“较高”等词。

(5) 描述中，长度一律用 m、cm、mm 等国际标准单位，长度数目用阿拉伯数字“1、2、3…”表示。

(6) 恰当的应用标点符号。通常用“，”“、”“；”“。”等标点将各部分分开，变异幅度中间用“—”或“～”表示。

(7) 各部描述的基本要求。首先要写明中名、土名和学名，然后按以下性状描述。

① 一般性状：如大小、常绿、落叶、自生、寄生、附生等；

② 植物生长期：一年生、二年生、多年生；

③ 性状：乔木、灌木、藤木、草本等；

④ 茎：直立、匍匐、攀缘；

⑤ 根或根茎：形态、颜色、粗细；

⑥ 叶：生长期、质地、单叶或复叶、排列方式、叶片（全形、长度、宽度、叶尖、叶基、叶缘、叶脉、上下表面颜色、附属物有无）、叶鞘、叶舌、叶柄、叶托等；

⑦ 花序：类型、位置（顶生或腋生）、花序梗或花柄、苞片、小苞片；

⑧ 花：性别、对称性、花萼（合生、离生）、花冠、数目、颜色、形状、大小、长度、宽度；

⑨ 果实：类型、果柄、开裂否；

⑩ 种子：类型、种皮、胚、胚乳有无及形状；

⑪ 染色体数目；

⑫ 花期、果期；

⑬ 生境、产地及分布；

⑭ 用途（有条件的可以描述它的特殊用途）。

(三) 描述举例

毛白杨（*Populus tomentosa*）为落叶乔木。根系强大。幼枝及萌条有灰色绒毛，冬芽有数个褐色芽鳞。单叶互生，叶片三角状卵形，不分裂，背面密布白色毡毛；叶柄扁，有时有腺体。花单性，雌雄异株，柔荑花序下垂，早春先叶开放；每花有一不规则开裂的苞片，花被退化或杯状花盘，雄蕊 4 至多数，子房上位，侧膜胎座，蒴果二裂，种子有白色长毛。花程式为 * ♂ $K_0C_0A_{4-\infty}$， * ♀ $K_0C_0G_{(2:1)}$。

本种分布广泛，以黄河中下游地区为分布中心，是我国北部防护林和绿化的主要树种之一，在阳光充足、中性或偏碱性土壤条件下生长较快，其木材可供制家具、火柴、胶合板、造纸等。

二、各类植物的描述重点

(一) 藻类植物

这类植物的描述重点是：植物体组成（单细胞、群体、多细胞体），植物的形态和颜色（叶状、片状、丝状、管状等；红色、褐色、绿色、蓝色等），细胞的分化程度，色素体和储存物的类型，生殖器官的有无和复杂程度，生殖细胞的类型等。

（二）菌类植物

这里仅介绍野外实习常见的大型真菌，它们的描述重点是：子实体的形态（球形、伞形、扇形、块状、笔状、杯状等）、颜色、结构、质地、子实层的位置，产生有性孢子的方式和孢子的类型等。

（三）地衣植物

这类植物的描述重点是：植物的形状（壳状、叶状、枝状等）以及从基质上剥离下来的难易程度；菌丝和藻类细胞的分布状况和排列方式；子囊盘的类型、分布及孢子的颜色和类型等。

（四）苔藓植物

这类植物的描述重点是：植物的类型（叶状体、茎叶体）、有无背腹性、叶有无中肋，原丝体的发达程度及产生芽体的数量，孢蒴的结构、形状及开裂方式，假根和茎、叶的形态结构，细胞的分化程度和排列方式等。

（五）蕨类植物

这类植物的描述重点是：地下茎的生长方式（直立、斜生、匍匐、横走），叶的类型（大型叶、小型叶）、形态、孢子叶穗、孢子囊穗的有无和类型，孢子囊的形态、构造、着生位置、排列方式和产生孢子的类型等。

（六）裸子植物

这类植物描述的重点是：假花被和导管的有无，叶的形态、类型和着生方式，球花、球果、苞鳞、种鳞、花粉、胚球，种子的数量、形态、构造等。

（七）被子植物

这类植物的描述重点主要是花的形态构造特点，其次是果实和种子及根、茎、叶的特点。为了生动、形象、简明地描述花的特征，可采用花程式或花图式来表示。

三、种子植物形态术语

种子植物分布广泛，种类繁多，结构复杂，与人关系密切，是植物学野外实习的重点，要圆满完成实习任务，必须认真准确地掌握好描述它的形态术语。

（一）根

根一般生长在地面以下，具有吸收、固着、支持、输导、合成、储存和繁殖等功能。图 2－1 为常见的根的类型。

根据根的生长方式，可分为以下几种类型。

1. 陆生根

陆生根指生长于土壤中的根。大多数植物的陆生根，其外部形态与内部构造没有特殊的变化，又称普通根，如黑松、狗尾草等植物的根。而有的植物陆生根，其主根或不定根出现肥大，以储存营养物质，这样的陆生根又称为肉质根，如胡萝卜的圆锥根、甘薯的块根等。

2. 水生根

水生根指生活在水中，不扎到泥土中的根，如浮萍的根。

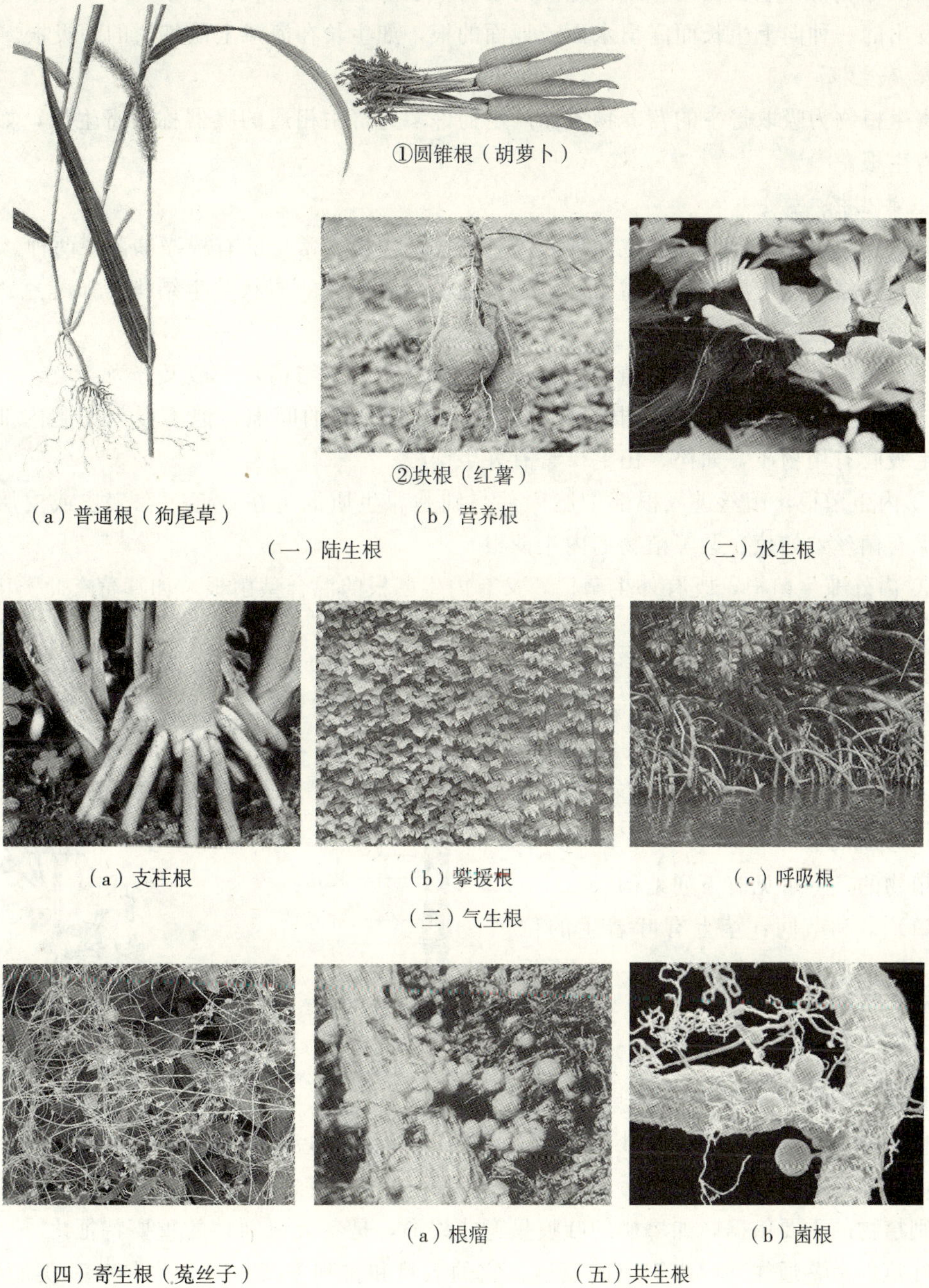

图 2－1　常见的根的类型

3. 气生根

气生根指生长在空气中的根，根据其作用可分为以下三种类型。

（1）支柱根，从植物的茎上生出的不定根，在空气中生长到一定长度后伸入土中，形成支柱植物的辅助根，如玉米的支柱根。

（2）攀缘根，从植物茎上生长出来的起攀缘作用的根，如常春藤的攀缘根。

（3）呼吸根，生长在沼泽或浅海滩的植物，根部生长期埋在许多淤泥中，为了吸收氧气而发出的一种向上生长而露出水面或地面的根，如生长在海滩上的红树的呼吸根。

4. 寄生根

寄生植物为吸取寄主的营养物质而产生的许多与寄主相通的吸器称为寄生根，如菟丝子的寄生根。

5. 共生根

微生物与植物根部组织共生而形成的结构称共生根，常见的有根瘤和菌根两种。

（1）根瘤，即土壤中的根瘤菌侵入植物的根部而形成的瘤状共生结构，如豌豆、苜蓿等豆科植物的根瘤。

（2）菌根，即真菌菌丝与植物的根部组织形成的共生结构，一般又分为：

① 外生菌根，菌丝包在幼根的外面或侵入皮层细胞的间隙，但不侵入细胞内部，代替根毛吸收有用物质，如松、山毛榉常有外生菌根。

② 内生菌根，菌丝进入根部细胞内部与细胞原生质混生在一起，在表皮或皮层细胞中可见有菌丝，如葱、桑等植物的内生菌根。

③ 内外兼生菌根，既有外生菌根，又有内生菌根的混合型菌根，如草莓有此类菌根。

（二）茎

茎是地上部分的骨干，着生有叶、花和果实，有输导、支持、合成、贮存、繁殖等功能。

图 2－2 为茎的结构和枝条类型。

1. 茎的形态

植物的茎上可见有下列结构。

（1）节和节间：茎上有叶着生的位置称为节，节与节之间不明显，如大豆、刺槐等。

（2）长枝和短枝：节间显著的枝条称为长枝，如柳树的枝条。节间极度缩短的枝条称作短枝，如银杏的叶就簇生在短枝上；果树的短枝上开花结果，特称为果枝。

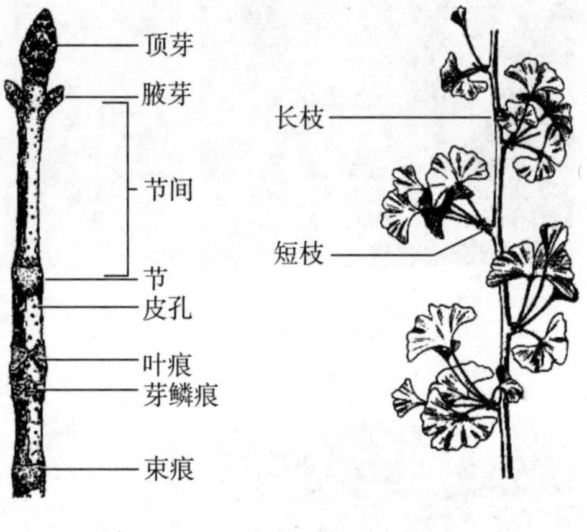

图 2－2　茎的结构和枝条类型

（3）叶痕和束痕：叶脱落后，叶柄在茎上留下的痕迹称为叶痕。叶痕的形状常常是冬季识别植物的重要依据，如旱柳的叶痕呈弯曲线形，是冬天识别它的重要特征之一。束痕是指叶痕内由茎通往叶内维管束的痕迹，它的数目和排列方式也是识别植物种类的依据，如连翘每个叶痕中有 [illegible] 个束痕，而黄檗则有 3 个。

（4）芽鳞痕和托叶痕：芽鳞脱落后在茎上留下的痕迹称为芽鳞痕。托叶脱落后，在茎上留下的痕迹称为托叶痕，如玉兰有环状叶痕。

（5）皮孔：在茎的表面可见有一些圆形、椭圆形、长线形的斑点具有交换气体的作用，这就是皮孔。皮孔的形状、颜色、数目的多少是冬季识别植物的依据。

（6）髓：髓位于茎的中心，是由基本分生组织发展而来的，它的形状和颜色是识别木本植物的重要依据。如苹果的髓为圆形，而毛白杨枝的髓为五角形；葡萄的髓为褐色，而白蛇蔹的髓则为白色；胡桃的茎具片状髓，而金银花则在生长中被消耗而形成中空的茎。

2. 茎的类型

（1）根据茎的质地可分为草质茎和木质茎两类。茎中木质部的成分少，通常较柔软，易折断，外表常为绿色的茎称为草质茎；茎为草质茎的植物称为草本植物，如花生、小麦等。茎干坚硬，大部分有木质部组成的茎称为木质茎；茎为木质茎的植物被称为木本植物。木本植物可分为：

① 乔木。乔木植株高大，具明显的主干，分枝的位置一般较高，如毛白杨、垂柳等。

② 灌木。植株没有明显的主干，分枝位置较靠近地面，如黄刺玫、大叶黄杨等。

③ 亚灌木。介于草木和灌木之间的类型，茎的下部为木质茎，多年生，而上部的茎为草质，如草麻黄等。

木质藤本。不能直立的木本植物，常平卧地面或利用自身的缠性或借助卷须等特殊器官而攀缘它物之上，如葡萄等。

（2）根据茎的横切面形状可分为：

① 圆形茎。茎的横切面为圆形，大多数植物茎均为此类。

② 三棱形茎。茎的横切面为三角形，如莎草科植物的茎多为此类。

③ 四棱形茎。茎的横切面为四边形，如唇形科的大多数植物属此类。

④ 多棱形茎。茎的横切面多边形，如芹菜的茎属此类。

（3）根据植物寿命的长短可分为：

① 一年生植物。指在一年内完成其生命周期（发芽、生长、开花、结果、死亡）的非木本植物，如水稻、大豆等。

② 二年生植物。指在两年内完成其生命周期的非木本植物，如大白菜、萝卜、冬小麦等。

③ 多年生植物。指能连续生活两年以上的植物，如白羊草等草本植物和全部木本植物。

（4）根据茎的生活习性可分为：

① 直立茎。指生长方向与地面垂直的茎，自然界中大多数植物的茎属此类。

② 攀缘茎。指借助卷须、吸盘等其他特殊器官而攀缘支持上升生长的茎，如葡萄的茎。

③ 缠绕茎。指植物体本身缠绕支持物上升生长的茎，如牵牛花的茎。

④ 匍匐茎。茎平卧在地面上，且节部生根的茎称为匍匐茎，如草莓的茎。

⑤ 平卧茎。茎平卧在地面上，但节部不生根的茎，如地锦草的茎。

（5）变态茎分为：

① 地下变态茎，指生长于地面以下的变态茎（参见图 2-3）。

A. 根状茎。外形似根，具有明显的节和节间，节上具有退化的鳞叶，叶腋内具有芽，顶端具顶芽，如莲、竹的根状茎。

B. 鳞茎。多为平扁圆球形，上面生有许多肉质肥厚的鳞叶，叶腋内具芽，如洋葱的鳞茎。

C. 块茎。块茎肉质茎，节间很短，具有许多芽眼，幼时具有鳞叶，如马铃薯等的块茎。

② 地上变态茎。

A. 茎刺。指由特化而成的刺，如皂荚、山楂等刺茎。

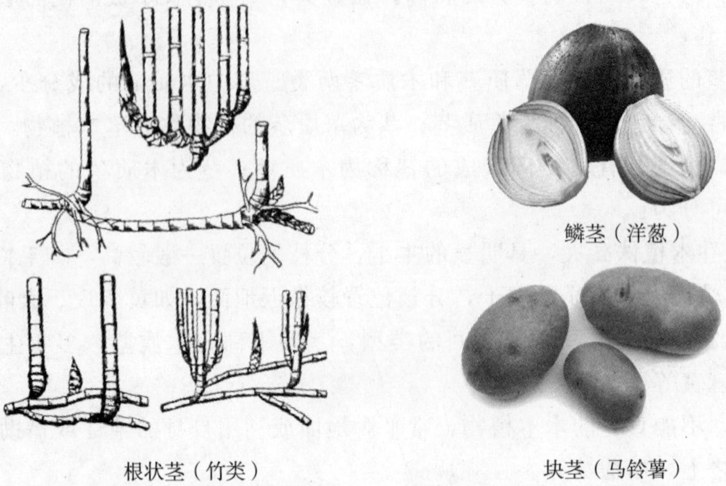

图 2-3　常见的地下变态茎

B. 茎卷须。指由枝特化而成的卷须，如葡萄的卷须。

C. 叶状茎。茎变态叶状，具有叶绿素，能代替营养叶的作用，如竹节蓼、假叶树等的叶状茎。

D. 肉质茎。茎肉质化，储水组织发达，是对干旱环境的适应，如仙人掌的茎。

图 2-4 为常见茎的形状及地上茎的变态。

（三）叶

叶是生长在茎节上的营养结构，其主要功能是进行光合作用，制造有机物质，释放气体。

1. 叶的类型

（1）完全叶和不完全叶：由叶片、叶柄和托叶三部分组成的叶称为完全叶；缺少一部分或两部分的叶称为不完全叶，如桑叶缺托叶、莴苣叶缺托叶和叶柄。

（2）同形叶和异形叶：一种植物具有一种形状的叶，称为同形叶。大多数种子植物都是同形叶。同一植株上有不同形状的叶称为异形叶，如蓝桉嫩枝和老枝上的叶不一样，慈姑、水毛茛的气生叶和沉水叶不一样。

（3）单叶和复叶：叶柄上只有一个叶片，这样的叶称为单叶，如毛白杨的叶。叶柄上有两个或两个以上的叶片，这样的叶称为复叶。

复叶通常分为：

① 羽状复叶。每叶有多个小叶，羽状分布在叶轴上。羽状复叶的顶端小叶为一片时，称为奇数羽状复叶，如槐树的叶；羽状复叶的顶端小叶为两片时，称为偶数羽状复叶，如花生的叶。

② 三出复叶。有三个小叶组成的复叶称为三出复叶，如大豆的叶。

③ 掌状复叶。有多个小叶着生总叶柄的顶端而形成，小叶展开，如手掌，故称为掌状复叶，如七叶树的叶。

④ 单身复叶。外形似单叶，但叶片与叶轴间具关节，一般认为它可能是三出复叶退化而成的，如柚的叶。

圆形茎（光棍树）

三棱形茎（莎草）

三棱形茎（益母草）

多棱形茎（芹菜）

茎刺（皂荚）

茎卷须（葡萄）

叶状茎（竹节蓼）

肉质茎（仙人掌）

图 2－4　常见茎的形状及地上茎的变态

(4) 变态叶：

① 叶卷须。叶的全部或者一部分变成卷须状称为叶卷须，如菝葜的托叶变成卷须、豌豆的小叶片变成卷须。

② 叶刺。有的全部或一部分变成刺状称为叶刺，如刺槐的托叶刺、小檗长枝上的叶刺等。

③ 鳞叶。叶特化成鳞片状称为鳞叶，如毛白杨的芽鳞、洋葱贮存养料的肉质鳞叶、风信子的鳞叶等。

④ 叶状柄。叶柄变为扁平的片状，具有叶的营养功能称为叶状柄，如金合欢的后生叶常为叶状柄。

⑤ 捕虫叶。能捕食小虫的变态叶称为捕虫叶。

⑥ 苞片和总苞。生于花下的变态叶称为苞片，其形状因种而异；许多苞片聚生在花序外围称为总苞，如菊科植物花序外有总苞。

2. 叶序

叶在茎上的排列方式称为叶序，常见的有以下几种类型。

(1) 互生。茎的每个节上仅生一叶，如桃的叶。

(2) 对生。茎的每个节上有相对而生的两个叶，如石竹的叶。

(3) 轮生。茎的每节上有三片或三片以上的叶着生，如夹竹桃、轮叶景天等的叶。

(4) 簇生。由于茎节缩短密接，叶从枝上成簇地生出，如银杏短枝上的叶。

(5) 基生。叶从茎基部发出，常成莲座状，如蒲公英的叶。

3. 叶脉

叶脉就是叶片内的维管束，叶脉在叶片中的排列方式称脉序。

(1) 平行叶脉。叶脉彼此近于平行，各脉间以细脉相连，如玉米的叶脉。

(2) 网状叶脉。叶脉成数回分支，并互联成网，如向日葵的叶脉。

(3) 羽状叶脉。有一条明显的主脉，侧脉自中脉的两侧发出，呈羽状分布，如北鹅耳枥的叶脉。

(4) 弧形叶脉。叶脉从叶片基部伸向顶端排列成弧形，如玉簪的叶脉。

(5) 三出叶脉。从叶片基部伸出三条明显的叶脉，如枣的叶脉。

4. 叶形

叶形通常是指叶片的形状，是识别植物的重要依据之一。

(1) 圆形。叶形轮廓近似于正圆形，如山杨的叶。

(2) 椭圆形。叶片的长为宽的 3～4 倍，两侧叶缘成弧形，如洋槐的小叶片。

(3) 卵形。叶片长约为宽的 2 倍，中部以上为最宽，向上渐狭，如白梨的叶。另外，山楂的叶长与宽比例相近，基部略宽，称阔卵形；猕猴桃的叶，长宽比例相近，顶部较宽，称为倒阔卵形。

(4) 心形。和卵形相似，但叶片基部最宽，全形似心脏，如紫荆的叶。

(5) 肾形。叶片外形如肾，如洋绣球的叶。

(6) 三角形。叶片近似三角形，如加拿大杨等的叶。

(7) 针形。叶细长且顶端如针，如油松、马尾松等的叶。

(8) 披针形。叶片长为宽的 4～6 倍，中部或中下部最宽，两端渐狭，如旱柳、桃等的叶。

(9) 线形。叶片长而狭，两侧边缘平行，如韭菜的叶。

(10) 鳞状叶。叶形似鳞片，如侧柏的叶。

5. 叶基的形状

(1) 半圆形。叶基成半圆形，如苹果的叶基。

(2) 心形。叶片基部内凹成心形，如萝摩的叶基。

(3) 箭形。叶基深陷，两侧的裂片向下成箭状，如慈姑的叶基。

(4) 耳形。叶基两侧各有一耳的小裂片，如苦荬菜的叶基。

(5) 戟形。叶基两侧的小裂片向外伸展，如戟叶蓼的叶基。

(6) 楔形。叶片自中部以上基部渐狭，如一叶荻的叶基。

(7) 偏斜形。叶片的基部两侧不对称，如秋海棠的叶基。

6. 叶缘的形状

(1) 缺刻状：

① 浅裂。缺刻较浅，最深不超过叶片的1/2，如梧桐的叶缘。

② 深裂。缺刻较深，超过叶片的1/2，如荠菜的叶缘。

③ 全裂。缺刻深达中脉或叶片基部，如铁树、茑萝等的叶缘。

(2) 全缘状：叶缘不具齿或缺刻，如紫丁香的叶缘。

(3) 齿状：

① 锯齿状。叶缘有锯齿，如秋子梨的叶缘。

② 重锯齿状。锯齿的边缘上又有锯齿，如珍珠梅的叶缘。

③ 牙齿状。叶缘成牙齿状，如桑的叶缘。

④ 波状。叶缘无尖状突起，起伏呈波状，如槲的叶缘。

7. 叶尖

叶片的顶端称为叶尖，常见的形态有以下五种类型。

(1) 渐尖。叶片顶端逐渐变尖，如梨的叶尖。

(2) 急尖。叶片顶端突然变尖，如金樱子的叶尖。

(3) 钝尖。叶片顶端钝圆，如黄栌的叶尖。

(4) 凹形。叶片先端凹陷，如凹头苋的叶尖。

(5) 倒心形。叶片先端宽而凹缺，如酢浆草的叶尖。

8. 托叶

托叶的形状变化很大，常见的有以下几种类型。

(1) 离生托叶，托叶与叶柄分离，如苹果的托叶。

(2) 托叶与叶柄基部结合，如月季的托叶。

(3) 叶状托叶，如豌豆的托叶呈叶片状。

(4) 鞘状托叶，也称托叶鞘，如蓼科植物的托叶。

(5) 卷须状托叶，如菝葜属植物的托叶。

(6) 叶柄间托叶，如茜草的叶状托叶生于轮生叶柄之间。

(7) 托叶刺，如洋槐的托叶。

图2-5为叶的结构、排列、叶形和叶尖；图2-6为叶基、叶缘、叶脉和复叶。

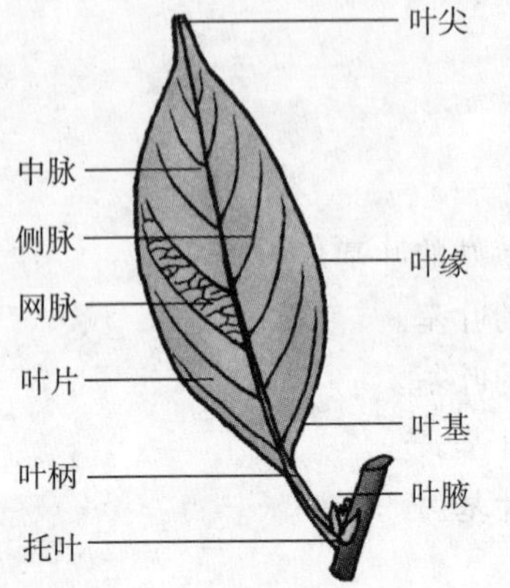

（a）叶的各部分

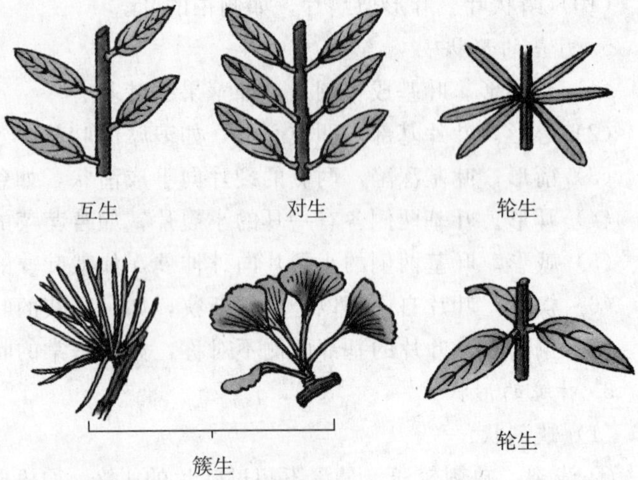

（b）叶的排列

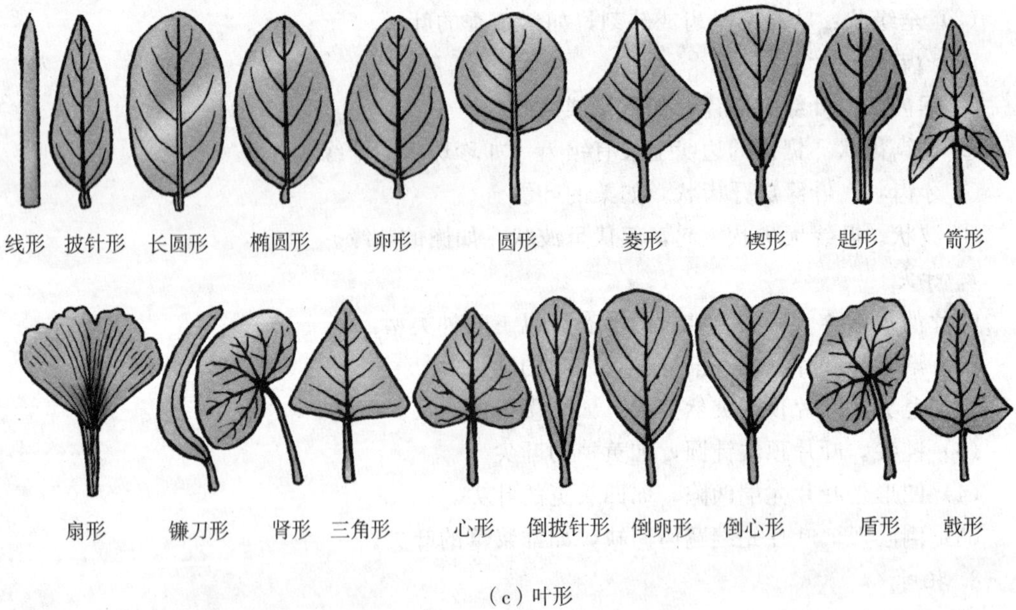

（c）叶形

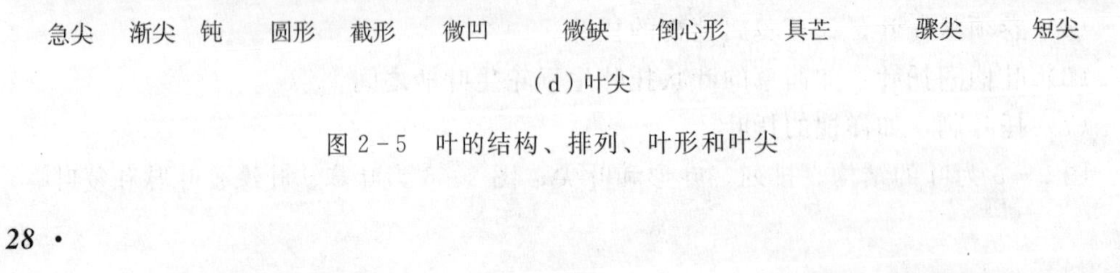

（d）叶尖

图 2－5　叶的结构、排列、叶形和叶尖

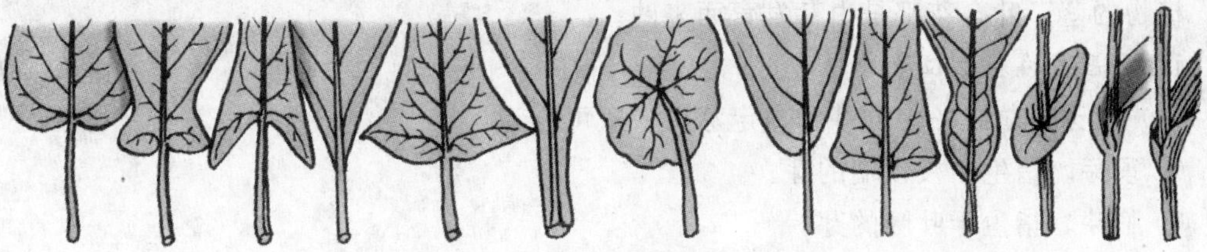

（a）叶基

（b）叶缘

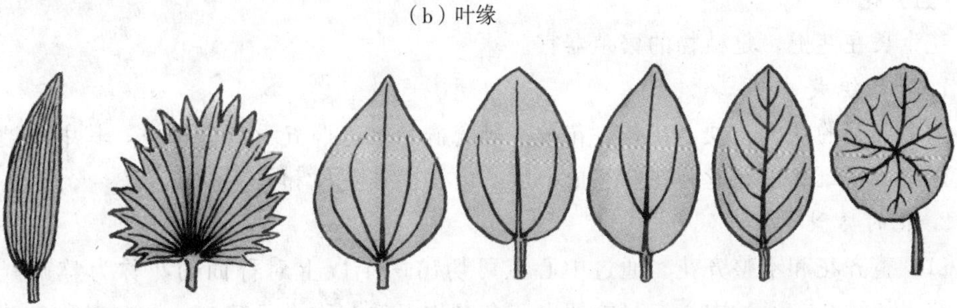

（c）叶脉

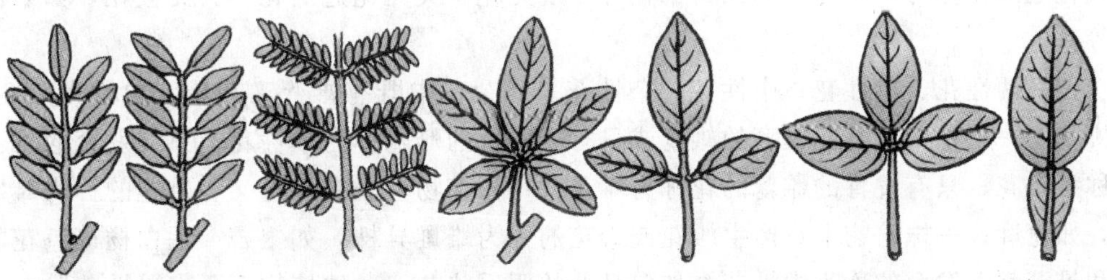

（d）复叶

图 2－6　叶基、叶缘、叶脉和复叶

(四) 芽

植物的茎、叶、花都是由芽发育而来的。

1. 根据芽的着生位置分

(1) 定芽。位置一定的芽称为定芽，一般可分为：

① 顶芽。指生于枝顶端的芽。

② 腋芽。指生于叶腋的芽。

③ 副芽。指数个在一起时，位于旁边的芽，如桃具有两个副芽。

④ 柄下芽。叶柄基部膨大而包住整个芽，叶脱落后，芽才能露出，如悬铃木有叶柄下芽。

(2) 不定芽。发生位置不一定的芽称为不定芽，在根、茎、叶的各个部位都有可能发生不定芽。

2. 根据芽的性质分

(1) 花芽。开展后形成花或花序的芽，如桃的副芽。

(2) 叶芽。开展后形成新枝条和叶的芽，如杨树的顶芽。

(3) 混合芽。开展后既有新枝条形成，又有花序发生的芽，如紫丁香的芽。

3. 根据芽的保护状态分

(1) 鳞芽。芽的外面被有芽鳞，如杨属植物的芽。

(2) 裸芽。芽的外面没有保护结构，如枫杨的芽。

(五) 花

花生长在茎上，是植物的繁殖器官。

1. 花的组成

一个典型的花由花梗、花托、花被、雌蕊群和雄蕊群五大部分构成，其中花被由花萼和花冠组成，雄蕊由花丝和花药组成，雌蕊由子房、花柱和柱头组成。

2. 花的类型

(1) 整齐花和不整齐花。通过中心点可切出两个以上对称面的花称为整齐（辐射对称）花，如桃花；通过中心点只能切出一个对称面的花称为不整齐（两侧对称）花，如洋槐花。

(2) 重被花、单被花和无被花。花萼和花冠均有的花称为重被花，如桃花等；只具花萼或花冠的花称为单被花，如桑树的花等；既无花萼又无花冠的花称为无被花，如旱柳的花等。

(3) 两性花、单性花、中性花、杂性花。一朵花中既有雄蕊又有雌蕊的称为两性花，如桃花。一朵花中只有能发育的雄蕊或只有能发育的雌蕊称为单性花，只有发育的雄蕊的花称为雄花，只有发育的雌蕊的花称为雌花。一株植物上既有雌花又有雄花的称为雌雄同株，如蓖麻；一株植物上只产生雌花或雄花的称为雌雄异株，如银杏、毛白杨等。花的雌蕊和雄蕊都不发育的称为中性花，如向日葵的假舌状花。一株植物上既有单性花又有两性花的称为杂性花，如平基槭为杂性花。

3. 花的形态结构

(1) 花梗。着生花的枝称为花梗，也叫花柄，其长短粗细因种而异。有的花梗还有分枝，分枝出的小花梗称为小梗。

（2）花托。花梗顶部花的其他部分着生的结构称为花托，其形态因种而异，有的呈圆柱状，如木兰的花托；有的凸起呈复碗状，如草莓的花托；有的凹陷呈碗状，如蔷薇的花托等。

（3）花萼。花萼包在花的最外层，由若干萼片组成，多数为绿色，仅少数植物的花萼有其他色彩。萼片各自分离的花萼称为离萼；萼片彼此连合在一起的称合萼；萼片特化呈毛状，则称为冠毛。一些菊科植物常有冠毛，如蒲公英有单毛状冠毛，刺儿菜有羽毛状冠毛，向日葵有鳞片状冠毛，鬼针草有钩刺状冠毛。

（4）花冠。花冠位于花萼的上方或内层，由若干花瓣构成，常具鲜艳色彩。

① 离瓣花和合瓣花

组成花冠的花瓣彼此分离的称为离瓣花，如桃花、白菜花等；组成花冠的花瓣彼此连合的称为合瓣花，如牵牛花等。

② 花瓣在芽内的排列方式

镊合状：花瓣的边缘彼此相接，但不重叠，如葡萄花。

螺旋状：花瓣各片彼此向一边重叠，每个花瓣的一边压着另一个花瓣的一边，如圆叶牵牛的花。

覆瓦状：和螺旋状排列相似，只是其中的一个花瓣完全在外，两边都压着相邻的花瓣，如白菜花。

③ 花冠的类型

蔷薇形花冠：5个分离的花瓣排列成辐射状，如桃花的花冠。

十字形花冠：4个分离的花瓣排列成十字形，如白菜花的花冠。

蝶形花冠：花瓣排列呈蝶形，中间最大的一瓣称旗瓣，两侧的两瓣称翼瓣，最内的两瓣顶端合生称龙骨瓣，如豆科植物的花冠。

管状花冠：花冠筒呈管状，如向日葵的花冠。

舌状花冠：花冠筒很短，其上的花冠展平呈舌状，如蒲公英的花冠。

唇形花冠：花冠筒较长，裂片分为上下两唇，通常上唇二裂，下唇三裂，如益母草的花冠。

有距花冠：花冠具距，如楼斗菜的花冠。

钟形花冠：花冠筒较短而广，钟状，如党参的花冠。

漏斗状花冠：花冠筒自基部逐渐向上展开成漏斗状，如牵牛花的花冠。

（5）雄蕊

① 雄蕊的类型

离生雄蕊：各个雄蕊的花丝、花药都彼此分离，如毛茛的雄蕊。

单体雄蕊：各个雄蕊的花丝相互连合成一体，形成雄蕊管包住花柱，但花药彼此分离，如棉花的雄蕊。

二体雄蕊：花丝结合成二体，花药彼此分离，如豌豆的雄蕊就是典型的二体雄蕊。

多体雄蕊：花丝基部连合成多体，上部及花药彼此分离，如红旱莲的雄蕊。

聚药雄蕊：花药聚合形成一体，而花丝彼此分离，如向日葵的雄蕊。

二强雄蕊：花有雄蕊4枚，2长2短，如益母草的雄蕊。

四强雄蕊：花有雄蕊6枚，4长2短，如白菜的雄蕊。

② 花药的着生方式

底着药：花药以底部着生在花丝的顶端，如细叶小檗的花药。

背着药：花药以背部着生于花丝的上部，如玉兰的花药。

丁字形着药：花药仅以背部中央着生于花丝的顶端，如有斑百合的花药。

纵裂：花药自上而下裂开一缝，使花粉散出，如白菜的花药。

孔裂：花药自顶端裂开二个小孔，花粉由小孔散出，如茄的花药。

横裂：花药从药室的中央横裂一条缝，使花粉散出，如棉花的花药。

瓣裂：花药上形成数个可向外开裂的小瓣，花药成熟时，小瓣开裂，花粉散出。

(6) 雌蕊

① 雌蕊的类型

单心皮雌蕊：雌蕊由一个心皮形成，如豌豆的雌蕊。

离生心皮雌蕊：雌蕊由两个以上的彼此分离的心皮组成，如毛茛的雌蕊。

合生心皮雌蕊：雌蕊由两个以上的相互连合的心皮组成，如棉花的雌蕊。

② 子房的位置

下位花：花萼、花冠和雄蕊在花托上的着生位置低于子房称为下位花，子房上位，如玉兰的花。

周位花：花萼、花冠和雄蕊着生在杯状或壶形的花托上，围绕子房但不与子房结合，或者仅子房的中下部与花托结合，这类花称为周位花。若子房中下部与花托结合，则称为子房中位或半下位；若子房仅以底部与花托结合，则称为子房上位。

上位花：花萼筒（花托）与子房壁完全结合，花萼、花冠和雄蕊的着生位置比子房高，子房下位，称为上位花，如黄瓜花；但如果子房侧壁不与花托结合，称为子房上位，如桃花。

③ 胚珠的类型

直生胚珠：珠被各部分均匀生长，珠柄、珠孔、合点连成一直线，如侧柏的胚珠。

弯生胚珠：珠被一侧生长较快，珠柄较短，使胚珠本身发生弯曲，珠孔偏向珠柄方向，珠柄、珠孔、合点不成一直线，如白菜的胚珠。

横生胚珠：珠被生长较快，使胚珠横生，合点和珠孔的连线与珠柄互成直角，如大豆的胚珠。

倒生胚珠：珠被和珠柄生长都很快，珠柄细长，胚珠倒悬，珠心向下接近胎座，珠孔和合点的连线与珠柄几乎平行，如黄瓜的胚珠。

④ 胎座的类型

边缘的胎座：由单心皮构成的单室子房，胚珠着生在心皮的腹缝线上，如大豆的胎座。

中轴的胎座：由合生心皮组成二室以上的复雌蕊，胚珠着生在中轴上，如棉花的胎座。

侧膜胎座：由合生心皮形成一室的复雌蕊，胚珠在相邻两个心皮的腹缝线上着生，如黄瓜的胎座。

特立中央胎座：由合生心皮形成一室的复雌蕊，胚珠着生在中央的轴上，如石竹的胎座。

顶生胎座：胚珠着生在子房的顶部，如桑的胎座。

基生胎座：胚珠着生在子房的基部，如向日葵的胎座。

4. 花序

花在花轴上的排列次序称为花序。

(1) 无限花序。开花的顺序是由下而上或由外而内，花序轴可不断伸展的花序称为无限花序。无限花序可分为下述类型。

总状花序：多数具柄的小花排列在一个不分支的花序轴上，小花柄等长，如白菜的花序。

穗状花序：多数无柄花排列在一个不分支的花序轴上，如车前的花序。

肉穗花序：和穗状花序相似，其不同点是花序轴肉质膨大，如玉米的雌花序。如果在肉穗花序外具有一个大苞片（佛焰苞）则特称为佛焰花序，如天南星的花序。

柔荑花序：多数无柄小花排列在一个不分支的柔软下垂的花序轴上，落时整个花序一起脱落，如毛白杨的花序。

圆锥花序：也称复总状花序，是由多个总状花序着生在一个总花序轴上形成的，如丁香的花序。

伞房花序：在一个花序轴上着生有许多花柄不等长的花，越靠下的花柄越长，使整个花序的顶部近成一个平面，如花揪树的花序。

伞形花序：许多花柄近相等的花，集生于花序轴的顶端，形似伞状，如人参的花序。许多伞形花序生在同一花序轴上就组成复伞形花序，如胡萝卜的花序。

头状花序：许多无柄小花着生于缩短的花序轴顶端或着生于扁平的总花序上，如向日葵的花序。

隐头花序：花序轴顶端大，中央凹陷成囊状，花着生在内囊壁上，完全隐藏在花序轴内，故称隐头花序，如无花果的花序。

(2) 有限花序。花序顶端的一朵花先开，使花序轴的继续伸展受到限制，故称有限花序。

二歧聚伞花序：也称歧伞花序，其花序轴的分枝为二岐式，顶花下的主轴向两侧各生一分枝，枝的顶端开花，每枝再在顶花下向两侧分枝，如此反复形成的花序称二歧聚伞花序，如大叶黄杨的花序。

单歧聚伞花序：花序主轴的顶花下只向一侧分出一个分枝，枝的顶端开花，枝再在顶花下生一侧枝，如此反复合轴分枝形成的花序称单歧聚伞花序。如果相邻侧枝的伸展是向相对的方向交替进行的，则形成蝎尾状聚伞花序，如唐菖蒲的花序；如果相邻侧枝的伸展方向是固定向一侧的，则形成螺状聚伞花序（卷伞花序），如附地菜的花序。

轮伞花序：对生叶序的植物，其许多无柄花聚伞状排列在叶腋内，外形似轮状排列，如益母草的花序。

(六) 果实

由子房或子房及其相连的结构共同发育而成的器官称为果实。

1. 真果和假果

单纯由子房发育而成的果实称为真果；果实不单纯由子房发育而成，花的其他结构

（如花被、花托以及花序轴）也参加了果实形成，这样的果实称为假果。如大豆、小麦的果实为真果，而苹果、西瓜的果实为假果。

2. 聚花果、聚合果和单果

（1）聚花果。由一个花序形成的果实称为聚花果。花序上的每朵花形成一个小果，这些小果聚生在花序轴上，如桑的果实桑葚是典型的聚花果。

（2）聚合果。一朵花中的多个离生雌蕊各形成一小果，小果聚生在同一花托上称为聚合果，如草莓的果实。

（3）单果。一朵花中只有一个雌蕊形成的果实称为单果，如桃、柿等的果实。

3. 干果和肉果

（1）干果。果实成熟后，果皮干燥的果实称为干果。

① 裂果。果实成熟后果皮自然开裂的干果称为裂果，常见的类型有以下几种。

蓇葖果：一般由离生心皮形成，成熟时只有一个缝线开裂，如乌头、八角茴香的果实。

蒴果：由合生心皮形成，成熟后开裂，有的从背缝线开裂，如棉花的果实；有的在室间开裂，如马兜铃的果实；有的孔裂，如罂粟的果实；有的盖裂，如马齿苋的果实。

荚果：由单心皮形式，成熟时沿二条缝线开裂，如洋槐、大豆的果实。

角果：由两个心皮合生形成，中间具假隔膜，成熟时沿两缝线开裂，如果角果的长度超过宽的2倍就称为长角果，如白菜的果实；角果的长和宽近相等，则称为短角果，如荠菜的果实。

② 闭果。果实成熟后果不开裂的干果称为闭果，常见的类型有以下几种。

双悬果：由下位子房的合生心皮形成，成熟时从中线分开，悬挂于心皮柄上，也称为分果，如伞形科植物的果实为此类。

坚果：由合生心皮形成一室一胚珠的干果，果皮坚硬，如板栗的果实。

瘦果：由离生心皮或合生心皮形成的一室一胚珠的干果，果皮能与种皮分开，但没有坚果的果皮坚硬，如毛茛的聚合瘦果、向日葵的果实等。

颖果：由合生心皮形成的一室一胚珠的干果，果皮与种皮完全愈合，不能分开，如禾本科植物的果实。

翅果：果皮延展成翅状，如五角枫具双翅果、白蜡树具单翅果。

（2）肉果。果皮为肥厚肉质的果实称为肉果。

核果：由一个心皮发育成的，具一粒种子的果肉，外果皮薄，中果皮肥厚肉质，内果皮骨质，如桃的果实。

浆果：由合生心皮发育的，内有多数种子，外果皮薄，中果皮和内果皮肉质并富含汁液，如西红柿的果实。浆果中还有一些特殊类型如柑果、瓠果，柑果的外果皮为厚革质，内果皮上具有多汁的腺毛细胞，如柑橘类的果；瓠果由子房壁和花托共同发展而来，为肥厚肉质的假果，如西瓜等。

梨果：由合生心皮的下位子房以及与其相连的花被筒等形成的果实，是一种假果，如苹果。

图2-7为雄蕊和雌蕊、花药的开裂方式、胎座式和果实；图2-8为花的组成、花部的着生方式、花序的类型、花萼和花冠。

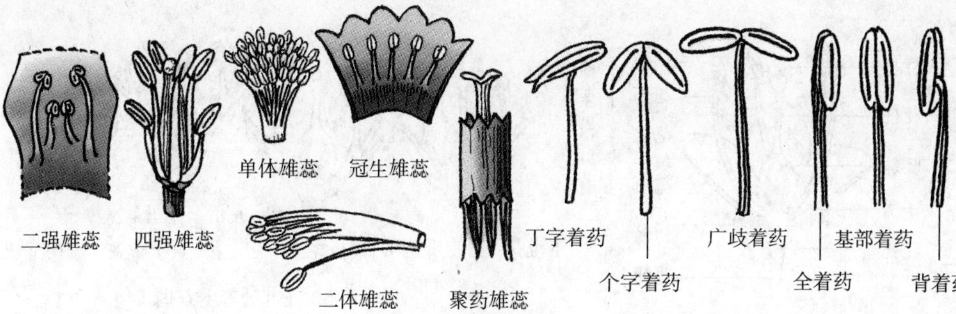

(a)雌蕊和雄蕊

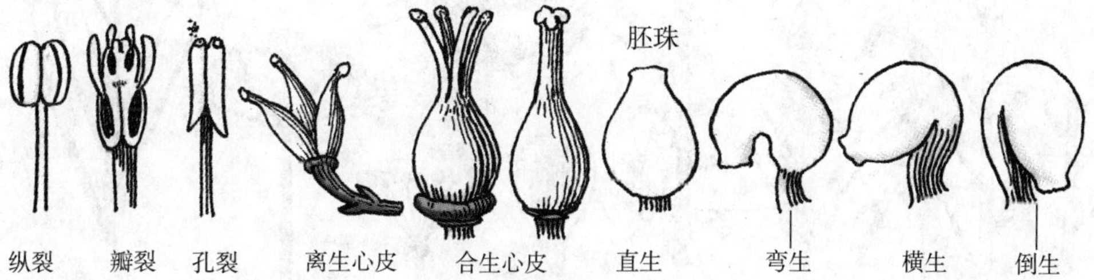

(b)花药的开裂方式

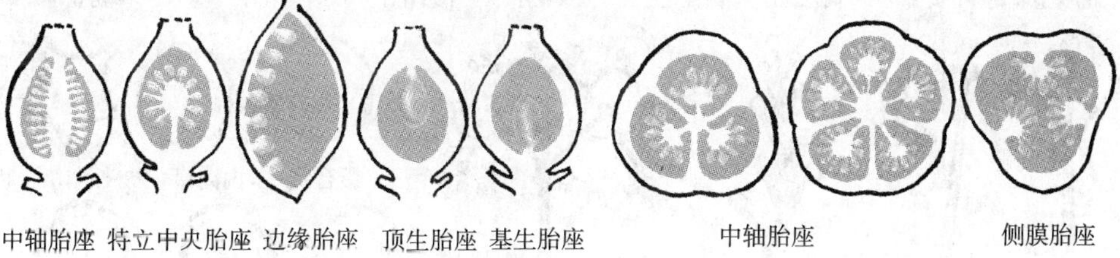

(c)胎座式

(d)果实

图 2-7 雄蕊和雌蕊、花药的开裂方式、胎座式和果实

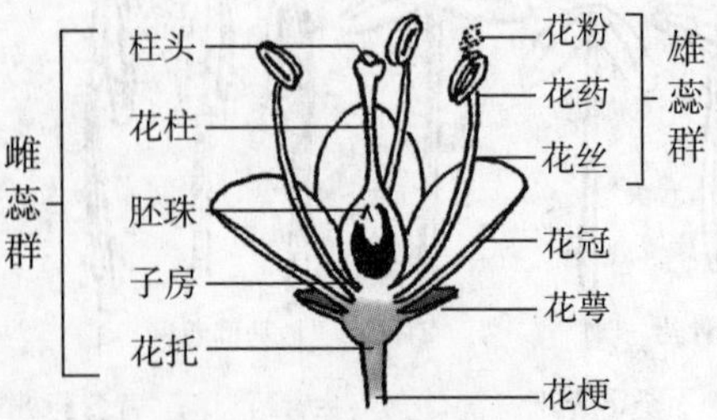

(a) 花的组成

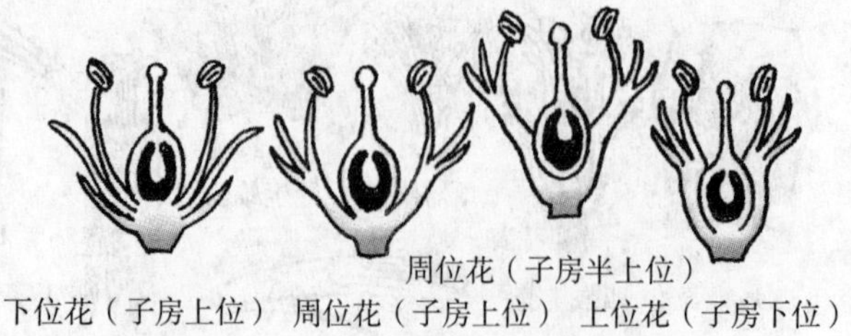

(b) 花部的着生方式

(c) 花序的类型

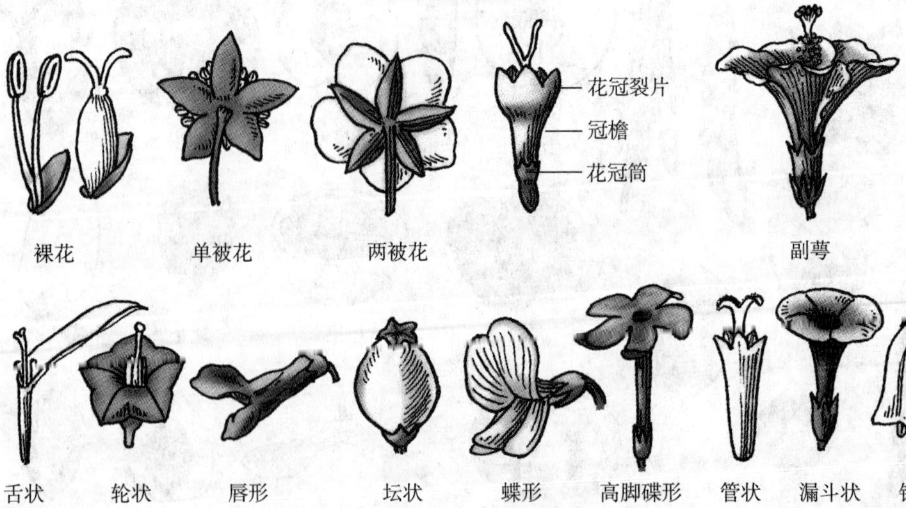

(d) 花萼和花冠（花被的类型）

图 2－8　花的组成、花部的着生方式、花序的类型、花萼和花冠

（七）种子

种子是由受精的胚珠形成的，通常由种皮、胚、胚乳三部分组成。

1. 种皮

种皮是由珠被发育而成，具有保护作用。

2. 胚

由受精卵发育而来，包括胚芽、胚轴、胚根和子叶四部分。胚将发育成新的植物体。胚中子叶的数目是植物分类的重要依据，如裸子植物的种子常有多片子叶，大多数双子叶植物的种子具二片子叶，大多数单子叶植物的种子只有一片子叶。

3. 胚乳

胚乳是种子贮存养料的结构。

（1）被子植物的胚乳。它是由受精的极核发育而成的三倍体结构。成熟的种子有胚乳的称为有胚乳种子。有些植物的胚乳在种子发育过程中被消耗，成熟的种子无胚乳，这样的种子称无胚乳种子，如花生的种子，其营养物质主要贮存在子叶内。

（2）裸子植物的胚乳。它是大孢子直接分裂产生的单倍体结构，实际上是雌配子体的一部分。

（3）外胚乳。它是由残存的珠心组织发育而成的二倍体结构，如甜菜的种子具外胚乳。

（八）植物体的刺、毛和乳汁

植物体的根、茎、叶、花、果实和种子上，常具有刺、毛和乳汁，它们也是识别植物的依据。

1. 刺

（1）枝刺。由枝特化而成的刺，如小叶鼠李具枝刺。

（2）皮刺。植物的表皮细胞突起而形成的刺，没有和内部的维管束相连，易于剥落，如月季具皮刺。

（3）叶刺。由叶特化而成的刺，如仙人掌具叶刺。

（4）托叶刺。由托叶特化而成的刺，如枣具托叶刺。

2. 毛

（1）丁字毛。单毛横生，中间具一短柄，如糙叶黄芪具丁字毛。

（2）星状毛。毛分枝呈星状，如锦葵具星状毛。

（3）短柔毛。毛短而柔软，如毛叶丁香具短柔毛。

（4）绵毛。白色而柔软的毛，如狗舌草具绵毛。

（5）刺毛。毛刺状硬毛，如毛莲菜具刺毛。

（6）腺毛。毛的顶端膨大，可分泌挥发物和黏液，如豨莶的总苞叶片上具腺毛。

（7）鳞片状毛。毛呈片状，如胡颓子叶片具鳞片状毛。

3. 乳汁

不少植物具特殊的乳汁，如大戟属的植物具白色乳汁，而罂粟科的白屈菜具黄色乳汁。

第二节 植物的识别方法

要对植物标本进行分类鉴定，除了掌握一定的形态解剖与分类学理论知识外，还得学会具体的鉴别方法。一般地，鉴别某植物时，第一，要仔细观察和记录其主要特征，必要时须做简单解剖；第二，利用工具书或图谱或定名正确的腊叶标本来比照；第三，利用工具书中的检索表，对其进行检索。只有这样，才能准确地鉴定出各种名，确定其分类地位。

一、特征的观察与记录

植物特征的观察和记录，是鉴定植物的基础。没有详细的观察记录资料，想要准确无误地鉴别植物是不可能的。对于不同类型的植物，因环境、形态与结构不同，要观察记录的内容也各异。不过，总的来讲不外乎外部形态构造和解剖构造两个方面。其中营养器官的形态结构是基础，繁殖器官的形态结构是关键，各类植物都是如此。

（一）藻类植物的观察和记录

藻类植物大多水生，除观察形态外，环境的观察也尤为重要，如水质、水温、水色、深浅及动静等。对一些浮游淡水藻类，因其个体很小，肉眼难辨，可通过水色观察来判断其大类，如水色很绿，多为绿藻；水色茶褐色，可能含较多的硅藻和甲藻等；水面如漂浮着蓝绿色或蓝黑色小团块，或水底有蓝绿色薄层，多是颤藻等。对一些淡水丝状藻类，可通过观察和触摸，辨其大类，如呈绿色不分支，手摸黏滑则为水绵；如呈绿色且具多数分支，摸有粗糙感，则为刚毛藻等。

（二）菌类植物的观察和记录

菌类植物实习，主要是针对大型真菌进行的。

表 2-1 大型真菌标本记录签

采集号			
土名		科名	
学名			
采集人	时间		
产地			
生境	海拔	m	
着生状态			
菌盖 Φ	cm；颜色	；形状	；
菌肉：厚度	cm；颜色	；其他	；
菌褶：宽度	mm；颜色	；密度	；
菌管			
菌环			
菌柄：长	cm；粗	cm；颜色	；
菌托			
孢子印			

由于大型真菌非常容易变质，而且制成标本以后与原体差别甚大，所以必须仔细地进行观察记录，有条件的最好拍下照片，更有利鉴定。除表内所列内容外，还必须注意有否乳汁（可撕裂部分菌盖进行观察）；菌盖除大小、颜色及形状外，还必须观察记录其附属物及纹理等。

（三）地衣植物的观察和记录

地衣常生于潮湿而空气新鲜的环境，以各种森林、岩面和草地为多，观察时要充分注意其生长环境及色彩、形状、大小及着生方式等。如：松萝属多附生于树干或枝上；石黄衣属常见于山杨等树皮、建筑物旧木板和石头上；地卷属多见于森林和草地上；树花属多见于树上；皮果衣属多生于石头上；文字衣常在树皮上着生；石蕊等生于酸性红壤上等。在采集地衣标本时，最好能采下部分基质。

（四）苔藓植物的观察和记录

对苔藓植物要记录其生活习性、群落结构、颜色、配子体和孢子体的形态、生长方式、叶的排列方式及光泽等。叶片的形态、排列、颜色及光泽等，是鉴别苔藓植物的主要特征。

（五）蕨类植物的观察和记录

蕨类植物植株（孢子体）大而显著，生活期也长，便于观察。因此，分类学上是根据其孢子体的形态特征——根、茎、叶和孢子囊的特征来进行分类的。

1. 根

蕨类植物均为须根，观察时，应注意其生活习性，如陆生、湿生、水生或附生等。

2. 茎

蕨类植物均为植物的茎，因大多生长于地下，而被称根状茎。观察时，要注意其生长方式——匍匐、斜生、直立和横生，表面是否有毛、鳞片等附属物以及附属物的特征。

3. 叶

观察时要自基部向上进行。注意叶柄基部是否有膨大及有无关节；叶的着生方式——丛生、近生、远生；叶柄表面有无沟槽及毛、鳞片等附生物；营养叶、孢子叶是否异同；叶的类型——大型叶、小型叶、单叶、复叶；叶缘的情况及叶脉的类型等。

4. 孢子囊

观察时，要注意孢子囊着生的部位；孢子囊的形状、囊群盖的有无及形态；孢子囊环带的有无及其着生方式。

（六）种子植物的观察与记录

观察种子植物时，要注意其生长环境及其营养器官（根、茎、叶）和繁殖器官（花、果实、种子）等部分的形态结构。

1. 生长环境

在野外，每观察一种植物都要记录其生长环境，看其是水生、陆生、附生、阴生还是阳生，以及产地的海拔高度及土壤基质等情况。

2. 生长习性

主要是判断植物是草本，还是木本，是一年生、越年生，还是多年生。若是木本植物肯定是多年生，若是草本植物则要观察其地下部分才能判断。一般具有根茎、鳞茎、块茎的植物为多年生。

3. 树皮

观察乔木时，树皮的性状与颜色也应该做详细记录，如是否是光滑的或平滑的；有无开裂的沟棱及沟棱的形状；有无剥落及剥落的具体情况；有无特殊的气味；颜色及光泽如何等。

4. 叶

叶是种子植物的营养器官。无论是常绿植物还是落叶植物，叶都是重要的鉴别依据。观察时，要注意叶在枝上的排列次序（对生、互生或轮生）；有无托叶；叶的形状、大小及叶脉的分布情况；叶的质地；气味及有无腺点；叶的表面及背面有无茸毛和腊层；叶的边缘；叶的顶部和基部特点等。对落叶植物，在冬季叶已脱落，但可根据树皮、枝条、芽、叶痕、皮孔及已脱落的叶或花、果和种子来进行鉴别。

5. 繁殖器官

植物的繁殖器官具有一定的保守性，它不像营养器官那样易受环境的影响而改变形态，所以至今为止，繁殖器官仍是最主要的分类依据。现行各种分类学著作中，种子植物的门、纲、目、科、种特征的描述，都是建立在花、果实和种子的特征上。但是植物的繁殖器官在植物生长期中出现的时间是短暂的，如一年生、二年生草本，一生中仅一次开花结实；多年生植物，一年中一次开花结实，极少数种类一年多次或常年开花。因此，完整的花、果实和种子标本是不易得到的，一旦获得就必须进行详细的观察、解剖和记录，这对后来鉴定种类是非常重要的。

观察和解剖繁殖器官时，必须注意区分花序的类型：是单被花还是重被花；花萼、花冠是合生还是离生，及每一轮的排列方式；是两性花、单性花、中性花还是杂性花；雄蕊的数目、着生部位，是分离的还是连合的，若是连合的，连合的部位及程度如何；花药是外向还是内向，开裂方式如何；花粉粒的形态；雌蕊的组成情况，是单雌蕊还是复雌蕊；心皮是离生还是合生，合生的程度如何；子房的位置；子房的室数；胎座的类型；胚珠的数目；花柱及柱头是否合生及其数目、外形特征等。

以上这些特征是鉴定种子植物的关键，其中有的内容，对初学者来说是比较难区分的，如心皮的数目、胎座的类型、胚珠的数目等，但只要耐心细致地解剖观察，区分这些结构还是可能的。

果实由花发育而来，出现于花之后，有时带花的标本，不一定有果实。但有些植物的鉴定，则完全或主要依赖于果实的特征，如壳斗科是根据果实和总苞（壳斗）的特征，伞形科是果实的形态和横切面特征来进行分类的。果实是鉴定某些植物所必需的依据，一旦采得果实标本，必须仔细观察解剖，确定果实的类型。

种子的特征也是鉴别植物的依据。观察时，首先要注意区分种子的形态及有无附属物，然后观察种子的本身，如大小、种皮的情况（色泽和质地）；种脐的形状及大小；种阜的有无；胚乳的有无；子叶的数目、形态及折叠方式等。

总之，对植物各种器官进行解剖观察时，一定要认真、仔细，最好是边观察边记录或绘出简图。只有抓住了鉴定植物的关键特征，才能正确地辨认植物。

二、植物识别的途径与方法

1. 询问

在野外采集标本时，根据自己所掌握的知识不能鉴定时，要及时询问指导老师或询问当地居民，得其俗名或民族名。

2. 比照

将不认识的标本与工具书中的插图或专门图谱或定名正确的标本进行比照，找出其共同之处，对其做准确的鉴定。

3. 检索

对所采的标本进行详细的观察记录后，根据各器官的形态特征，利用前人制定的检索表进行分类检索，以确定其分类地位和种名。必要时，还可以将标本寄给有关科研单位，请专家鉴定。

三、检索表的编制与应用

（一）检索表的定义和作用

检索表是人们将自然界某个范围内已知的各种植物和动物等，根据其固有的特征进行分类归纳后，为便于识别、研究和利用它们，用比较鉴别的原理，按一定的形式结构编制出一种对照明显特征，能够查找（检索）欲知某物名称归宿的表。具体来说，就是用以检查索取欲知植物名称归属的表就叫植物检索表；用以检查索取欲知动物名称归宿的表叫动物检索表。检索表是研究有关分类的主要工具。

植物检索表是近代中外植物分类学著作中的重要组成部分，一般置于各级分类类群形态描述之前，如在各科描述之前先列有分科检索表，在各属描述之前先列有分属检索表，属之下先列出分种检索表。由此可见，它是人们从纷繁复杂的植物界中识别植物的一把引路钥匙（检索的英文名是“key”，即钥匙之意）。一般的分类书籍多附有科、属、种三级检索表。拿到一种植物，首先按其基本特征确定基本类群，然后按基本类群查找该植物所属的科名、属名及种名。

（二）编制检索表的方法和原则

现在分类学著作中所用的检索表，其历史不过 200 多年，首先提倡的是世界著名的法国生物学家拉马克，1778 年他在《法国植物志》一书中第一次提出鉴别植物的二歧原则，即用非此即彼两相比较的方法来识别复杂的植物界，从而奠定了检索表的基础。此后，各国植物分类学家相继效仿，不断摸索和改进，逐渐形成了现在使用的检索表。

植物分类检索表是以区分植物为目的而编制的，在编检索表时，把同一级别的各植物类群的主要鉴别特征列出来，按二歧原则找出两相对应的特征并使其并列起来成鲜明对比，然后将这些鲜明对比的特征归纳起来，再把植物分成若干大群，在每个大群中再找出相对应的特征分成若干支，如此逐级排列下去，直至列出所应包含的全部植物种类为止。例如在种子植物这一大类群中，有些胚珠及种子裸露，有些是有子房包被。在被子植物中有些是具子叶 2 枚，直根系，网状叶脉；而有些具子叶 1 枚，须根系，平行或弧形叶脉。

在双子叶植物中含有木本和草本两大类型。在木本类群中有常绿和落叶不同类群。在落叶木本中分单叶和复叶、子房上位与子房下位等对立的性状。

现以十字花科中的荠菜属（*Capsella*）、碎米荠属（*Cardamine*）、播娘蒿属（*Descurainia*）、葶苈属（*Draba*）、独行菜属（*Lepidium*）、萝卜属（*Raphanus*），葫芦科的黄瓜属（*Cucumis*）、丝瓜属（*Luffa*）、苦瓜属（*Momordica*）、栝楼属（*Trichosanthes*）、南瓜属（*Cucubita*）、葫芦属（*Lagenaria*）等植物编制一个分属检索表，来说明检索表的编制方法。

首先，对所给的各属特征进行认真分析，并归纳出两相对应的特征。

① 花瓣4片，十字行排列（十字花科的荠菜属、碎米荠属、播娘蒿属、葶苈属、独行菜属、萝卜属等）。

② 花瓣5片，连合或分离（葫芦科的黄瓜属、丝瓜属、苦瓜属、栝楼属、南瓜属、葫芦属等）。

③ 果为长角果（播娘蒿属、萝卜属、碎米荠属等）。

④ 果为短角果（荠菜属、葶苈属、独行菜属等）。

⑤ 果长柱形（黄瓜属、丝瓜属、苦瓜属等）。

⑥ 果不为长柱形（栝楼属、南瓜属、葫芦属等）。

⑦ 角果不开裂（萝卜属）。

⑧ 角果纵裂（播娘蒿属、碎米荠属）。

⑨ 单叶，植物体具星状毛（播娘蒿属）。

⑩ 复叶，植物无毛或具单毛（碎米荠属）。

⑪ 子房每室种子1个，短角果倒心形（独行菜属）。

⑫ 子房每室有种子2个以上（荠菜属、葶苈属）。

⑬ 子房每室有种子2个以上，果三角形（荠菜属）。

⑭ 子房每室有种子数粒，果椭圆形或纺锤形（葶苈属）。

⑮ 花钟形，裂片裂至中部（南瓜属）。

⑯ 花辐形，5深裂或花瓣完全分离（栝楼属、葫芦属）。

⑰ 花瓣流苏状（栝楼属）。

⑱ 花瓣全缘（葫芦属）。

⑲ 雄花花梗上具显著的盾状苞片（苦瓜属）。

⑳ 雄花花梗上无苞片（黄瓜属、丝瓜属）。

㉑ 卷须不分支（黄瓜属）。

㉒ 卷须分支（丝瓜属）。

然后，根据以上对立的、差别显著的特征编制出一个检索表。

1. 花瓣4片，十字形排列 …………………………………………………… 十字花科

  2. 果为长角果

3. 角果不开裂 ………………………………………………………………… 萝卜属

  3. 角果纵裂

4. 单叶，植物体具星状毛 ……………………………………………… 播娘蒿属

4. 复叶，植物体无毛或具单毛 …………………………………………… 碎米荠属

2. 果为短角果

5. 子房每室种子一个 ………………………………………………… 独行菜属

5. 子房每室有种子两个以上

6. 果三角形 ……………………………………………………………… 荠菜属

6. 果椭圆形或纺锤形 ………………………………………………… 葶苈属

1. 花瓣5片，连合或分离 …………………………………………… 葫芦科

7. 瓠果长柱形

7. 瓠果不为长柱形

8. 雄花花梗上具显著的盾状苞片 ………………………………… 苦瓜属

8. 雄花花梗上无苞片

9. 卷须不分支 ………………………………………………………… 黄瓜属

9. 卷须分支 …………………………………………………………… 丝瓜属

10. 花钟形，裂片裂至中部 ………………………………………… 南瓜属

10. 花辐形，深裂或花瓣完全分离

11. 花瓣流苏形 ……………………………………………………… 栝楼属

11. 花瓣全缘 ………………………………………………………… 葫芦属

植物界植物种类繁多，因此在编制检索表时由门（如裸子植物门和被子植物门）至纲（如双子叶植物纲和单子叶植物纲），而后科、属及种，编制成分科、分属、分种的检索表。从分科检索表中，能检索出该植物属于哪一科；从分属检索表中和分种检索表中，可以分别检索出该植物是属于哪一属和哪一种。

各类检索表并不包括所列植物类群的全部特征，只含明确的共性和个性，即只含对照鲜明的鉴别特征。对于同级分类群的检索表，因其所针对的地域不同，同一编者所选取的主要鉴别特征也不尽相同。

即使同一地域，由不同编者所选取的鉴别特征排列组合也有差别。如世界性的专科专属检索表，由于它包括全世界这一科（属）所含有的全部植物类群，因此与某一区域性的同科的检索表所使用的鉴别特征相比就要复杂些，编起来就要困难得多。区域越小，包括的植物类群越少，其检索表的编制就越容易，越简单，越易查阅。故在鉴别某一地区植物时，若利用当地的植物志或植物检索表最为便利。

（三）检索表的种类

（1）根据检索后所能达到的分类等级，检索表分为门、纲、目、科、属、种几级。但植物分类著作的编排一般是以科为起点编写的，所以通常只列出下列三类：分科检索表、分属检索表、分种检索表。

（2）根据编写形式，检索表可分为平行式、连续平行式和定距式三种。

① 平行检索表（齐头检索表、并列检索表）。植物每一对相对应性状的描写紧密相接，在每行的末尾为某类或某种名称，或为一数字。若为数字，则此数字表示重新描写的较低之行，即此数字必将重新写入下一行平行行列，以描述另一相对应的性状。如此反复描述，继续到科、属或种的名称为止。这种形式虽对比鲜明，节省篇幅，但使主从关系被

对比项隔开，同时又要兼顾两边号码之间的关系，容易混淆和出错，如果在检索中出现错误，亦不便于检查错误始于何处。

现以野豌豆（*Vicia*）常见种分种检索表为例说明平行检索表的形式。

1. 直立草本；无卷须 ………………………………………………………… 2
1. 蔓性草本；有卷须 ………………………………………………………… 3
2. 小叶仅1对；花小，蓝紫色，长1.3～1.5cm；野生 ………………………………………… 歪头菜 *Vicia unijuga*
2. 小叶4～6，对生或互生；花大，白色，有紫色斑，长2.5～3cm ………………………………………… 栽培蚕豆 *V. faba* L.
3. 花单生或双生于叶腋，近无柄
3. 花为总状花序 ………………………………………………………… 5
4. 小叶较宽；倒卵形，宽0.5～1cm，先端截形凹入 ……………… 大巢菜 *V. sativa*
4. 小叶细长，线状长椭圆形，宽1～5mm …………… 叶野豌豆 *V. angustifolia* L.
5. 花序具花5朵以上 ………………………………………………………… 8
5. 花序具花2～3朵，稀4朵 ………………………………………………… 6
6. 小叶长10～25mm、宽2.5～8mm；托叶具5粗齿 ………………………………………… 三齿萼野豌豆 *V. bungei*
6. 小叶长10～25mm以下，托叶披针形 ……………………………………… 7
7. 荚果有毛，常含2粒种子；托叶具细齿 ……………………… 小巢菜 *V. hirsuta*
7. 荚果无毛，常含4粒种子；托叶披针形 ……………… 四籽野豌豆 *V. tetrasperma*
8. 总状花序之花排列紧密，偏向一侧 ………………………………………… 9
8. 总状花序之花排列疏松，非向一侧 ………………………………………… 11

花白色或粉红色………………………………………………… 大野豌豆 *V. gigantea*

9. 花序紫红色或蓝紫色，稀白花 ………………………………………… 10
10. 花黄紫色，稀白色；植物体干后绿黄色 ………………… 长柔毛野豌豆 *V. villosa*
10. 花紫红色；植物体干后微红色 ………………………………… 山野豌豆 *V. amoena*
11. 托叶披针形；叶线形，两面具黄色短毛 ……………………… 广布野豌豆 *V. cracca*
11. 托叶半箭头形，有1～3齿；叶矩形，无毛 ………… 确山野豌豆 *V. kioshanica*

② 连续平行检索表。这种检索表把所需检索植物的一对相对应的性状用两个不同的数字标出，而且不紧密相连，后出现的一组性状的数字放在先出现的那组性状数字之后，并加括号，以示后一组性状在检索表中出现的位置。这种检索表便于读者按一定的主从关系逐次检索，但由于其一对相对应性状不用同一数字，也给使用者带来不便。在一些动物分类学著作中，常出现这种检索表。

③ 定距检索表（内缩式检索表）。植物某种性状的描述用一编码写在书页左边一定距离之处，与其相对应形状的描述，间隔一定距离，同一编码也写在书页左边同等距离之处，从属逐级向后缩格，如此继续向下级描述，描写行越来越短（距离书面左边越来越远），直至描写到能够查出该植物所属的科、属或种的名为止。这种检索表条理性较强，主从关系一目了然，简便好用，不易出错，即使在检索植物过程中出现错误，也容易查出

错在何处。目前大多数分类著作采用定距检索表。

(四) 利用检索表鉴定植物

1. 植物性状特征的观察

检索表的制定和使用是两个相反的过程，所以在使用检索表检索植物名称时，检索者首先必须具备一定的植物形态解剖学知识，其次应有几份较完整的标本。

在鉴定一种植物之前，应详细观察整株植物的全部特征，先看植物的生长环境和生长姿态或树冠形态、分枝状态、树皮颜色和开裂性状，然后摘取一小枝或拔起一株植物，详细地观察其小枝情况，如皮孔、茸毛、气味、叶形、叶的排列、叶柄有无、芽的形状、有无芽鳞，然后观察花序的形状和着生位置；再摘取一朵花，从下到上，由外到内进行解剖观察，以便了解花被、雄蕊群、雌蕊群、子房、花柱、柱头、胎座的形态和构造，最后观察果实和种子的形态和构造。这样，才能较全面地掌握植物特征。然后，在野外不可能将一株植物观察得足够详细，其中一部分特征，需要到室内借助工具详细观察，才能确定其性状。因此，在野外需要把观察到的一部分特征记录于野外记录本上，如生境、生活型、植株全貌、树皮特征，某些器官的气味以及是否有乳汁等，以后结合室内标本观察，就可得到较全面的特征。当有了以上鉴定植物的条件后，即可选用检索表来查科、属和种。

2. 检索表的使用

在使用检索表时，应先按检索表所列每一相对应性状的描述，对照和分析所查植物形态和结构特征，确定相对性状中的一条是否与所鉴定的植物特征相吻合，否则，要重新从头再查。到确认无疑时，才能在此条范围内再查从属此条更细的相对应的性状的描述，如此继续逐条细致区分和核对，直至查到该植物所属的分类等级为止。最后还须对照有关资料的详细文字描述和所查植物的全部特征是否完全吻合，以确认无误。

例如要鉴定一种不知名的植物，它的形态特征是：

1～2 年生草本，茎四棱，全株具长柔毛；体长 30～70cm，蔓生。偶数羽状复叶，小叶 10～16 枚，矩形。长 9～25mm，宽 2～4mm，叶轴顶端具分叉的卷须。总状花序腋生，花 10 朵以上紧密排列于一侧，蓝色或间有白色。花萼连合成斜钟状，膜质，萼齿长于萼管；花冠蝶形，下降覆瓦状排列；雄蕊 10 枚，9 个连合；子房无毛，有细长子房柄，花柱圆柱形，上部四周具长柔毛。荚果矩形，两侧很扁，无毛。种子具 2 枚子叶，植物体干后黄绿色。

根据其果实、花基数和子叶数确定它属于双子叶植物类群。如果不知道其属哪一科，便根据上述特征与分科检索表相对照。最后以荚果、蝶形花冠及 2 体雄蕊与蝶形花科对上号，再到蝶形花科去查对分属检索表。根据草本，羽状复叶，有卷须，雄蕊 10 枚连合 2 体，花柱圆柱状，上部四周有长柔毛等特征便入座在野豌豆属。再查属下分种检索表，蔓生草本，有卷须符合上述平行检索表中第二个“1”；总状花序符合第二个“3”；花序有 10 朵以上符合第一个“5”；花排列紧密，偏向一侧，符合第一个“8”；花蓝色符合第二个“9”；植物体干后黄绿色符合第一个“10”；为长柔毛野豆。再将结果去查阅有关此种植物的详细文字记载，看所有特征是否相符。然而，应用检索表与特征描述来确定植物的分类地位，也常遇到一些例外，主要是个体变异或个体部分器官的变异，或是一些渐次混淆的性质，这对初学者来讲，是疑难，故常以摸索性的应用检索表来弥补这一缺陷。

（五）利用检索表鉴定植物时应注意的几个问题

使用检索表鉴定植物是否准确无误，客观上取决于标本的质量和数量、解剖器材和参考文献及所用检索表编写的水平；主观上受限于使用者对于植物名词术语理解的准确性、观察事物的能力、工作态度和方法等。因此，检索时必须注意以下几点：

(1) 要注意检索表的适用范围。如《江苏植物志》上某一分类等级的检索表在全中国范围内一般来说是通用的。因此，在使用检索表时，一定要弄清楚检索表的适用范围。

(2) 用以检索的植物标本必须是比较完善而具有代表性的。木本植物除茎外，还必须有花和果实，甚至树皮；草本植物应有根、茎、叶、花和果实。两者都应附野外采集原始记录。但各种植物有其自身的生物学特性，即使茎、叶、花、果同时在一份标本上也不能完全以点代面作为种群的全部特性，还须有其余的标本互为补充。

(3) 必须备有必要的解剖用具，如放大镜、镊子、解剖针、刀片、米尺和参考资料等。

(4) 尽量选择一个二歧对立性状比较鲜明的检索表查阅。如用交叉性状比较多的检索表会使人难以适从，即使经验很丰富的专家遇到一种不认识的植物，使用不好用的检索表也难免会出错。

(5) 使用检索表的人必须深刻理解植物形态名词术语的含意，并有一丝不苟和耐心细致解剖观察的工作态度，否则就会误入歧途。“差之毫厘，谬之千里。”如果自然查不下去或得到的结果与图鉴、植物志等书籍记载不相符合，因此就得不出结果，便可寄请有关专家鉴定或查阅有关的中外文献资料和标本，做出最后的结论。反复查阅检索表鉴定一种植物几天还得不出结果是常有的事，要有“打破砂锅问到底”的科研精神。

(6) 查阅检索表在尚不知科的情况下一定要按科、属、种三级顺序进行，切忌倒查。如查到科时，应将科的特征或其代表植物的图与所要鉴定的植物进行对照审阅，无疑时，再依属检索表查属。查到属时，也要详细查阅属的特性，而后再根据种的检索表查种。查到种后，同样查阅的特性记载以便准确地确定种名。按此程序鉴定植物，凡有错误或疑问时，应耐心地、重复而详细地观察植物特性，并从头检索，只有这样，检索的正确性才比较可靠。

检索表所选取的特征是综合归纳一个类群，所以文中的特征只要在相对立的两支中核对主要的或大部分相符。

检索表的编写是人为的，在表中植物类群的出现顺序不反映各类群之间的亲缘关系，它是取决于编制者选取特征的先后或排列组合。亲缘关系是以相似性状多少而定，检索表是以对立性状排列的。

第三节　实习基地的选择

实习效果的好坏在一定程度上取决于对实习基地的选择，但不同的地区、不同的实习目的，对基地的要求也就不可能一致。但总的来说，在基地选择时可遵循以下 5 条原则。

一、地形地貌要复杂

环境对植物个体生活有深刻的影响，对植物类群的发展进化具有选择作用，在此基础上各种植物具有自己的分布规律。植物的分布与生长环境等密不可分。不同的植物种类生长在不同的环境，而地形地貌又决定着自然环境的组成，它是由地球的内部构造力，加上各种外力因素（如风的侵蚀和堆积、水的侵蚀和堆积、物理风化、化学风化等）的作用，才形成今天我们看到的自然地理景观，包括地表起伏的各种类型，如山地、丘陵、高原、平原、盆地等，从而构成植物赖以生存的复杂的生态环境条件。

一个地区的地理位置、海拔高低、地形地势、山川分布和走向都直接影响着气候、土壤、水文等环境因素的变化，也必然造成千姿百态的生态环境。这样的环境也必然孕育着丰富的植物资源，因此选择其作为实习基地，也将是不可多得的地点。例如昆明的西山，位于滇池北端，是滇中高原浅切割的众山群的一部分，因山体受断层作用的影响，山势陡峭，山顶的太华寺海拔 2358.3m（北纬 24°57′，东经 102°37′），自山底至山顶相对高度约 460m。山体北端的高浇附近到南端的龙门，长约 6.5km，大致沿构造线成南偏东走向。山体西面比较倾斜，并过渡到安宁盆地。因其地貌复杂，气候变化差异也较大，具有丰富的植物的种类、复杂的森林群丛及繁多的地被物等。现已查明的植物种类约 1000 种。这个地点不知留下了多少科学家及学者的足迹，著名的植物学家吴征镒，曾在这座山上发现并命名了 10 余个新种。

二、植物资源要丰富

在选择好具有代表性的地点以后，要考虑教学与科研的需要：①要有理论联系实际的实地操作性；②要有明确的实习目的；③要能充分结合教学与科研目的与任务；④植物种类要有广泛的代表性；⑤为了便于以后实习和工作，要具有相对的稳定性；⑥要能体现出一定的特色。植物学野外实习，是学生一生中难以忘怀的学习机会，要求学生在实习中认识必须观察的植物种类及数量，了解植物与环境相互依赖的生态关系，为将来的学习与工作打下坚实的基础。

根据这个原则，常常将实习基地选在风景区和自然保护区。这些地方人畜干扰小，群落属于原生群落，林下植被复杂多变，植物种类就显得丰富多彩，植被景观就容易惹人注目。选择时要注意分类的系统性，从低等到高等，由水生到陆生，都要有一个宏观上的系统认识。

三、植物种类要具有代表性

现在大多数人认为植物学实习就是种子植物实习，这是不准确的说法，既然要求的是植物学的实习，就应当从低等植物到高等植物、从孢子植物到种子植物都要有所认识，当然不可能都在短短的实习期间（通常为 1～2 周）内将教材上所要求的，老师所讲的科、属、种都观察到，一是工作量太大，二是没有必要。那么在选择实习地点时就要遵循植物种类要具有代表性的原则，即在选择时从宏观上就要考虑到能够观察到藻类、地衣、苔藓、蕨类、裸子植物、被子植物，微观上一些常见的科、属、种更不能忽视。依据各地情况，要求也不一样。

（一）藻类植物

分布广，易形成水华，见于水中，树皮、树叶、墙壁、花盘上，土壤表面及石上。常见的有颤藻（*Oscillatoria*）、念珠藻（*Nostoc*）、衣藻（*Chlamydomonas*）、团藻（*Volvox*）、小球藻（*Chlorella*）、栅藻（*Scenedesmus*）、丝藻（*Ulothrix*）、刚毛藻（*Cladophora*）、水绵（*Spirogyra*）、轮藻（*Chara*）、丽藻（*Nitella*）等。

有条件的地方可以到海边观察海藻，如紫菜、海萝、海膜、石花菜、海索、多管藻、水云、鹿角菜、海带、礁膜、石莼、浒苔等。

（二）菌类植物

在野外应注意观察菌类的生态习性，有的土生、有的木生，代表性的有香菇、灵芝、木耳、鬼笔、干巴菌、牛肝菌、马勃、地星等。

（三）地衣植物

常见于峭壁、岩石、树皮及土壤表面，有代表性的有下述类别。

（1）壳状地衣：茶渍属（*Lecanora*）、网衣属、文字衣属（*Graphis*）等。

（2）叶状地衣：梅衣属（*Parmelia*）、蜈蚣衣属（*Physcia*）、地卷衣属（*Peltigera*）、脐衣属（*Umbilicaria*）等。

（3）枝状地衣：石蕊属（*Cladonia*）、松萝属（*Usnea*）、树花属（*Ramalina*）、地茶属（*Thamnolia*）等。

（四）苔藓植物

苔藓植物是一群小型的多细胞的绿色植物，多生于阴湿的环境中。实习中要能在野外区分苔纲和藓纲。有代表性的种类罗列如下。

（1）苔纲：地钱属（*Marchantia*）、光萼苔属（*Porella*）、角苔属（*Anthoceros*）、蛇苔属（*Conocephalum*）、钱苔属（*Riccia*）、叶苔属（*Riccardia*）、叉苔属（*Metggeria*）、紫背苔（*Plagiochasma rupestre*）等。

（2）藓纲：黑藓属（*Andreaea*）、从藓属（*Pottia*）、墙藓属（*Tortula*）、大金发藓属（*Polytrichum*）、真藓属（*Bryum*）、泥炭藓属（*Sphagnum*）、葫芦藓属（*Funaria*）、水藓属（*Fontinalis*）、青藓属（*Brachythecium*）等。

（五）蕨类植物

分布广，森林、草地、岩缝、溪沟、沼泽、高山、平原及水域都有它们的踪迹，主要以热带和亚热带地区为其分布中心。代表性的有石松属（*Lycopodium*）、瓶尔小草属（*Ophioglossum*）、卷柏属（*Selaginella*）、水韭属（*Isoetes*）、木贼属（*Equisetum*）、紫萁属（*Osmunda*）、蕨属（*Pteridium*）、海金沙属（*Lygodium*）、芒萁属（*Dicranopteris*）、肾蕨（*Nephrolepis auriculata*）、井栏边草（*Pteris multifida*）、铁线蕨（*Adiantum capillus-veneris*）、贯众（*Cyrtomium fortunei*）、瓦韦（*Lepisorus thunbergianus*）、石韦（*Pyrrosia lingua*）、苹（*Marsilea quadrifolia*）、槐叶苹（*Salvinia natans*）、满江红（*Azolla imbricata*）、鳞毛蕨属（*Dryopteris*）等。

（六）裸子植物

银杏（*Ginkgo biloba*）、松科、杉科、柏科。最重要最常见而具代表性的种有冷杉（*Abies fabri*）、银杉（*Cathaya argyrophylla*）、云杉（*Picea asperata*）、雪松、华山松、马尾松、油松、黄山松、云南松、金钱松、黑松、水松、杉木、柳杉、水杉、池杉、侧柏、干香柏、圆柏、柏木、千头柏、刺柏等。罗汉松科的竹柏、罗汉松，南洋杉科的南洋杉（*Araucaria cunninghamii*），麻黄科（Ephedraceae）的木贼麻黄（*Ephedra equisetina*），三尖杉科（Cephalotaxaceae）的三尖杉（*Cephalotaxus fortunei*）、粗榧（*C. sinensis*），红豆杉科（Taxaceae）的红豆杉（*Taxus chinensis*）、白豆杉（*Pseudotaxus chienii*）、榧树（*Torreya grandis*）等。

（七）被子植物

（1）木兰科（Magnoliaceae）：荷花玉兰（*Magnolia grandiflora*）、紫玉兰、玉兰、含笑属、鹅掌楸属、木莲属等。

（2）樟科（Lauraceae）：樟属、润楠属、楠属、木姜子属等。

（3）三白草科（Saururaceae）：鱼腥草（*Houttuynia cordata*）、三白草（*Saururus chinensis*）。

（4）金粟兰科（Chloranthaceae）：金粟兰、草珊瑚。

（5）莲科（Nelumbonaceae）：莲（*Nelumbo nucifera*）。

（6）睡莲科（Nymphueaceae）：睡莲（*Nymphaea tetragona*）。

（7）毛茛科（Ranunculaceae）：毛茛属、黄连属、铁线连属、无头属、唐松草属、翠雀属等。

（8）罂粟科（Papaveraceae）：虞美人（*Papaver rhoeas*）等。

（9）金缕梅科（Hamamelidaceae）：蚊母树（*Distylium racemosum*）、蜡瓣花（*Corylopsis sinensis*）、金缕梅（*Hamamelis mollis*）、枫香树（*Liquidambar formosana*）等。

（10）榆科（Ulmaceae）：榆属（*Ulmus*）、朴属（*Celtis*）、青檀（*Pteroceltis tatarinowii*）等。

（11）桑科（Moraceae）：桑属（*Morus*）、无花果属（*Ficus*）、构属（*Broussonetia*）等。

（12）胡桃科（Juglandanceae）：胡桃属（*Juglans*）、山核桃属（*Carya*）、枫杨属（*Pterocarya*）、化香树（*Platycarya strobilacea*）、黄杞（*Engelhardtia roxburghiana*）等。

（13）壳斗科（Fagaceae）：水青岗属（*Fagus*）、栗属（*Castanea*）、栲属（*Castanopsis*）、石栎属（*Lithocarpus*）、青岗属（*Cyclobalanopsis*）、栎属（*Quercus*）。

（14）桦木科（Betulaceae）：桦木属（*Betula*）、桤木属（*Alnus*）、鹅耳枥属（*Carpinus*）、榛属（*Coryius*）。

（15）石竹科（Caryophyllaceae）：石竹（*Dianthus chinensis*）、康乃馨（*Dianthus caryophyllus*）、繁缕属（*Stellaria*）、卷耳属（*Cerastium*）等。

（16）藜科（Chenopodiaceae）：菠菜（*Spinacia oleracea*）、厚皮菜（*Beta vulgaris* var. *cicla*）、甜菜（*B. vulgaris*）、藜（*C. album* L.）、地肤[*Kochia scoparia*（L.）Schrad]等。

（17）苋科（Amaranthaceae）：苋（*Amaranthus tricolor*）、千日红（*Gomphrena globosa*）、鸡冠花（*Celosia cristata*）等。

（18）蓼科（Polygonaceae）：蓼属（*Polygonum*）、大黄属（*Rheum*）、荞麦属

(*Fagopyrum*)、酸模属（*Rumex*）。

(19）山茶科（Thraceae)：茶（*Camellia sinensis*)、油茶（*C. oleifera*)、山茶（*C. japonica*）和柃属（*Eurya*)。

(20）锦葵科（Malvaceae)：黄蜀葵（*Abelmoschus manihot*)、蜀葵（*Althaea rosea*)、树棉（*Gossypium arboreum*)、苘麻（*Abutilon theophrasti*)、木槿属（*Hibiscus*)、锦葵属（*Malva*）等。

(21）堇菜科（Violaceae)：三色堇（*Viola tricolor*)、香堇菜（*V. odorata*)。

(22）葫芦科（Cucurbitaceae)：各种瓜果，如黄瓜、南瓜、葫芦、冬瓜、西瓜等。

(23）杨柳科（Salicaceae)：杨属（*Populus*）与柳属（*Salix*）的常见种。

(24）十字花科（Cruciferae)：芸苔属（*Brassia*)，如花菜、卷心菜、大白菜、青菜、大头菜等常见蔬菜，还有萝卜、油菜、芥菜等。

(25）景天科（Crassulaceae)：垂盆草（*Sedum sarmentosum*)、佛甲草（*S. lineare*)、土三七（*S. aizoon*)、瓦松属（*Orostachys*）和落地生根属（*Kalanchoe*）等。

(26）蔷薇科（Rosaceae)：分 4 个亚科。

① 绣线菊亚科（Spiraeoideae)：绣线菊属（*Spiraea*)、珍珠梅属（*Sorbaria*）的习见种。

② 蔷薇亚科（Rosoideae)：蔷薇属（*Rosa*）的玫瑰（*Rosa rugosa*)、野蔷薇（*Rosamultiflora*）等，悬钩子属（*Rubus*）的常见种，还有草莓、蛇莓、覆盆子、龙牙草、地榆、棣棠花等。

③ 苹果亚科（Maloideae)：沙梨（*Pyrus pyrifolia*)、川刺（*P. pashia*)、西洋梨（*P. communis*)、枇杷（*Eriobotrya japonica*)、山楂（*Crataegus pinnatifida*)、木瓜（*Chaenomeles sinensis*)、苹果（*Malus pumila*)、花红（*M. asiatica*)、垂丝海棠（*M. halliana*）等。

④ 梅亚科（Prunoideae)：李属（*Prunus*）的常见种，桃属习见种，杏属（*Armeniaca*）的杏（*Armeniaca vulgaris*)、梅（*A. mume*）和樱属常见种。

(27）含羞草科（Mimosaceaae)：常见的有合欢（*Albizia julibrissin*)、台湾相思（*Acacia confusa*)、含羞草（*Mimosa pudica*）等。

(28）苏木科（Caesalpiniaceae)：常见的有紫荆（*Cercis chinensis*)、云实（*Caesalpinia decapetala*)、决明属（*Cassia*)、皂荚（*Gleditsia sinensis*)、鞍叶羊蹄甲（*Bauhinia brachycarpa*）和凤凰木（*Delonix regia*）等。

(29）蝶形花科（Fabaceae)：常见的豆类及多种经济植物，如落花生（*Arachis hypogaea*)，有三叶草属、槐属、紫藤属、黄芪属等几十个属上百个种。

(30）桃金娘科（Myrtaceae)：桉属（*Eucalyptus*）的蓝桉、大叶桉、赤桉、柠檬桉等，蒲桃（*Syzygium jambos*)。

(31）桑寄生科（Loranthaceae)：广寄生（*Taxillus chinensis*)、毛叶寄生（*T. nigrans*）和槲寄生属（*Vicum*）等。

(32）檀香科（Santalaceae)：沙针（*Osyris wightiana*）和百蕊草属（*Thesium*）等。

(33）卫矛科（Celastraceae)：卫矛（*Euonymus alatus*)、大叶黄杨（*E. japonicus*)、

雷公藤（*Tripterygium wilfordii*）和美登木（*Maytenus hookeri*）等。

（34）大戟科（Euphorbiaceae）：油桐（*Vernicia fordii*）、蓖麻（*Ricinus communis*）、乌桕（*Sapium sebiferum*）、橡胶树（*Hevea brasiliensis*）、大戟属（*Euphorbia*）等。

（35）葡萄科（Vitaceae）：葡萄（*Vitis vinifera*）、蛇葡萄（*Ampelopsis sinica*）和爬山虎（*Parthenocissus tricuspidata*）等。

（36）鼠李科（Rhamnaceae）：拐枣（*Hovenia acerba*）、枣（*Ziziphus jujuba*）和鼠李属（*Rhamnus*）等。

（37）无患子科（Sapindaceae）：龙眼（*Dimocarpus longan*）、荔枝（*Litchi chinensis*）等。

（38）槭树科（Aceraceae）：槭属（*Acer*）的鸡爪槭（*Acer palmatum*）、三角槭（*A. buergerianum*）等，还有我国特产的金钱槭（*Dipteronia sinensis*）。

（39）漆树科（Anacardiaceae）：有漆树（*Toxicodendron vernicifluum*）、盐肤木（*Rhus chinensis*）、黄栌（*Cotinus coggygria*）、黄连木（*Pistacia chinensis*）、杧果（*Mangifera indica*）和腰果（*Anacardium occidentale*）等。

（40）芸香科（Rutaceae）：花椒属（*Zanthoxylum*）的多种，柑橘属（*Citrus*）柑橘、橙及柠檬等著名水果类。

（41）牻牛苗儿科（Geraniaceae）：天竺葵（*Pelargonium hortorum*）、尼泊尔老鹳草（*Geranium nepalense*）和牻牛儿苗（*Erodium stephanianum*）等多种。

（42）五加科（Araliaceae）：五加（*Acanthopanax gracilistylus*）、刺五加（*A. senticosus*）、三七（*Panax pseudoginseng* var. *notoginseng*）和人参（*P. ginseng*）、常春藤（*Hedera nepalensis* var. *sinensis*）等。

（43）伞形科（Apiaceae）：胡萝卜（*Daucus carota* var. *sativa*）、当归（*Angelica sinensis*）、川芎（*Ligusticum chuanxiong*）、芫荽（*Coriandrum sativum*）、茴香（*Foeniculum vulgare*）、防风（*Saposhnikovia divaricata*）、芹菜（*Apium graveolens*）及柴胡属（*Bupleurum*）等。

（44）杜鹃花科（Ericaceae）：杜鹃花属（*Rhododendron*）、南烛属（*Lyonia*）、吊钟花属（*Enkianthus*）、白珠树属（*Gaultheria*）、乌饭树属（*Vaccinium*）的习见种。

（45）柿树科（Ebenaceae）：柿（*Diospyros kaki*）、君迁子（*D. lotus*）、老鸦柿（*D. rhombifolia*）、野柿（*D. kaki* var. *silvestris*）等常见种。

（46）山矾科（Symplocaceae）：白檀（*Symplocos paniculata*）、四川山矾（*S. setchuensis*）、老鼠矢（*S. stellaris*）、黄牛奶树（*S. laurina*）等。

（47）报春花科（Primulaceae）：报春花属的报春花（*Primula malacoides*）、藏报春（*P. sinensis*）等，珍珠菜属（*Lysimachia*）常见种及仙客来（*Cyclamen persicum*）等。

（48）龙胆科（Gentianaceae）的常见种。

（49）夹竹桃科（Apocynaceae）：长春花（*Catharanthus roseus*）、萝芙木（*Rauvolfia verticillata*）、夹竹桃（*Nerium indicum*）、黄花夹竹桃（*Thevetia peruviana*）、黄蝉（*Allemanda neriifolia*）、鸡蛋花（*Plumeria rubra*）、罗布麻（*Apocynum venetum*）、络石属（*Trachelospermum*）等。

(50) 萝藦科（Asclepiadaceae）：杠柳（*Periploca sepium*）、徐长卿（*Cynanchum paniculatum*）、白前（*Cynanchum glaucescens*）、地梢瓜（*Cynanchum thesioides*）等。

(51) 茄科（Solanaceae）：茄属（*Solanum*）、辣椒属（*Capsicum*）、番茄属（*Lycopersicon*）、烟草属（*Nicotiana*）的烟草（*Nicotiana tabacum*）、曼陀罗（*Datura stramonium*）、本木曼陀罗（*D. arborea*）、中宁枸杞（*Lycium barbarum*）、碧冬茄（*Petunia hybrida*）、夜香树（*Cestrum nocturnum*）、菜椒、番茄等重要的属种。

(52) 旋花科（Convolvulaceae）：番薯（*Ipomoea batatas*）、蕹菜（*Ipomoea aquatica*）、牵牛（*Pharbitis nil*）、茑萝属（*Quamoclil*）的常见种、月光花（*Calonyction aculeatum*）、打碗花（小旋花）（*Calystegia hederacea*）等。

(53) 菟丝科（Cuscutaceae）：常见的有菟丝子（*Cuscuta chinensis*）等。

(54) 紫草科（Boraginaceae）：斑种草属（*Bothriospermum*）、紫草属（*Lithospermum*），常见的种有粗糠树（*Ehretia macrophylla*）等。

(55) 马鞭草科（Verbenaceae）：马鞭草（*Verbena officinalis*）、柚木（*Tectona grandis*）、海州常山（*Clerodendrum trichotomum*）、马缨丹（*Lantana camara*）、牡荆属（*Vitex*）、紫珠属（*Callicarpa*）、大青属等。

(56) 唇形科（Lemiaceae）：益母草属（*Leonurus*）、夏枯草属（*Prunella*）、黄芩（*Scutellaria baicalensis*）、藿香（*Agastache rugosa*）、薄荷和紫苏等常见属种。

(57) 木樨科（Oleaceae）：女贞属（*Ligustrum*）、木樨属（*Osmanthus*）和连翘属（*Forsythia*）等常见属。

(58) 桔梗科（Campamullaceae）：党参（*Codonopsis pilosula*）、桔梗（*Platycodon grandiflorus*）、沙参、半边莲等属种。

(59) 茜草科（Rubiaceae）：栀子（*Gardenia jasminoides*）、六月雪（*Serissa japonica*）、巴戟天（*Morinda officinalis*）、小粒咖啡（*Coffea arabica*）、茜草属、耳草属等常见属种。

(60) 忍冬科（Caprifoliaceae）：忍冬属（*Lonicera*）、荚迷属（*Viburnum*）、接骨木属（*Sambucus*）的习见种。

(61) 菊科（Asteraceae）：种类多，各地分布不均。常见的有下列属种。

① 筒状花亚科：菊属（*Dendranthema*）、风毛菊属（*Saussarea*）、千里光属（*Senecio*）、蒿属（*Artemisia*）、苍术属（*Atractylodes*）、向日葵（*Helianthus annuus*）和苍耳（*Xanthium sibiricum*）等常见属种。

② 舌状花亚科：莴苣属（*Lactuca*）、蒲公英属（*Tararacum*）的常见种。

(62) 泽泻科（Alomataceae）：东方泽泻（*Alisma orientale*）、欧洲慈姑（*Sagittaria sagittifolia*）等。

(63) 水鳖科（Hydrocharitaceae）：黑藻（*Hydrilla verticillata*）、水鳖（*Hydrocharis dubia*）、苦草（*Vallisneria natans*）等常见种。

(64) 棕榈科（Palmae）：棕榈（*Trachycarpus fortunei*）、蒲葵（*Livistona chinensis*）、椰子（*Cocos nucifera*）、鱼尾葵（*Caryota ochlandra*）等常见种。

(65) 天南星科（Araceae）：菖蒲（*Acorus calamus*）、半夏属（*Pinellia*）、天南星属

（*Arisaema*）、芋（*Colocasia esculenta*）、马蹄莲（*Zantedeschia aethiopica*）、魔芋（*Amorphophallus rivieri*）、龟背竹（*Monstera deliciosa*）、广东万年青（*Aglaonema modestum*）等常见属种。

（66）鸭跖草科（Commelinaceae）：鸭跖草（*Commelina communis*）、水竹叶（*Murdannia triquetra*）、紫露草（*Tradescantia virginiana*）、吊竹梅（*Zebrina pendula*）等常见种。

（67）雨久花科（Pontederiaceae）：凤眼莲（*Eichhornia crassipes*）、雨久花（*Monochoria korsakowii*）等。

（68）莎草科（Cyperaceae）：莎草属（*Cyperus*）、苔草属（*Carex*）及荸荠属（*Eleocharis*）的常见种。

（69）禾本科（Poaceae）：本科的常见属种，如竹类、稻类、麦类、高粱、黍类等。

（70）百合科（Liliaceae）：百合属（*Lilium*）、贝母属（*Fritillaria*）、黄精属（*Polygonatum*）、菝葜属（*Smilax*）及葱、蒜、韭和郁金香等习见种。

（71）石蒜科（Amaryllidaceae）：石蒜属（*Lycoris*）、水仙（*Narcissus tazetta* var. *chinensis*）、君子兰（*Clivia miniata*）、文殊兰、晚香玉、朱顶兰等。

（72）薯蓣科（Dioscoreaceae）：薯蓣属（*Dioscorea*）的常见种。

（73）兰科（Orchidaceae）：本科的常见属种。

被子植物占植物界的一半，以上所列仅限于我国范围内特别常见的科、属、种，甚至也非常不全面，只是代表性的，是编者根据野外实习常见程度选择的。各地区的习见种类不可能一样，不可能在一个实习基地都观察得到，这里要求学生在实习期间尽量通过各种渠道观察各个种类。

四、资料要丰富充实

实习前必须先通过查阅文献及有关资料，掌握要去实习地区的自然地理概况、社会情况和植物资源情况等。指导教师要预察现场，以期对实习地区有较全面的了解，充分做好实习准备工作，保证实习质量。

（一）自然地理概况

主要指实习基地的地理位置、地形地貌结构、土壤类型、气候因素、海拔高度、坡度、坡位、动物等自然条件对植物生长发育等方面的影响因素。

（二）社会概况

包括实习地的演变历史、宗教、人文活动情况，历代以来有关专家学者及业余爱好者考察所积累的历史资料、风土人情等。

（三）植物资源概况

（1）调查报告。有关该地区植物区系、植被概况、资源利用等方面的考察或调查报告，应全部或摘要阅读。

（2）旅行杂记。涉及该地区植物种类的描述和记录的游记。

（3）民族植物记录。当地居民所称呼的植物名称记录。

（4）专著专论。包括该地区及邻近地区的植物名录、植物志、树木志、植物图鉴、植物图谱、植物手册及一些专论的综述性文献，各种杂志、报刊等文献资料上有关植物种类及数量等的记载，包括生态植物、花卉植物、药用植物、经济植物、资源植物等。

(5) 专科、专属。全国或全省中涉及该地区内有分布的种类，也应记录出来，将来便于鉴定标本用。

(6) 查阅标本室。有条件的学校及个人都应该去标本室仔细观察学习和记录，从而积累最直接而又最可靠的资料。

五、交通给养要方便

在选择基地时，若其他条件基本相同，就需优先考虑交通给养方便的地区，原因之一是实习经费预算，加上实习时除个人行李用具外，还要携带实习用具，诸如标本夹、吸水纸、采集箱、枝剪、望远镜、药品及参考书等，生活后勤工作又相当繁重，因而交通方便，是保障给养的条件。这样既可省人力、物力和财力，又能保证实习时间的最大效益，况且还有利于教师经常观察，从而充分做好业务准备工作。

在以上五条原则的基础上，可考虑建立固定的实习地点，这有助于教师在不同的季节、不同的时间进行深入地观察研究和积累资料，以便修改、充实实习指导，使之日益完善，也有利于充实设备，设立简便实验室，改善实习条件，不断提高实习质量。

第四节　实习基地的自然资源概况

我国位于亚洲东部、东临太平洋，南北跨纬度 50°多，东西占经度达 60°多，陆地面积约 960 万 km^2。由于地域辽阔，各地自然条件差别很大，因此形成了千差万别的植物种类及分布。在实习前，要扼要了解基地的自然资源概况。主要包括实习基地的地理位置、特点、地形地貌、水源、气候特点、土壤类型、植物资源（特有种、特色种、常见种、种类及分布等）和植物类型等。现以广东省南岭国家级自然保护区为例略作介绍。

一、南岭自然保护区的自然概况

1. 地质地貌

广东南岭国家级自然保护区地处南岭山脉中段，处于燕山期大东山花岗岩岩体之上，地质构造上属华南褶皱带的一部分，位于南岭构造带的大东山—贵东—九连山东西走向花岗岩带的西部，受控于贵东大断裂（龙志强等，2003），在地质史上属于华夏古陆和扬子古陆的华南地台，在海漫盛期的泥盆纪，以大瑶山海岛露于海面，中生代以来，经过几次激烈的华南地台上升，加上海相沉积和砂岩、石灰岩、泥炭岩和白云岩侵入，形成了从连州市的潭岭向东南经莽山、称架、天井山的西北—东南走向的山脉。保护区最低海拔 200m，最高峰石坑崆 1902m，是广东省的最高峰，并且千米以上的高峰达 50 多座（陈景烈等，1998），山体以花岗岩为主，常见砂页岩、变质岩和石灰岩分布。保护区总体属于中山地貌，山形峻峭，峡谷众多，石峰、石岭、石蛋地貌发达，地势由石坑崆向四周倾斜，坡度较大，多为 25°～40°，局部可达 45°以上（黄少敏等，

2003)，山峰多呈峻圆形。

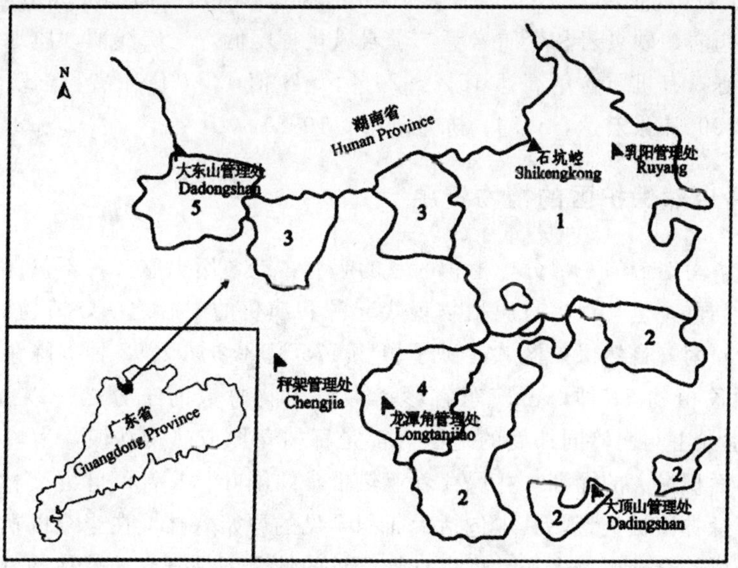

图 2-9　广东南岭国家级自然保护区简图

注：1—乳阳；2—大顶山；3—秤架；4—龙潭角；5—大东山

2. 气候水文

广东南岭国家级自然保护区地处中亚热带与南亚热带的过渡地带，为典型的亚热带温湿气候，山中部兼具亚热带季风气候特征，因地势高故又具有山地气候特色。由于受南岭山脉地点影响，南北坡条件有比较明显的差别。保护区年平均气温 17.7℃，最高温度 34.4℃，最低温度－4℃（1954 年），冬季霜期较长，最长年份可达 100 天，一般每年有 10 天的降雪期，山顶伴有结冰。山中云雾多，年日照时数约 1234 小时，日照率 40%。降水量充沛，是广东省多雨地区，年平均降雨量为 1705mm，最高年份可达 2495mm，降雨量多集中在 2～8 月，占全年雨量的 84%～89%。南北坡降水量差异显著，南坡一般比北坡高 350～400mm，由于山地抬升作用，山顶年降雨量最高年份达 3370mm（1961 年）（广东省科学院丘陵山区综合科学考察队，1991；陈景烈等，1998；广东林业勘测设计院，1999；黄少敏等，2003）。

保护区年相对湿度为 84%，由于山地多雨，地表径流发育，溪涧流量大，且由于地形急陡，谷地纵比降大，险滩和瀑布多，水力资源丰富，小型水力发电居全省之首，同时在保护区周围有三个大中型水库，分别是南水水库（库容量 201000 万 m^3）、泉水水库（库容量 3600 万 m^3）和潭岭水库（库容量 17650 万 m^3）（广东林业勘测设计院，1999；黄少敏等，2003）。

3. 土壤类型

广东南岭国家级自然保护区山体主要由花岗岩构成，其外围是砂页岩和石灰岩。分布于海拔 900m 以下的山地红壤，成土母岩以花岗岩、砂岩和页岩为主，土层深厚，质地稍黏重，有机质含量 3%～5%，呈酸性，pH 值 4.5～5.0；海拔 900～1800m 为山地黄壤，成土母质为花岗岩、砂岩和变质岩，是保护区的主要土壤类型，土层较薄，有机质含量高，达4%以上，pH值4.0～5.5；海拔1800m以上至山顶，局部形成山地灌丛草甸土，成土母质为花岗岩、砂页岩和变质岩等，母岩风化程度低，土层浅薄，质地为砂壤至重壤土，土体多石砾，有机质含量高达15%～20%，pH值4.0（广东省科学院丘陵山区综合科学考察队，1990；张宏达，1994；陈景烈等，1998）。

二、南岭自然保护区的植物资源

南岭属于华南地台的一部分，植物区系的起源古老，历史悠久，不仅保存了大量的孑遗植物和特有类群，也是很多科属植物现代起源和演化的中心之一，植物资源非常丰富。根据以往资料，南岭自然保护区共有种子植物175科822属2292种（陈锡沐等，1999），其中有珍稀濒危植物31种，占广东省珍稀濒危植物总数的三分之一以上（冯志坚等，1998）。目前世界上与南岭同纬度的地区大都是稀树草原或热带沙漠，南岭由于独特的气候条件是仅存面积最大的绿洲，并保存着亚热带常绿阔叶林、针阔叶混交林、针叶林和山顶矮林等各种森林植被类型，其中包括大面积罕见的原始森林，在当今以牺牲环境为代价的经济发展造成的全球生物多样性损失日趋严重的情况下是研究地球植物发生、演化的宝贵资源。

前人已对南岭的植物区系与植被开展了大量的调查研究工作。新中国成立前后中国科学院华南植物研究所及其前身中山大学农林植物研究所对南岭地区进行植物调查，采集了大量珍贵的标本。1960—1964年，黄茂先先后两次对湖南莽山进行过植物调查，而后在20世纪70年代，中国科学院华南植物研究所多次对乳源进行了较为全面的采集，并于1974年编写了《乳源五指山植物名录》，1984—1986年，叶华谷、陈邦余等历时三年，对南岭腹地乐昌进行了全面的标本采集，出版了《乐昌植物志》，一直到近年来陈涛（1993）、陈锡沐（1999）、冯志坚（1999）、黎昌汉等（2005）、成夏岚（2008，2010）、陈林（2010）等在南岭进行的有关植物区系与植被的调查研究，为南岭植物物种多样性研究奠定了坚实的基础。

广东南岭国家级自然保护区现有维管束植物3115种（包括亚种、变种和变型），隶属于227科1048属，其中蕨类植物47科110属358种，裸子植物7科13属19种，被子植物173科925属2748种。调查中发现2新种，即南岭凤仙花（*Impatiens nanlingensis* A. Q. Dong & F. W. Xing）和南岭姜（*Zingiber nanlingensis* L. Chen，A. Q. Dong & F. W. Xing），广东新分布植物15种，其中包括1新分布科，即黑三棱科（Sparganiaceae），3新分布属，即黑三棱属（*Sparganium*）、尾囊草属（*Urophysa*）和栀子皮属（*Itoa*）。

广东南岭国家级自然保护区植物区系和植被中各类群优势科和表征科分别是：蕨类植物的鳞毛蕨科（Dryopteridaceae）、水龙骨科（Polypodiaceae）、金星蕨科（Thelypteridaceae）、蹄盖蕨科（Athyriaceae）、铁角蕨科（Aspleniaceae）、凤尾蕨科（Pteridaceae）；裸子植物的松科（Pinaceae）；被子植物的蝶形花科（Papilionaceae）、兰科（Orchidaceae）、蔷薇科（Rosaceae）、樟科（Lauraceae）、茜草科（Rubiaceae）、山茶科（Theaceae）、大戟科（Euphorbiacea）、壳斗科（Fagaceae）、冬青科（Aquifoliaceae）、葡萄科（Vitaceae）、卫矛科（Celastraceae）、忍冬科（Caprifoliaceae）、杜鹃花科

(Ericaceae)、山矾科 (Symplocaceae) 等。这些科在广东南岭国家级自然保护区所含的属种数量相对较多，是该地区植物区系的主要组成部分，反映了该地区的植物区系和植被的主要特征和性质。

在属的水平上，植物区系以热带亚热带成分为主，温带成分有较大的影响，表明了该地植物区系由热带成分向温带成分过渡的特征，并具有过渡性、复杂性和相互渗透的特点。在种的水平上，蕨类植物热带亚热带成分占蕨类植物总种数的44.76%，温带成分占总种数的32.58%；被子植物的热带、亚热带性质科占总科数的51.67%，热带、亚热带分布属占非世界分布属总数的59.75%，温带性质属占非世界分布属总数的36.49%。

广东南岭国家级自然保护区分布有中国特有属37属，中国特有种1198种，以长江以南为主要分布区的中国特有种为主，共有944种，占该地特有植物总数的78.80%。该地区广东特有种共有64种，其中13种为粤北特有种，主要分布于石灰岩地区。

与邻近地区植物区系比较，广东南岭国家级自然保护区植物区系更具有亚热带性质，与邻近的亚热带地区的广东车八岭、广西大瑶山、江西武夷山、湖南平江幕阜山的种子植物区系的关系均较为密切，属、种相似性系数分别达：71.07%和45.88%，68.29%和41.67%，69.11%和46.65%，68.66%和46.43%，而与热带性质的海南吊罗山差异较大，种相似性系数仅25.92%。与全国21个保护区或山地的聚类分析和主成分分析也表明，广东南岭与同处南亚热带向中亚热带过渡地带的湖南都庞岭、广西花坪、广西大瑶山关系密切，其区系具有强烈的过渡特征。

广东南岭是华南地台的一部分，被子植物起源于三叠纪，冰期间冰期的交替出现使喜温生物的分布发生南迁北移，不仅保留了大量古老的孑遗植物和特有种类，也成为不少物种如安息香科 (Styracaceae) 等植物的起源演化中心，同时也分化出了不少特有种，甚至特有属。

广东南岭国家级自然保护区野生分布的国家级和省级珍稀濒危植物共有185种，隶属于34科，包括蕨类植物7种，裸子植物11种，被子植物167种，其中中国植物红皮书记录的珍稀濒危植物32种，国家重点保护植物173种（一级保护5种，二级保护168种），广东省级保护植物1种。并根据作者野外所采集的标本数量和植被样方资料统计，对广东南岭的维管束植物的现状按照IUCN (2001) 的濒危物种评估标准进行评估，建议将116种数量稀少、具有重要学术和经济价值的种类列入国家级或省级珍稀濒危植物保护名单。

广东南岭国家级自然保护区植物资源丰富，蕨类和种子植物资源种类繁多，其中种子植物可分为药用、观赏、食用、工业和有毒植物资源5种类型。其中药用、观赏、油料植物以及鞣料、纤维植物种类繁多，开发潜力巨大，有很好的开发利用空间。

三、南岭自然保护区的植被类型

广东南岭国家级自然保护区所处的南岭山地是我国亚热带常绿阔叶林的中心地带，森林植被类型复杂多样，既保存有大面积的原生常绿阔叶林，又有大面积的次生常绿阔叶林，随着海拔高度的变化，相应地分布着不同的植被类型（参见图2-10至图2-17），其中以广东松、长苞铁杉和福建柏为优势建群种的中山山地常绿阔叶林或以这些针叶树种与其他阔叶树种组成的常绿针阔叶混交林，是保护区最具有特色的群落类型（广东省科学院丘陵山区综合科学考察队，1990；陈北光等，2003；董安强，2010）。

海拔800m以下的丘陵低山常绿阔叶林是保护区的地带性植被类型，也是中亚热带典型常绿阔叶林的植被类型。植被组成树种以壳斗科（Fagaceae）为主，其次为樟科（Lauraceae）、山茶科（Theaceae）等，常见的种类有罗浮栲（*Castanopsis fabri*）、米锥（*Castanopsis carlesii*）、甜槠（*Castanopsis eyrei*）、蕈树（*Altingia chinensis*）、枫香（*Liquidambar formosana*）、毛桃木莲（*Manglietia kwangtungensis*）、赤杨叶（*Alniphyllum fortunei*）等；林下灌木以山茶科（Theaceae）、紫金牛科（Myrsinaceae）、茜草科（Rubiaceae）、杜鹃花科（Ericaceae）等科为主，常见的有朱砂根（*Ardisia crenata*）、日本粗叶木（*Lasianthus japonicus*）、九节（*Psychotria asiatica*）等；草本植物稀疏，以蕨类、莎草科（Cyperaceae）植物为主。但是由于人为干扰严重，多数被自然演替的次生阔叶林、马尾松林或者人工杉木林替代。

海拔800～1600m地段植被是保存较为完整的中山山地常绿阔叶林，群落结构简单，林木相对低矮，优势种和建群种较为明显，主要以壳斗科的甜槠、米锥、硬斗柯（*Lithocarpus hancei*）等，山茶科的木荷（*Schima superba*），木兰科（Magnoliaceae）的毛桃木莲、金叶含笑，金缕梅科（Hamamelidaceae）的大果马蹄荷（*Exbucklandia tonkinensis*）和蕈树，以及樟科的薄叶润楠（*Machilus leptophylla*）、红楠（*Machilus thunbergii*），五列木科（Pentaphylacaceae）的五列木（*Pentaphylax euryoides*），安息香科（Styracaceae）的赤杨叶等为主，林下常见山茶科柃属（*Eurya*）、杨桐属（*Adinandra*），冬青科（Aquifoliaceae）冬青属（*Ilex*），杜鹃花科杜鹃花属（*Rhododendron*）和吊钟花属（*Enkianthus*）植物及竹亚科（Bambusoideae）植物等，草本以蕨类、百合科（Liliaceae）和莎草科为主。

在海拔800～1400m北坡或东北坡的沟谷、溪边或相对海拔较低的坡地上片段分布着山地常绿落叶阔叶混交林，在垂直分布上未能形成完整的植被带。群落主要由壳斗科、樟科、桦木科（Betulaceae）、山茶科、安息香科和金缕梅科等常绿或落叶树种混交而成，如水青冈（*Fagus longipetiolata*）、亮叶水青冈（*F. lucida*）、雷公鹅耳枥（*Carpinus viminea*）、檫木（*Sassafras tzumu*）、缺萼枫香树（*Liquidambar acalycina*）、白辛树（*Pterostyrax psilophyllus*）、银钟花（*Halesia macgregorii*）以及赤杨叶等。

海拔1300～1800m的中山山地南坡和东南坡山脊和陡坡上分布有林相较为整齐的山地针叶阔叶混交林，主要为华南五针松、福建柏、长苞铁杉、三尖杉（*Cephalotaxus fortunei*）、穗花杉（*Amentotaxus argotaenia*）、南方红豆杉和百日青（*Podocarpus neriifolius*）等针叶树和甜槠、五列木、木荷、羊角杜鹃（*Rhododendron cavaleriei*）、毛桃木莲、深山含笑（*Michelia maudiae*）和大果马蹄荷等阔叶树混交而成，灌木层以毛玉山竹（*Yushania basihirsuta*）和乔木层幼苗为主，草本层植物稀少，常见的有狗脊蕨（*Woodwardia japonica*）、光里白（*Diplopterygium laevissimum*）、卷柏（*Selaginella tamariscina*）、黑莎草（*Gahnia tristis*）等。

海拔1700～1900m的山顶或山脊植被为山顶阔叶矮林。由于环境条件恶劣，适应物种较少，群落结构简单，乔木层多为小乔木或矮曲灌木状，树干、枝条上常密被苔藓或小型蕨类植物。乔木层常见南华杜鹃（*Rhododendron simiarum*）、云锦杜鹃（*Rhododendron fortunei*）、硬斗柯、假地枫皮（*Illicium jiadifengpi*）、黄牛奶树（*Symplocos cochinchinensis* var. *laurina*）、云南桤叶树（*Clethra delavayi*）等，林下层多以毛玉山竹为优势，混生黑莎草、光里白、隐囊苔草（*Carex cryptostachys*）等。

广东的森林在20世纪50年代受到大范围的砍伐破坏，原生林的面积迅速减少，目前广东省内的原生林已经保存不多。广东南岭国家级自然保护区是广东省面积最大的自然保护区，其核心区保留着大片的原生林区，保存着较好的原生生物群落，是广东省北部的天然屏障，对广东的气候、水文、能源、交通以及人民的生活环境影响巨大（庞雄飞，2003）。区内环境特殊，生境多样，物种起源古老，成分复杂，植物种类丰富，是广东最重要的“资源库”“基因库”，孕育着丰富的资源，同时南岭森林植被类型多种多样，群落的界线不明显，区系成分具有明显的复杂性和过渡性的特点，其原生林和原生性较强的次生林是得天独厚至为珍贵的亚热带自然生物宝库，在生物进化史中具有特殊的地位和作用，具有极高的科学价值和现实意义。

图2-10　山地沼泽

图2-11　山顶阔叶矮林

图2-12　沟谷常绿阔叶林

图2-13　石灰岩山地灌丛

图2-14　山地常绿针阔混交林（广东松）

图2-15　山地常绿针阔混交林（马尾松）

图 2-16 中山山地常绿阔叶林

图 2-17 低山山地常绿阔叶林

第五节 实习器材与物品的准备

实习器材与物品的准备是圆满完成实习任务的重要环节。必需的生活用品、学习用品和书籍是搞好实习的坚强后盾；充足的医疗急救物品和常用药品是师生们野外安全的保障；齐全的采集与制作工具是完成野外实习的关键。因此，在实习的准备阶段，必须检查库存的实习用品、用具及仪器、药品之数量是否充足，损坏的是否检验，缺少的需要及时购进，以确保实习的顺利进行。以下所列的用品与用具是实习所必备的。

一、一般仪器

1. 地质罗盘

用以测定方位、地形坡度坡向，每小组 1 只。

2. 照相机和摄像机

每小组至少一台相机，用于拍摄各种植被类型和各种植物尤其是带花果的特有植物。也可以带摄像机进行摄像，以便返校时教学使用。

3. 望远镜

8 倍军用望远镜每小组 1～3 架，用于观察植被或树冠。

4. 海拔表（气压表）

用来测量山地海拔高度，以了解植物垂直分布线和不同海拔高度的植被类型，每小组 1 只。

5. 放大镜

用于观察植物标本，每人 1 个。

二、标本采集与制作工具

1. 标本夹板

用杉木或坚硬的杂木制成长 3～4cm，厚 0.5～0.7cm 的木条，再纵横钉成长 43cm，宽 30cm 的皮夹，配上背带；或用胶合板、铁丝网、铅丝网等制成，这些轻型标本夹便于携带，非常适宜野外采集标本使用。每小组 2 副标本夹。

2. 吸水草纸

对折约 45cm×30cm 大小的较细草纸即可，主要要求是吸水能力强，也可在吸水草纸中衬旧报纸。每小组 2 叠，捆扎于标本夹内，纸叠高约 50cm。

3. 采集箱或编织袋

采集箱用白铁或薄铁片制成 50cm×25cm×20cm 扁圆柱形的小箱，一面中部开有长 30cm、宽 20cm 的活页门，并有锁扣，箱的两端备有环扣，以备配上背带，可带到野外采集活的新鲜标本或花、果实、种子及细小怕压的标本时使用，也可在移栽活植物时使用。采集的新鲜标本放在这种采集箱内，可以避免风吹日晒，防止标本变形变干。在没有采集箱的情况下，可用 50cm×15cm×60cm 的编织袋，袋口需有拉链，以防标本水分蒸发和遗失，同时配带塑料袋（尺寸 30cm×40cm）若干。每小组 3～4 只采集箱或 2 只编织袋，可用于装带其他实用工具。

4. 枝剪

剪取木本植物枝条时使用，分为手剪和高枝剪两种。后者在采集高大乔木枝条时使用，使用时需配 1 根长竹竿和 1 根长麻绳。每小组 2 把手剪和 1 把高枝剪。

5. 小铁镐或铲子或小锄头

用于采集植物的地下部分，每小组 1～2 把。

6. 钢卷心尺

用于测量植物高度或胸径用，每 2 人 1 个。

7. 测树高器

用于测量乔木高度。

8. 烘箱或便携式标本压制设备及标本电热烘干板

用薄铁板制成高约 60cm，分成 6 块旋折的活动围板，中间放火盆或电炉或煤油炉，上面架以 3 块约 50cm×40cm 的铁丝网，可以将潮湿的吸水草纸叠放在铁丝网上烘干，不用时可以将铁板折叠起来，这样便于携带和搬运。或携带便携式标本压制设备。做纸板箱的瓦楞纸夹层中，是一条条与纸面平行的半圆柱形的气道，在压标本过程中每隔 5～10 份标本加一张瓦楞纸，并使气道朝向一致，捆扎后把标本夹竖直架起，使气道与地面垂直，在标本夹下方用电炉或煤油炉加热，热空气在通过时就把吸水草纸中的潮气带走。如果是非雨雾天，野外工作是乘汽车转点时，还可以把标本夹放在车顶使气道对着前方，车辆行驶过程也是标本加速干燥过程，此法可节省换纸和烘干湿草纸的人力。使用该设备时，搭起架子，安装上瓜子链和拉杆，并拉紧拉杆使架子牢固，同时围上帆布围子，将夹有瓦楞纸的标本夹按上述方法垂直放置于捆扎台上，插上电暖器电源即可。每组携带 2 副标本电热烘干板，规格为 40cm×28cm，使用时夹于吸水草纸间，插上电源，每 2～3 小时翻纸一次。

以上设备使用时需有专人看管，以防火灾。

9. 野外采集记录本

记录包括采集号码、地点、日期、产地（生长环境）、性状、形状（根、茎、叶、花、果实和种子等）、用途、俗名、学名、植物名、附记等资料，一般长 15～20cm，每 100～200 页订成一册，供野外记录时使用，每组 800～1000 页。

10. 号牌或挂牌标签

用白色硬纸做成长方形（5cm×2.5cm 或 5cm×4cm），一端打孔备穿线用即成；或去购买成品。每一植物标本都要挂一个号牌。每一组植物标本都要挂一个号牌。每组带 800～1000 个号牌。

11. 浸制标本箱及工具和广口瓶

特制浸制标本木箱内装 3 只 500mL、3 只 250mL 和 10 只 100mL 广口瓶及 20 只青霉素小瓶，各瓶间及箱底和箱顶填衬有防震棉纱。底层为 500mL、200mL、100mL 各一排，上层为 100mL 广口瓶 5 只一排和青霉素小瓶两排及工具盒，盒内存放镊子、刀片、解剖针、放大镜、玻璃片、100mL 烧杯、50mL 量筒、吸管、吸气球和石蜡等工具，上层高度不等，100mL 广口瓶安放得较工具盒高。浸制标本箱大小为 27.5cm×23cm×20cm。

12. 其他

粗、细麻绳用于捆扎标本夹及做枝剪拉绳；防雨塑料布用于路途中包裹夹有干燥腊叶标本的标本夹；小纸袋或小布袋用于装果实或种子及藻类、地衣、苔藓植物等时用。另外，解剖刀、镊子、解剖针、刀片等解剖用具须每人一套。

三、生活必需品、学习用品与书籍的准备

生活必需品、学习用品与书籍的准备和携带，力求做到“用到的必带，用不着的一件也不带；少而精”。

1. 生活必需品

带同一种生活用品时，有一窍门：在二三套（件）的重量和体积与另一套（件）的重量和体积相同或相近情况下，选二三套（件）则较理想。学生必须携带的生活用品有：一顶草帽、一双球鞋和一双轻便雨鞋或其他便鞋，不要带沉重的高雨鞋；衣物 2～3 套，由于植物野外实习地点多为山区，五六月气温多变，且为多雨季节，最低气温（尤其是早晨和晚上）常低于平原地区 2℃～5℃，所以需多带一件毛衣或毛背心；长布袜一双；毛巾一条；水壶一只；雨具一件，最好每小组有两套雨具，以便于采集植物标本。手电筒每小组 1～3 把，加备用电池。

2. 学习用品和书籍

每小组需带参考书籍，当地植物志（全套）、药用植物志（全套）、《中国高等植物图鉴》（1～5 册、补编 1～2 册）以及实习地点的气象、土壤、地理水文等的相关资料和地图。2 本活页夹及信纸。

个人需要学习用品和书籍：教材、笔记本、种子植物属种检索表、分科检索表、野外实习手册、铅笔、放大镜、镊子、解剖针、刀片、橡皮及 1 本信纸。

四、医疗急救物品与常用药品

为保证野外工作的安全，负责后勤工作的老师（有条件的学校可以配一名校医）需携带一个医疗包，箱内备上手术剪、手术刀片、镊子、药棉、绑带、消毒纱布、消毒酒精、清凉油、十滴水、人丹、蚊香、晕车药品、5m 长的绳索、缝衣针线等。

第六节　文献资料的收集与整理

野外实习既是巩固和扩大学生的植物理论知识，认识大自然的有效途径，也是对指导老师的专业知识水平和野外工作能力的检验。指导老师植物学知识的广度和深度，对实习地的地理环境、植被、植物种类的熟悉程度直接关系到植物学野外实习的质量，因而有关植物学野外实习文献资料的收集与整理工作就显得格外重要，它是指导教师带好野外实习的基础，是提高教学水平、保证实习质量的重要前提。

一、文献资料的收集

在确定植物学野外实习基地以后，有关实习地及野外实习的文献资料收集工作必须有计划、有针对性地逐步而全面地展开。通过野外实习相关文献资料的收集，教师不但进一步熟悉了专业知识，而且可以对实习地的地理、气候、水文、土壤、生态环境、交通状况、森林植被、植物种类和组成、植物资源等方面有全面的了解，这样能够有计划地在植物学理论教学中增加野外实习的相关知识，使学生为野外实习做好植物学理论知识上的准备，也为实习手册的编写打下基础。对首次进行实习或文献资料难以全面收集的基地，指导教师必须事先亲临实习地进行充分的调查，考察实习地植物及各种条件，调研野外实习所需的资料，切实保证野外实习的质量。文献资料的收集工作要做到经常化，随时收集专著、杂志、调查报告和报刊上的资料，并及时进行归类，以利于需要时随时查取。文献资料收集工作可以从以下几个方面着手进行。

（一）自然地理条件

针对实习地自然地理条件所收集的资料，对于了解实习地植物的产生、演化和分布，选择最合适的实习时间，制订最佳实习路线具有重要参考价值。主要通过实习地的气象部门或对实习地进行过自然综合考察的科研单位，收集实习地的地理位置、地质构造、山脉和地形、水文、气候、土壤等方面的资料，力争做到全面、具体、准确。可以参考的文献包括：实习地的科学综合考察报告、实习地所在县（市）的地图册、地质勘查报告、自然地理书刊。

（二）社会和环境状况

主要收集有关实习地的演变历史、交通状况、风土人情、历代科学家的考察情况、人为因素的影响、环境的现状等，尤其交通状况和环境的现状是选择野外实习地的重要参考因素。可查阅的文献包括：实习地所在地的县（市）志、县（市）交通图、林业或农业区划报告、当地的主要报刊等。

（三）森林植被

实习地的森林植被是野外实习的基础，了解实习地各山头植被状况，可为选择具体的实习路线提供依据，为植物生态学的野外实习打下基础。可参考的文献主要有：《中国植被》《世界植被》《中国的森林》《中国森林历史》《地质时期中国各主要地区植物景观》及有关当地省、市的植被和森林的书籍。《中国植被》是我国森林植被研究的最具权威的书籍，是我国自新中国成立以来植被研究的总结，论述了我国植被的形成、发展和植被分布的地理条件，中国植被的主要类型和基本特点，中国植被区划和各区域植物群落的分布和组合特点，植被的利用、保护与改造途径等。

(四) 植物区系和分类

识别常见植物，掌握重点科、属的主要特征是植物野外实习的主要内容，因而收集完整的植物区系和分类文献资料是关系到野外实习质量的重要因素。重要的工具书有：

1.《中国植物志》

该书是我国最高学术水平的分类书籍，由中国植物志编辑委员会组织编写。该书对我国种子植物和蕨类植物的种子及特征、亲缘关系，区系组成、地理分布、生态环境、经济用途等进行了描述和研究，全套书共有 80 卷 25 册。若实习地有完整的《中国植物志》，指导老师可在实习时随时查对。对于野外实习地的各种疑难标本，只有查对《中国植物志》后才能最后确定。如果《中国植物志》也不能解决，则意味着手头的标本可能是新种或新记录种。

2.《中国高等植物图鉴》(1～5 册，补编 1～2 册)

该书是一套全国适用、图文并茂的分类工具书，由中国科学院植物研究所主编。全套书共收载高等植物 1 万余种，附图 9082 幅，按恩格勒（A. Engler）系统排列。第 1～2 册为苔藓、蕨类、裸子植物及双子叶植物的离瓣类，第 3～4 册为双子叶植物的合瓣类，第 5 册为单子叶植物，补 1～2 册为第 1～2 册的增补。

3.《种子植物属种检索表》(上、下册)

该书是植物分类教学和野外实习的重要参考书，由华东师范大学和上海师范大学编写，全书各科按恩格勒系统排列，共收录种子植物 203 科 1430 属 4300 种。该书着眼于全国，重点面向华东各省，特别注意利用营养体特征进行检索，且在每种植物后面附有简要的经济用途，较适合学生在野外实习时查用。

4.《中国种子植物科属词典》(修订版)

该书是我国植物分类学重要的工具书之一，由侯宽昭编著，吴德邻等修订。全书按哈钦森（J. Hutchinson）系统排列，共收载我国种子植物 276 科 3109 属 25700 余种。介绍了这些科属的形态、地理分布、属种统计及主要经济用途。

5.《邱园植物索引》(*Index Kewensis Plantarum Phanerogamarum*)

该书是植物分类研究和查究植物种名不可少的大型工具书。由英国皇家植物园杰克逊（B. D. Jackson）主编，1893 年至 1895 年出了两大卷，以后每 5 年出 1 本补编，至今已补编 19 本。该书囊括了 1753 年林奈的《植物种志》一书出版以来，全世界正式出版刊物上历年发表的全部新种的学名、文献和产地，属名和种名均按字母顺序排列。当实习疑难标本用《中国植物志》无法解决时，可通过此书查阅相近种的原始描述，寻找到模式标本存放地点，进行最后的比较和确定。该书中国科学院植物研究所有全套。

6.《中国高等植物科属检索表》

该书是有关中国产的苔藓、蕨类和种子植物科和属的检索表工具书，由中国科学院植物研究所主编。在每属后都附有种数和属的分布区域，书末还附有植物分类上常用术语解释及相关的图版 40 个，是植物分类的科研、教学及野外实习的重要工具书。

7.《中国孢子植物志》

该书是我国低等植物和苔藓植物的重要书籍，由中国孢子植物志编辑委员会组织编写。全书分为《中国真菌志》《中国淡水藻志》《中国海藻志》《中国黏菌志》和《中国苔藓志》，共有25卷册，是进行低等植物和苔藓植物采集和野外实习的必备工具书。

8.《中国水生高等植物图说》

该书是全面介绍我国水生高等植物的工具书，由颜素珠编著。全书共收集我国水生高等植物54科120属295种，并有插图25幅，详尽介绍了科、属、种的特征，各科都有分属、分种检索表，也简述了水生植物的景观、繁殖、群落类型。

9.《中国地衣植物图鉴》

该书是地衣植物科研、教学的工具书，由吴金陵编著。全书记载我国地衣植物34科76属351种，共有彩色生态照片、外形特征照片351幅，解剖构造插图164张。重点介绍了地衣的采集、保存与鉴定方法及各类检索表。

10.《种子植物图谱》

该书是重点描绘种子植物花、果、种子解剖图的教学参考书，由吴国芳、冯志坚、欧善华等编著。全书共300幅图，包括常见植物451种隶属于147科，所列举种类以教学中的代表植物为主，除简明扼要地介绍形态特征和提供营养体的形态图外，着重描绘生殖器官解剖构造图。

11.《东亚植物文献目录》(*A Bibliography of Eastern Asiatic Botany*)

该书是研究东亚植物极其重要的工具书，由美国梅里尔（E. D. Merrill）和沃克（E. H. Walker）编著。1938年出版，1960年出一册补编。该书收集了历代有关东亚的著作和期刊目录，文献题目的目录，按作者字母排列文章的主要内容简介。

12.《中国树木志》

该书是全面介绍中国树种的一套权威性书籍，由郑万骏主编。全书按哈软森系统排列，共有4卷，对我国树种的生长特性，对环境的适应性、经济价值、防护效能、合理利用树种资源的途径等进行了论述，对植物学野外学习实习（木本植物识别）和森林植被的考察极有帮助。

除了上述重要的工具书外，其他有关植物区系或植物分类的参考书还有很多，可根据理论教学及实习地点进行选择。

（五）植物生态

植物生态学是研究植物与环境相互关系的科学。通过生态学的实习，可加深学生对植物与自然界，植物与植物之间的相互作用的了解，使他们认识到现有植物的各种形状是植物长期与环境相适应的结果，从而提高野外考察能力。所以，植物生态学的相关内容在植物学野外实习中占一定比重。目前大部分院校没有专门的植物生态学实习，一般将它放在植物学野外实习中，植物生态学的内容和范围很广泛，包括植物个体生态学（研究植物个体与环境因子之间的关系）、植物种群生态学（研究种群的数量、年龄结构及空间分布格局的变化和环境的关系）、植物群落生态学（研究生态系统的结构，内部物质和能量的转化、交换）。由于实习时间有限，植物生态学野外实习的内容不可能安排很多时间，因此文献资料的准备可根据实习的具体情况而定。重要参考书有：

1.《植物生态学》（第二版）

该书是我国植物生态学上最重要的教科书之一，由曲仲汀等编著。该书重点论述了植物与大气、温度、水分、土壤的关系，植物生态的适应，植被的主要类型与分析，植物群落的替换，生态系统和平衡，生态系统的研究方法——系统分析等，是植物学野外实习学习所必备的书籍之一。

2.《植物生态学的目的和方法》

该书是有关植被生态学的研究方法和内容的工具书，由 D. 米勒-唐布依斯（D. Mueller-Dombois）和 H. 艾伦伯格（H. Ellenberge）著，鲍显成、张申等翻译。该书第一次将植物生态学中的英美和欧洲两大学派的观点综合成一部整体性的著作，同时叙述了苏联和东欧学派的理论，归纳了近代广泛采用的植被分析方法，系统介绍了野外植被工作的方法和顺序及室内植被资料的分类与排列。

3.《生态学概论》

该书是内容广泛，观点新颖的教科书，由苏智先、王任青主编。全书除探讨了自然生态（包括个体、种群、环境污染及其系统）的基本原理和方法外，还着重介绍了自然环境保护、环境污染及其治理、评价，阐述了人类生态、城市生态、经济生态等社会生态问题。

4.《普遍生态学——原理、方法和应用》

该书是有关生态学的基本原理和应用的一本专著，由郑师章、吴千红等主编。该书重点阐述了取样技术、种群竞争、种群调节、人类生态、自然资源生态、污染生态、生态农业等，其中有关生态学的研究方法和手段可在植物生态学野外实习中广泛采用。

5.《植物地理学》

该书是植物地理学上的重要参考书，由北京大学、兰州大学等合编。全书从地理学角度探讨了植物与环境的关系，其中有关植物分布区系、植物的指示性、植物图和植物区划等内容，对植物学野外实习有较大的参考价值。

6.《中国主要树木幼苗形态》

该书是野外森林群落调查的工具书，由张若惠、刘洪谔、汪祖泽著。全书共收集了 97 科 315 属 585 种树木的幼苗形态，其中 303 种树木幼苗附了插图，分科、属、种对幼苗的形态进行了描述，并有分属、分种检索表，根据幼苗形态讨论了树种的系统位置。

（六）植物资源学

识别植物是植物学野外实习的主要内容之一，而识别植物的最终目的是把理论付诸实践，对植物进行开发利用。随着经济的迅速发展，开发利用植物资源已成为目前我国非常活跃和极有潜力的一个领域，它在国民经济中发挥着越来越显著的作用。植物资源学的内容也已引入植物学的野外实习中。在学生识别植物和了解科、属、种特征时，教师也应不失时机地将植物的经济价值和开发利用途径结合讲授，为今后学生的综合利用和开发运用打下基础。重要的参考书有：

1.《中国经济植物志》

该书是在全国植物资源大普查的基础上，由中华人民共和国商业部土产废品局和中国科学院植物研究所编写。该书按原料的性质将植物资源分为纤维、淀粉及糖类、油脂类、鞣料类、芳香油类、树脂及树胶类、橡胶及硬橡胶类、药用类、土农药类和其他类，对每类植物资源的特点、开发利用途径及重要种类进行了论述。

2.《植物资源学》

该书是中国第一本植物资源学专著，由刘胜祥主编。该书论述了植物资源学的特点、植物资源学的一般研究方法和定量研究方法、我国植物资源的分区、资源植物的引种驯化、植物资源的合理利用与保护。该书将植物资源分为食用、药用、工业用、保护和改造环境、植物的种质资源五大类，并简明论述了资源的概况、开发利用原理及其加工技术。

3.《中国饲用植物志》

该书是由中国饲用植物志编辑委员会编写，系统研究我国的饲用植物。该书重点论述了饲用植物的饲用价值、化学成分、消化率、适口性、生产量、利用程度、再生性和栽培工艺等。

（七）生物多样性的保护

人口的剧增和生态严重被破坏致使许多物种灭绝或濒临灭绝。保护生物的多样性，使生物多样性的损失控制在最低程度，已成为广大生物工作者的一个重要研究方向，而提高全民的生态意识，使人们懂得抢救和保护生物多样性就是拯救人类本身的道理是生物多样性保护的主要措施之一。野外实习地是生物多样性比较丰富的地区，在实习中向学生灌输生物多样性保护的思想，一方面可使学生认识其重要性；另一方面也可以减少不合理的采集给实习地生物多样性带来的负面影响。重要参考书有：

1.《中国的生物多样性——现状及其保护对策》

该书是我国有关生物多样性的第一本专著，由陈灵芝主编。该书共分八章，介绍了生物多样性的意义和价值，我国的物种多样性、遗传多样性和生态系统多样性，中国生物多样性关键类群和关键地区，中国生物多样性保护研究现状及保护中国生物多样性的对策。

2.《生物多样性的理论与实践》

该书是由王献溥和刘玉凯编著的一本阐述生物多样性的原理和实际应用的专著。该书通过大量的实际研究，结合国际上普遍关心的问题，论述了生物多样性的基本概念和重要性、现状和问题、分布中心、立法、经费的筹集、保持与持续利用的战略和途径、保护和持续利用研究的方法等。

3.《中国珍稀濒危保护植物》

该书是详细介绍我国珍稀濒危保护植物的第一本专著，由宋朝枢等编。该书根据国务院环境保护委员会公布的珍稀濒危保护植物名录，介绍了我国 389 种保护植物的形态、分布、生境、保护及保护等级。

（八）有毒动植物

为了保证师生安全，顺利完成野外实习的任务，除了严格的管理和纪律、必需的医疗药品和设备，指导老师还必须能够识别常见的有毒动植物，掌握有毒动植物的中毒预防措施，因此，有毒动植物文献资料的收集显得非常重要。重要的参考书有：

1.《中国有毒植物》

该书由陈冀胜和郑硕主编，论述了我国 101 科 943 种有毒植物的形态、分布、生境、毒性、有毒化学成分及其毒理作用、中毒的急救和治疗措施等。该书共有插图 146 张、彩照 486 张。

2.《中国的毒蛇及蛇伤防治》

该书由成都生物研究所等编写，分别有蛇类概述、中国的毒蛇、毒蛇与无毒蛇的区别、蛇毒咬伤的预防、毒蛇咬伤的诊断、毒蛇咬伤的治疗、毒蛇咬伤病人的抢救、蛇伤常用中药及其筛选办法、毒蛇的捕捉和饲养等章节，最后还有世界毒蛇3科76属的种类及其分布范围。

3.《动植物致毒及其防治》

该书由华惠伦、李世俊等主编，主要介绍我国常见的致毒动物、植物和真菌的形态特征、生活习性、分布范围、有毒部位、毒性成分及毒理、中毒症状、中毒诊断、中毒解救和中毒预防等，而且其中有的种类还附有典型病例。

（九）野外实习

有关植物学野外实习的文献资料不少，虽然尚没有一本系统和全面的植物学野外实习与科研方面的指导书。但这些文献资料对野外实习仍有一定的参考价值，如：

1.《植物学野外实习手册》

该书由冯志坚、周秀佳等编著，重点介绍了野外实习的准备、如何进行野外实习、主要植物检索表、常见高等植物生态的野外工作方法、常见种子植物花期等。该书较为适合华东地区的野外实习。

2.《种子植物实验及实习》

该书由严祖棠编，除了重点介绍种子植物分类实验外，还有对植物野外实习的目的，要求，基础理论，组织，植物标本的采集、制作和保存进行了论述，书末还附录北京地区常见植物各科特征。该书对北京地区附近的野外学习有一定的帮助。

3.《孢子植物实验及实习》（修订版）

该书由周云龙编，分别介绍了孢子植物的实验和野外实习。野外实习分为淡水藻类实习、海藻实习、大型高等真菌实习、地衣实习植物实习、苔藓植物实习和蕨类植物实习，论述了各类群野外实习的方法、识别特点、生态习性、系统地位及分类依据，不少种类还有插图。

二、文献资料的整理

教师将广泛收集的各种文献资料分门别类，再结合实习地和实习学生的实际情况（知识水平、思想状况、组织纪律等），自编一本植物学野外手册，对野外实习具有重要指导意义，也是文献资料整理的主要表现和任务。虽然国内公开发行的有关野外实习的指导书不少，特别是本书，系统全面地概述了植物学野外实习的整个过程和各个必需环节，但因其面向全国，对具体的某一实习地，手册作为本书的补充，非常必要。教师自编的手册包括以下内容。

（一）实习纪律

详细介绍野外实习的目的、意义和任务，实习期间每个学生的义务和必须遵守的各项规章制度、违反制度和纪律的处罚条例。

（二）基础知识

1. 植物形态学知识

主要是野外实习所需要的叶、花、果实的形态特征知识，如叶的形状、叶缘的性状、叶脉、脉序；花的组成，花萼和花冠的颜色、形状，子房的性状，胎座的类型，花序的各种类型，花程式、花图式；果的组成部分、果实的类型、种子构成等。虽然这些内容在植物形态解剖部分已学习过，但有必要再温习一下。

2. 植物生态学知识

主要包括植物生态因子的组成部分、生态因子的测定方法、样方的设置和调查、某些数据的测定和统计方法（如频度、多度、密度、优势度、重要值等）、木材蓄积量、植物的片层、植被的基本类型、植被的水平分布和垂直分布规律。

3. 植物分类学知识

包括实习地植物的重要科和属的主要特征。被子植物的分科检索表、植物学实习指导及本书有关物标本采集和制作步骤的部分等。

(三) 实习地的自然、植物及资源的概述

1. 实习地的自然概况

(1) 地理位置。在行政区域上的具体位置（省、市、县、乡）四周相邻的县市，在地理坐标（经度和纬度）上的准确范围、总面积。

(2) 实习地的示意图。以简图的形式绘制实习地的山脉及走向、山峰（包括海拔高度）、交通路线、生活区植物标本采集的主要路线。

(3) 地质和地貌构造。实习地的地层、岩浆岩的地质上的形成历史和过程，在地质构造上的单元，地貌概述，历史上的地貌，主要山体的岩石组成，各山头的地形和地势。

(4) 水文。主要水系及起源，地下水类型及含水岩组，地下水的补给、径流及排泄，水化学特征及水质评价。

(5) 土壤。成分条件、土壤发生特点、土壤的主要类型及其理论性质评价。

(6) 大气环境现状。气象条件、主要污染源、大气环境的现场检测指标的评价。

(7) 气候。光资源（日照时数、总辐射及其分布）、热量资源（年平均气温、最热月和最冷月平均气温、绝对最高和最低气温、活动积温）、水资源（年平均降水、地域分布、季节分配、高度分配、相对湿度、年蒸发量、干湿指数）、主要气象灾害（低温、干旱、暴雨、冰雹、大雪）、垂直气候、气候效应（林内外的气温分布、相对湿度分布、光照强度分布）。

2. 实习地的植被

主要介绍植被的区系特征，植被的各个类型及组成（植被型组、植被型群系），各主要的群系（分布海拔、各层次的主要种类），植被的垂直分布（以简图示意）。

3. 植物资源

根据调查和有关文献资料，将实习地野生植物资源进行整理、统计和分类，重点介绍每类植物资源的价值、分布和开发方式；列举经济价值高、开发潜力大的种类。植物资源的分类一般按原料性质或用途进行，可因实际条件而异，如可分为药用植物资源、材用植物资源、工业原料用植物资源、观赏植物资源、食用植物资源、野果植物资源、蜜源植物资源、保护和改造植物资源等。

4. 植物名录

按照一定的分类系统，分别将实习地的藻类、菌类、地衣、苔藓、蕨类、裸子和被子植物等的科、属、种列出，并注明重点植物或必须识别的植物，如果有可能，要标明植物

分布范围和环境，重要的资源植物还可简述它的主要开发价值。植物名录的整理，是文献资料的收集和整理中最重要的工作。教师不但要参阅大量的文献而且应亲临实习地进行预查，最好能采集和制作一套完整的植物标本，与植物名录相配套。如有条件，还可以彩照或录像的方式将植物种类和生境记录下来，供学生学习参考。

第七节　实习动员及生活安排

一、实习动员

实习动员是进行野外实习思想工作和组织工作的一个重要环节，是圆满顺利完成野外实习的基本保证。实习动员就是要调动学生的积极性，在思想上做好实习准备，同时，要使学生明确野外实习的目的、意义和要求，了解野外实习中可能出现的问题，牢记实习纪律。实习动员不应只是出发前一次简单的思想教育会议，任课教师应在一个学期的植物学理论或实验课中，利用各种与学生接触的机会，充分了解学生知识水平和思想状况，使出发前的正式动员具有针对性。野外实习出发前的正式动员应注意其声势和效果，由全体指导教师、系领导、班主任及有关从事学生工作的人员参加，反复强调野外实习的组织性和纪律性，树立安全第一的思想，使全体学生明白，只有服从统一领导、统一行动，在高度的组织性和纪律性下，才有可能保证工作顺利进行。实习动员会上还应正式成立野外实习领导小组，由教师担任总领队和副领队，再根据带队人数将学生分成若干个小组。指导教师还可召开实习小组组长会议，使他们明确自己的职责和任务，鼓励他们发挥自己的骨干作用，在实践中锻炼自己的能力，以身作则，管好自己的组员，为野外实习的圆满完成贡献自己的一份力量。

（一）野外实习的意义

1. 使学生了解植物的多样性

生物多样性是地球生物的基础，是人类生存和发展的前提。植物多样性是生物多样性的组成部分，在生态系统和生态平衡中起关键作用。通过野外实习，使学生在大自然中亲眼目睹丰富多彩的植物世界，观察到千姿百态的植物类型，使他们进一步理解生物多样性和内涵，了解植物多样性的三个层次（物种多样性、遗传多样性、生态系统多样性），认识到生物多样性保护的必要性和紧迫性，为今后充分利用和保护生物多样性打下基础。

2. 认识植物与环境的相互作用

书本上的植物是静止、抽象的，而自然界的植物则具体且充满生机，始终处于变化之中。由于平时很少有机会在自然界观察植物，一些很常见的植物在不同环境下发生了变化，学生就不能识别。通过野外学习，学生有充分的时间观察大自然中的差异及不同植物在相同生境的相似点，因而理解环境对植物的巨大影响及植物对环境的适应性。

3. 识别植物的主要途径

识别植物是植物分类学的最基础内容，是植物分类学发展和昌盛的基础，也是开发利用植物资源的前提。要识别一种植物，必须了解该种植物的生态特征（特别是花和果实的特征）、分类地位、地理分布、生活环境和地理价值，而要完成这些教学任务，单凭课堂讲授书本知识是远远不够的，必须到野外去观察和采集植物，观察和采集得越多，认识的植物种类就越多。对每种植物的认识也就越深刻越全面，所掌握的也越牢固，野外实习无疑是观察和采集植物的最有效的途径。

4. 激发学生的学习兴趣

植物学是一门理论与实际结合的课程，教学内容较多而且抽象，课堂学习之后不易记住，学生容易产生烦厌情绪，学习的积极性难以调动；而野外实习则把学生带到五彩缤纷的大自然中，绚丽多彩的自然界及鲜明生动的植物和群落可以大大丰富学生的感性认识，激发学生的学习兴趣，使学生学得容易，记得深刻，因而解决了植物学中名词术语脱离实物、抽象概念脱离具体形象、理解脱离感知等不足，学生可以在自然、轻松、愉快的氛围中学习知识，其效率大大提高。

5. 发展学生的各种能力

培养学生的能力和传授知识一样都是教学中的重要任务，野外实习是两者结合的一条纽带。在野外实习中，经过各方面的锻炼，学生的各种能力都可以得到提高。

6. 培养学生的辩证唯物主义世界观，进行爱国主义教育

植物学野外实习不仅要使学生学到基础知识，训练基本技能，培养科学观察和研究能力，还要对学生进行辩证唯物主义和爱国主义思想教育。在野外实习中，学生通过大量的实践，可以充分理解到一切事物都不是孤立存在的，而是相互关系、相互制约的，正如植物与植物之间、植物与动物之间、植物与环境之间都存在一定的联系。学习更好地理解植物本身从简单到复杂、从低级到高级的进化。野外实习也可以为学生的爱国主义思想教育提供大量素材，如我国的地大物博、大好山河、珍稀特有的各种植物资源、巨大的基因宝库、古老的灿烂文化等。同时，通过野外实习，还可培养学生不怕困难、吃苦耐劳的好作风，热爱祖国的山山水水，珍惜大自然的一草一木。

7. 集体主义观念得到加强

野外实习的顺利完成必须由全体师生的相互团结做保证。野外实习本身就是一种组织性很强的集体活动，学生在路途上需要相互配合、相互帮助，在生活中要相互关心，在学习中要取长补短，学生时时体验到集体的温暖，感受到集体力量的强大，集体主义观念得到进一步加强，集体凝聚力也得到了提高。

8. 促进师生的了解和沟通

教师和学生是教学中相辅相成的两个方面，两者的相互了解和沟通有助于教学工作的顺利进行。野外实习提供了师生沟通和交流思想感情的一个宝贵机会，在野外实习中，师生同吃同住，一起进行野外观察、采集和制作植物标本，互相关心，在充分的接触中教师能够了解学生的思想状况、了解学生对教学的各种建议，因而针对各种问题及时采取措施，努力改进教学方法和提高教学质量。学生可在交往中了解教师的品质和渊博的知识，培养对教师的亲切感和责任感，从而提高学习兴趣和信心。

（二）野外实习的要求

（1）掌握50个重点科的特征，识别300～350种植物（包括苔藓5～10种、蕨类10～15种、种子植物250～300种）；掌握常见植物的主要特点、系统分类地位、生境和地理分

布、重要经济价值。

(2) 能独立运用检索表鉴定不认识的植物。

(3) 掌握植物标本的采集、记录及制作方法。

(4) 了解植物与环境的相互关系、植被分布的基本规律及植物生态学的一些基本概念和工作方法。

(5) 每人压制30～50份优质的植物标本，每个小组压制一套完整的植物标本。

(三) 野外实习的纪律与注意事项

详见第三章第一节。

(四) 需要带的物品

详见本章第五节。

二、生活安排

(一) 实习时间的选择

多数院校植物分类学课程安排在上半年，因此，可选择5月底或7月初进行野外实习。5月底正值多数植物开花的季节，观察和鉴定植物比较方便，实习效果较好；同时，野外实习结束后再回学校学习理论知识，由于有较丰富的感性知识做铺垫，学生的理解能力增强，课堂教学效果会大大提高。不足之处是实习正处在学期中间，打乱了其他课程的教学安排。7月初学生的分类理论知识学习已结束，植物学知识较全面，系统性较强，有利于开展野外实习；同时，也不会影响其他课程的教学安排。不足之处是错过了植物最佳开花季节，观察和鉴定植物的难度增加。

(二) 实习的前期工作

每年在确定实习地和实习时间之后，应该提前一个月左右派人到实习地进行联系，对实习住宿、伙食、交通和实习路线进行详细安排（联系工作可与预查相结合）。即使多年不变的实习地，每年也需派人进行联系。因为每年情况都不相同，特别是交通、住宿费和伙食费变化较快。在实习队伍出发之前，应派人提前几天出发，联系沿途及实习地的住宿和伙食，安排交通，使实习队伍顺利到达实习地，到实习地后能立刻开展野外实习。

(三) 住宿和伙食

住宿和伙食是生活安排的主要内容，具体可依实习地的情况而定。如果实习地的条件较好，有专门的服务接待单位，住宿和伙食可委托有关单位；如果实习地较为偏僻，无专门的服务接待单位，实习师生必须自己配备膳食，实习队伍中应有专门的人员负责协助安排每日的食宿，最好还能有随队医生。

(四) 文体活动

在野外实习的紧张和辛苦之余，应注意劳逸结合。在不影响实习的前提下，适当安排一些文体活动，如与实习地有关单位组织联欢晚会或球类比赛等等，这样既丰富了实习生活，活跃气氛，又增强了与当地居民的友谊。

(五) 日程安排

野外实习的时间非常宝贵，必须根据实际情况周密安排、统筹规划。本科学生的实习时间较长，一般有两周左右，安排的内容适当多一些，如野外植物观察、植物标本的采集、室内复习与鉴定、植物标本的制作、野生植物资源的调查、植物生态因子观察、植物种群和群落的调查、植被分布规律的调查、实习小结和考核等。专科学生的实习时间一般只有一周，安排的内容可以酌情减少，植物资源学和植物生态学的内容应根据实际情况确定是否进行。在具体安排上还要考虑气候。一般来说，晴天应多安排野外观察和调查，雨天主要安排室内鉴定、整理和标本制作；晚上则可以安排一些个人和小组的复习和娱乐活动。

（六）生活管理

为了更好地搞好野外实习的生活安排，可以成立实习生活的管理小组，如后勤组（负责实习工具的准备、实习仪器和药品的保管和供应等工作，也可以配备随队医生）、生活组（负责实习期间的膳食住宿、交通及对外联络等工作，需有学生代表参加，由其监督工作）、文体组（负责组织实习期间的娱乐、体育活动，主要由学生组成）。

第三章 实习的组织管理与指导

野外实习效果的优劣，影响因素是多方面的。其中，实习的组织管理工作与实习指导工作的好坏，将直接关系到野外实习能否顺利进行和实习效果的好坏。野外实习是野外工作，不同于学生的在校学习。因此，实习期间的组织管理和业务指导工作，必须在结合学校原有管理制度的基础上，另外再定制出适合野外实习的管理制度、安全防范措施和业务指导原则。

第一节 组织管理

野外实习是一项艰苦、繁杂而又细致的工作。要圆满完成实习，必须进行精心组织，科学安排，并对学生实习期间的一切行为（包括业务学习）制订出管理规定。

一、实习计划的制订

植物学野外实习的时间，一般是安排在植物学（系统分类）课程即将结束或已经结束后进行，即5月下旬到7月中旬。此时大多数植物处于生长发育旺季，且有相当种类的植物已有花、果实、种子等繁殖器官的形成。

为在整个教学计划中安排这一教学过程，必须在前一年寒假安排制订第二学期教学计划，由有关业务领导、业务教师根据实习时间可能遇到的种种情况，统筹安排后，才能在教学计划中排定植物学野外实习的具体时间。如业务指导教师少、学生多，实习用品、用具又缺乏时，可考虑分期、分批进行实习；如实习经费紧，可考虑实习地点近一些，缩短实习时间；如实习经费充足，则可考虑到植物种类繁多、地形地貌复杂、植被典型的山区去实习。

春季开学后，在确定野外实习领队的基础上，应尽早与预定的实习地点的有关部门和单位联系，及早落实住宿地点及了解交通、食、宿、费用。在此基础上，制订具体的野外实习计划，包括领队教师、业务指导教师名单，野外实习的具体日程安排，交通工具的使用情况等，并打印成文，在实习开始前两周分送校办公室、教务处、总务处、食堂、汽车队等有关部门，并发送到有关教师和学生的手中，以使各有关方面尽早做好实习准备工作。

二、实习领队及指导教师的选配

野外实习的过程，既是一个教学过程，又是一个实践过程，它所涉及的知识范围广泛，内容复杂，且又时值高温多雨季节，工作、学习、生活条件都比较艰苦，因此一定要挑选一位具有丰富的教育、教学经验，业务过硬，并具有一定组织管理能力，思想作风过硬的教师作为野外实习的领队（一般为精通业务的专业教师），并选配若干名精通业务，不怕苦、不怕脏，能任劳任怨的专业教师担任业务指导教师。一般15～20名学生配1名业务指导教师为宜。若遇有新教师参加指导野外实习，因其对实习环境、植物种类、学生管理等尚不熟悉，一般不考虑其单独带队，可让其做老教师的助手。如果参加实习的学生数量多，实习基地又远离学校，则还需派一位专管后勤工作的同志，以负责实习期间的车、船票的预购预订以及食宿安排等事宜，一般由辅导员、教辅人员担任，也可由业务教师兼职。

业务指导教师，除特殊情况外，一般应与学生同吃、同住、同行动，并以教师自身的优良作风来影响学生，真正做到言传身教。

三、实习经费的落实与使用

（一）实习经费的落实

俗话说“兵马未动，粮草先行。”只有有了足够的实习经费作为后盾，才能保证野外实习的顺利进行。植物学野外实习是野外作业，而且往往远离学校，食宿在外。近年来，由于各种经费的增加，实习费用也明显上升，然而各校对实习经费的拨付不尽相同，有的学校能满足全部实习费用；有的学校只能满足其中一部分。为了尽早落实实习经费，必须在落实教学计划的同时，向学校有关部门申请实习经费，一经有关部门批准使用数额后，即应着手制订较为详细的实习经费预算方案。所缺部分也应尽快解决落实。对实习经费的所缺部分，学校可以通过以下几个途径解决。

（1）提供有偿服务。利用野外实习，为某一地区或单位进行植物资源方面的调查，取得一定的报酬，以补充实习经费的不足。

（2）由学生自愿负担部分实习经费。在实习前，把实习经费与实习计划之间的矛盾向学生解释清楚，动员学生自愿负担实习费用。如学生负担实习期间的部分或全部交通费，或由学生负担实习期间的部分或全部住宿费用。

（3）实习经费包干。即学校对实习经费实行定额包干，所缺部分全部由学生自愿负担。

总之，随着办学模式的多样化，实习经费的筹措也日趋多元化。但无论如何都必须在实习开始前落实好实习经费，这样才不致使实习半途而废或实习中改变计划。

（二）实习经费的使用

实习经费的使用应本着必需、节约的原则，做到精打细算，专款专用，专人负责，统一管理，统一审批结算。

实习开始前一周，由负责后勤工作的教师从财务科（处）把实习经费领出，并妥善保管、使用。主要用于交通、住宿费用的支付，必备应急药品的购买，少量实习用品的添置及各项补贴等。

在实习期间乘坐车、船的旅途中，实习经费必须由二人以上妥善保管，其座位应位于学生座位中间，以防意外，确保安全。至于学生负担的部分实习经费，可在达到实习基地后，再统一收取，以减少交通途中的安全压力。

实习经费的使用情况，必须逐日逐项地记账，以便审核。实习结束后，及时对实习经费进行统一报销，及时结清账目。

四、实习的管理网络

野外实习不仅是一个教学过程，还是一个相当重要的管理过程。为使野外实习按计划、有条不紊地进行，必须建立实习期间的管理网络，使领队和指导教师能及时了解、掌握情况。实习期间的管理网络系统如图 3-1 所示。

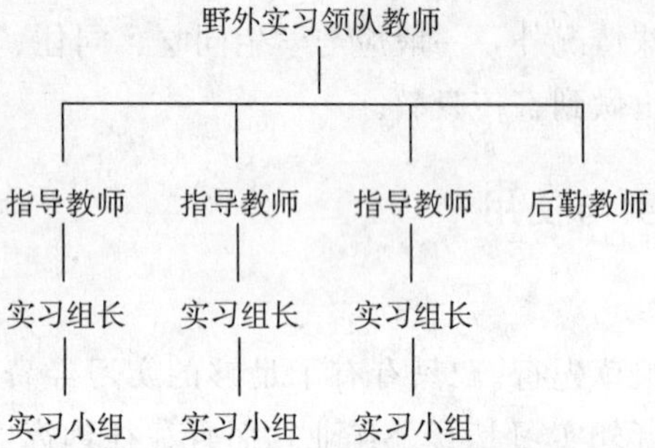

图 3-1　实习期间的管理网络系统

野外实习领队教师，对实习工作统一管理，全面负责，按照实习计划认真、负责地组织好野外实习工作，并对业务指导教师进行具体分工。每个业务指导教师（包括领队）带领 3～4 个实习小组，每个小组由 5～6 个学生组成，并从其中选出一名实习小组组长，负责该组的全面工作。实习前，对实习小组进行编组时，要注意男、女生混合编组，尽量避免由女教师、女学生单独编组。实习时，要求每个实习小组对组员进行具体分工，互相配合，共同完成学习任务。

通过以上管理网络，学生在实习期间的各种情况就能及时反馈，实习过程中的每个具体指示就能顺利下达，做到上下沟通，及时解决实习过程中可能出现的种种问题。

五、实习期间的规章制度

野外实习在校外进行，对长期习惯在校园生活的大学生来讲，这是一次较长时间离开学校，摆脱宿舍、食堂、教室三点一线的生活模式，去接触大自然、认识大自然的活动。实习期间，往往会有许多东西使他们感到好奇，如果没有教师的引导和完善的管理制度，他们很可能会去做一些他们根本不该做的事。因此，必须对学生加强管理，要做好政治思想工作、业务管理工作和后勤保障工作。这三项工作既有联系又有区别，既互相渗透又有独立性，各个学校因具体情况不同，实施方法也不尽相同。笔者认为实习期间的各项工作以条例、规章制度的形式明文规定下来不失为一种行之有效的管理方法。下面分别对这些条例、制度别加以介绍。

（一）请销假考勤制度

为便于在实习期间对学生进行管理，实习期间必须有严格的请销假考勤制度。每天实习出发前、中途休息、野外作业结束，都必须清点人数，以加强学生的组织纪律性，并防止学生走失、迷路、旷课等现象的发生。对学生利用实习休息时间去附近探亲访友的，也必须事前请假，事后销假；对缺勤累计达实习总时数的1/3者，取消实习考试资格。有些因特殊原因确实来不及请假的，事后也必须补假。同时还要做好考勤记录，作为野外实习成绩评定的依据之一。完善的考勤制度，是实习顺利完成的保证。

（二）集体活动规定

野外实习是流动性很强的野外分散作业，且实习地区往往地形复杂，环境多变。学生对这种复杂多变的环境不熟悉，适应能力差。为确保实习期间的安全，禁止学生脱离集体单独进行野外实习和外出行动，除个人生活外，所有外出活动均要求以实习小组为单位进行或不少于3人，以避免由于单独行动而可能引起的迷路、外伤、蛇虫咬伤、寻衅闹事等事故的发生或一旦有事故发生而得不到及时处理。还应强调的是，学生在外实习期间，在当地居民或单位眼中，他们的言行不仅仅是代表他们自己，更关系到学校、班级的集体荣誉，因此，集体主义教育也是不可缺少的。

（三）采集纪律

植物学野外实习的主要任务之一是采集植物标本。为了使学生在采集植物标本时避免无谓的劳动和不必要的事故及纠纷，必须制定采集纪律。

（1）每天实习开始前必须做好工作，实习必需物品一定要准备齐全，由专人分工携带。实习过程中认真、负责地做好植物标本的采集、记录、整理、鉴定和压制工作。当天的工作当天完成。每天实习工作结束时，做好采集用品、用具的保管和卫生打扫等项工作。

（2）采集过程中，注意保护植物资源，特别是国家保护植物，要做到不滥采、不乱采。尤其当遇到珍稀濒危保护植物时，更应做到“君子动口不动手”。

（3）非采集地点，如各级自然保护区、森林公园、果园、花圃，未经同意不得采集。

（4）爱护庄稼，不损坏农作物，不采摘各类瓜果、蔬菜。

（5）采集时不要品尝不熟悉的野果，以免中毒。

（6）不准爬上高大的树木、悬崖峭壁等较危险处采集植物标本。

（四）按时作息制度

野外实习期间，一般气温较高，学生在白天的活动量又较正常大许多倍。为让学生劳逸结合，有充沛的精力按时、有序地进行实习活动，必须根据实习期间的具体情况制定出作息时间表，并要求学生遵照执行。作息时间主要包括学生起床、就餐、实习出发、实习归队、乘车、就寝等具体的时间要求，对违反实习作息制度的学生，轻者给予批评教育，重者给予行政处分。

（五）途中及食宿管理制度

野外实习基地一般均远离学校，必须乘坐一定的交通工具，并且食宿在外。为确保途中安全，食宿有序，必须对实习期间的交通、食宿提出具体要求。

在乘坐车、船时，必须提前一个小时到达指定地点，以免车站（码头）的车次（航班）临时改变发车（船）时间或地点，可有充分时间转移，也使教师有足够的时间清点人数。在候车（船）时，学生的行李物品都要集中堆放，并由专人统一看管。上车（船）

前，提醒有晕车（船）可能的同学事先服用药物。检票上车（船）时，教师要清点人数，并查看行李物品是否全部带走。中途若转乘车（船）的，一般要把乘车（船）路线事先告诉大家，以免一辆车乘不下时，可分乘几辆车到达目的地。教育学生乘车（船）的旅途中要注意安全，上、下车（船）要有秩序，旅途中不要将头、手伸出窗外，也不要在车（船）内随便走动，不准到甲板上闲逛，不可俯身超过护栏。若乘坐的是晚间车（船），应注意及时休息，既不影响其他旅客的休息，也使自己保持充沛的精力。

为便于管理、节约就餐时间和解决饮食卫生，一般在实习期间实行分菜包伙制。提醒学生不到街头小摊上去吃小吃，以避免传染上一些常见的夏季传染病。

到达实习基地后，由教师统一分配宿舍。一般宜将女生宿舍安排在较为安全的地方，同时宣布注意事项：①爱护公物，搞好宿舍卫生；②注意安全，防火防盗，不私自留宿外人；③按时就餐并依次排队领取（购买），节约、爱惜粮食；④讲究饮食卫生，尊重炊事人员和服务人员；⑤按时起床、就寝，随手关灯等。

（六）讲评制度

在实习期间，不定期召开由全体实习师生参加的会议，由领队对前一阶段或一天的实习情况进行评价。一般安排在晚上或早上进行。主要内容包括：小结前一段或一天的实习工作，并对实习表现好的学生或小组及时进行表扬，对表现较差的学生或小组进行批评；对下一阶段或第二天的工作进行布置，让学生及时了解下一阶段的任务。

（七）考核、考试制度

为检验野外实习的质量，检查学生进行野外实习的效果，必须对参加实习的学生进行考核和考试。

(1) 考核。对参加野外实习的学生在实习期间的各种表现进行考核记录，包括对实习的态度，植物标本采集的数量、质量，实习期间的组织纪律和出勤情况等。一般占学生实习成绩的10%左右。

(2) 考试。考试是检验教学质量，促进学生实习的有效手段之一。因此必须对参加实习的学生在实习期间所学的内容进行较为全面的考试。对因病、因事不能参加考试的，在履行正常请假手续后可予以补考。对在实习期间缺勤累计超过总时数 1/3 者，必须经补实习后才能参加补考。对实习期间无故旷课满一天者，一律以实习成绩不及格论处。

野外实习的考试可分为书面考试和植物标本考试两方面进行。书面考试可单独考查学生有关植物野外实习方面的内容，也可以结合植物学（系统分类）进行综合考查。植物标本考试一般采用让学生识别植物新鲜标本的方式进行，即从实习期间，学生所接触的所有植物中，有目的地筛选出几十种植物，均采用临时采集新鲜植物标本，然后让学生逐个识别的方法进行考试。考试通常分组进行，但每组植物种类应基本相同。考试过程中，要严格执行考场纪律，对违反考场纪律的学生可按照学校有关规定给予行政处分。综合考核、考试成绩，评定野外实习的成绩。

（八）其他有关注意事项

(1) 安全第一。爬山、过河、乘车（船）均应注意安全。实习外出做好防护工作，万一发生意外事故，不要惊慌，应立即采取相应的应急措施，并立即报告教师或发出求救信号。

（2）每到一个实习地，要注意了解当地治安情况及风俗习惯、乡规民约，遵守当地政府和民间的有关规定，并针对可能发生的问题提出相应的、切实可行的防范措施。

（3）注意保管好各种实习用品、用具，爱护和节约使用实习用品、用具，实习结束后及时归还。非正常损坏，应照价赔偿。

（4）野外作业时，不准抽烟，不准带明火进山，严格执行山林防火规定。

（5）防止迷路，在阴雨、大雾天气，不要单独行动，更不要到深山密林中去。在不熟悉地区，特别是山区实习期间，每隔一定距离在同一方向做上不易消失而又明显的标志，以便返回时识别。

（6）注意预防疾病。野外实习期间，容易发生的疾病是感冒和急性消化道感染。对于感冒，应尽量避免大运动量活动后（特别是大汗淋漓时）的骤冷，随气温的变化也应及时增减衣服，防止受凉，避免淋雨。急性消化道感染，主要由于食用不洁食物引起，故只要严把“病从口入”关即可。

（7）注意保护文物。野外实习时常会遇见一些古树古木，名胜古迹，应注意不要乱爬、乱攀和乱涂乱划，不做有损文物的事。同时通过了解文物的历史，接受爱国主义教育。

（8）保管好钱物。在陌生环境，人多情况下，不要暴露自己的钱包等贵重物品，所有零花钱可放在外边口袋里。途中注意不要丢失行李品，师生之间做到互相照顾。

（9）如中午在野外就餐，所带食品必须要有一定的水分，如馒头、包子、粽子之类，不要带饼干等干燥、脱水食品，并带足凉开水，有条件的还可携带少量的咸菜和水果（西红柿、黄瓜等）。

第二节　野外安全防范与意外事故的急救

野外实习的环境错综复杂，往往容易发生各种安全事故。为了维护实习期间正常的教学秩序和师生的人身及财产安全，促进实习的顺利进行，在实习过程中，必须杜绝各类事故的发生。对此，要以预防为主，本着保护师生、促进实习、教育先行、明确责任、管教结合、妥善处理的原则，做好教育、管理和处理工作。为避免事故的发生，除在实习动员时进行安全教育和强调各项实习纪律外，也必须对事故的发生有所准备，以防万一发生事故时，能及时采取有效的应急措施，把事故的危害和损失降到最低程度。

一、水边易发事故的防范与急救

在野外实习过程中，为采集水生植物标本，不可避免要与水打交道。俗语曰“水火无情。”在水边，特别是在较大的湖泊或较深的水塘边采集植物标本时，更应注意安全，以防掉入水中，发生溺水事故。水边一般比较潮湿，且长满苔藓等地被覆盖植物，人踩上去容易滑倒而跌入水中，或水边的石块、土岸发生塌落而掉入水中。在接近水边或从中采集植物标本时，一定要采取切实可行的安全措施。要小心缓慢前进，同时用手抓紧岸边的树枝、小灌木等；当人蹲下采集水中植物标本时，身体不要过分前倾，以防人体重心不稳而掉入水中。最好用竹竿、树枝等其他替代物把植物从水中捞起。采集时，其他同学要做好安全保护准备。对个别确实不易采到的，为确保安全，宁可放弃。采集途中或住宿地附近的淡水池塘等非游泳场所，一律禁止师生下水游泳。因为对池塘深浅不了解，且山区池塘水温一般较凉，下水游泳时容易发生误入深水区或发生腿脚抽筋等事故。

一旦有人掉入水中，应立即采取应急措施。若落水者不会游泳，掉入水中后，千万不可慌乱，要尽力保持头脑清醒，采取自救措施（方法是尽量仰头，口向上方，使口鼻露出水面，以利呼吸，呼气宜浅，吸气宜深，万不可将手上举，不要挣扎，否则会令身体下沉）。在岸上的同学应立即将竹竿、树枝伸入水中，让落水者抓住，帮他上岸。若竹竿、树枝够不上落水者，即应把所带绳索的一端抛向落水者，让其抓住，然后帮他上岸。若没有绳子，则岸上人员应立即手牵手组成人链，一端紧抓岸上的树木，一端入水，抓住落水者帮助其上岸。若岸上人数较少，够不到落水者，应由会游泳的人（最好是男生）立即下水救人，救护人员应从落水者背部拉住其腋窝将其拖出或抓住头发拖到岸边。在采取以上必要措施的同时，还应及时发出求救信号，以取得在附近实习的师生或邻近居民的帮助。

如溺水者救上岸时已停止呼吸，即应采取控水、人工呼吸和心脏按压，并立即就近送医院抢救，即使在转运医院途中，也不能停止人工呼吸和心脏按压。

二、外伤事故的防范与急救

野外实习时，每天免不了爬坡登山，稍有不慎，容易发生外伤事故。现将常见外伤的防范及处理方法介绍如下。

1. 擦伤

实习过程中，发生擦伤是最常见的。擦伤有深浅之分，如伤得很浅，又不太疼，抹点红汞。如果擦得较深，擦伤了皮肤的角化层，伤口有渗血或脏物，就应该用药棉蘸双氧水清洗去异物、脏物，再涂上红汞，然后贴上创可贴或用纱布包扎好。擦伤如发生在脸面部，伤口沾上石渣等污物不易去除时，做临时处理后应及时去医院治疗处理，以免伤口内的污物没有及时去掉，伤口长好后留下永久性斑点，影响面容。

2. 挫伤

皮下组织受伤而皮肤未破称挫伤，其特点是皮肤青紫，皮下多发生小血肿，伤处肿胀，按之疼痛。轻的挫伤一般不需做特殊处理，可轻轻按摩消肿。如果挫伤发生在头部、胸部、腹部、腰部及关节部位，容易伤及内脏及深部组织，如疼痛剧烈，应速送医院治疗。

3. 扭伤

在摔倒时还容易发生扭伤。扭伤是由于关节过猛地扭转撕裂附着在关节外面的关节囊、韧带及肌腱而造成，常见于踝关节、手腕及下腰部。发生扭伤后常见的现象是关节不能转动、疼痛、红肿及皮肤青紫，发生扭伤不要立即进行按摩。因为扭伤意味着毛细血管充血或出血，按摩可加重组织损害，使出血水肿进一步加重，延长恢复时间。而应该先用凉水（可用所带水壶中的凉开水或就近取用泉水、池塘水、井水等）冷敷 15 分钟，然后绷带包扎并抬高患肢，这样可使毛细血管收缩，减少出血，休息一段时间后，由同学帮助去医院就诊。

4. 出血伤口

创伤一般都会出血，小伤口的出血一般不需进行特殊处理，可自行止血，也可用药棉沾上双氧水消毒后用红汞涂抹，再用创可贴贴上即可；或在伤口部位盖上消毒过的纱布，再用绷带加压包扎也可。对出血较多的可用纱布、绷带或手帕包扎伤口，如遇较大的伤口出血，必须进行止血和包扎。若是较大的动脉血管受损，出血为喷射状，鲜红的血液随心脏跳动的频率向外冒。这时要立即采取止血措施，迅速止血，然后处理包扎伤口。常用的止血方法有：

（1）指压止血法。在伤口的近心脏端找到搏动的动脉血管，用手指或手掌把血管压迫在骨头上即可止血。如手掌和前臂出血，可用拇指压迫上臂内侧桡动脉搏动处；脚和小腿出血，可压迫大腿根部股动脉搏动处。

（2）止血带止血法。当四肢大动脉出血，不易用指压法止血，或指压法止血后不便搬运伤员时，可采用此法。方法是先将伤肢抬高，找到伤口近心端动脉后，在动脉上方用毛巾等软物卷成筒状，垫好再扎上止血带（可用橡皮带或其他代用品），其松紧程度以能压住动脉血流为原则，缚后以肢端呈蜡色为宜，如果呈紫色，则包扎过紧。扎上止血带后，如上肢受伤应每20～30分钟放松一次，如伤肢为下肢，应每隔45～60分钟放松一次，以免伤肢因长时间缺血而坏死。凡上止血带的伤员，必须记录上止血带的部位与时间并应迅速送医院治疗。

外伤出血之后应立即进行包扎。因为伤口是细菌侵入人体的门户，如果伤口被细菌污染，就可能引起化脓感染，还能发生破伤风等并发症，将严重损害健康，受伤后一般应及时保护伤口，先用70%的酒精棉球消毒，然后进行包扎，以减少感染和伤痛。如有必要，可送医院治疗。常用的包扎材料是绷带，亦可用毛巾、衣服、手帕等代替。包扎时动作要轻巧、迅速而准确，做到包扎伤口，严密牢固，松紧合适。

如果手脚等部位受伤，可用上述材料将手或脚包起来，在手腕部或脚踝部打结即可。如果伤口在四肢，可用包扎材料缠绕包扎。如果伤口在身体躯干部，可用较大的包扎材料（如衣服等）把伤口盖住，然后在身体的对面打结。如果伤口在头部，可用毛巾包扎，先用毛巾横放在头顶上，然后将毛巾的前两角拉到脑后枕部打结，再将毛巾的后两角拉到颌下打结固定。

5. 骨折

假如有学生不慎从高处跌落，或摔倒时正好与石块等硬物碰撞，应该考虑到有无骨折的可能。伤者的某个部位出现剧烈疼痛、畸形、活动受限或肢体长度改变，均要考虑可能发生了骨折。首先要观察伤员的神志是否清醒，了解伤肢坠地时受力部位，根据受伤情况立即进行现场急救处理。倘若伤员头颅首先触地，可能造成脑震荡、颅骨骨折和颅内出血，严重者出现耳、鼻出血不止，此时千万不可用药棉、纱布或手帕去堵塞。因为流出来的液体除了血液外，还可能有脑脊液，如果被堵塞住，可造成颅内高压，同时也可能导致颅内感染，后果极为严重。如果是腰背部首先触地，可能造成椎骨骨折或椎体错位，如果处理不当，可致脊神经受损或脊髓折断，造成相应肢体功能丧失，甚至下身瘫痪。若是胸腹部首先触地，可能造成肋骨骨折和内脏损伤（如果是肝脾破裂，还可造成大量的腹内出血）。若是臀部首先触地，可能造成骨盆骨折，骶尾骨骨折，也可造成脊柱骨折。

遇有以上几种情况发生时，应立即将伤员平卧在地面，就近借来木板或立即砍伐树枝、竹竿扎成平板状，将伤者平卧于平板上，头偏向肩侧，立即就近送医院抢救，途中应尽量避免震动。

假如骨折发生在四肢部分，一定要防止已骨折的肢体的活动，以防骨折断端刺破周围的血管、神经等组织。如果开放伤口，应注意保护，防止污染，有出血的应首先设法制止出血，然后将骨折的肢体固定在伤者自己身上。如果是下肢骨折，可在两腿之间垫上毛巾等软物后把两腿绑在一起；如上肢骨折，可把上肢固定在躯干上，以防肢体活动。另外，也可用一木棍附在伤肢一侧，在木棍与伤肢间垫上毛巾等软物后，再用带子绑好，固定。固定时带子松紧要适度，过紧会阻断伤肢血液流通，造成组织坏死；过松则起不到固定作用。用以固定的木棍或树枝等物长度一定要超过骨折部位上下两关节，做到超关节固定，这样才能彻底固定患肢，然后送医院救治。

6. 刺伤和划伤

刺伤通常是脚底被树桩、竹桩刺破，或手被刺破。划伤一般是手、前臂、头面部等最暴露的部位被枝刺、皮刺或某些植物的叶片所割破。

脚底刺伤是由于所穿鞋底的防穿透能力较差，加上山区居民砍柴留下的树桩、竹桩一般为斜尖型，具有很强的穿透能力而造成。万一脚底被树桩、竹桩刺破，应立即停止前进，脱下鞋袜，若伤口较小、较浅，用3%双氧水擦洗后抹红汞，贴上创可贴保护即可；若伤口较大较深，无法确定伤口内是否还有异物存在时，宜经3%双氧水初步清创后，立即用绷带或消毒纱布包扎起来（不要加压），送医院再仔细检查，此时切忌涂抹红汞，以免医院无法检查伤口情况而为清洗创伤口带来不必要的麻烦。

三、蛇、虫伤害事故的防范与急救

野外实习期间，也是各种动物频繁活动的季节，其中不少动物可能对人体造成伤害，如各种毒蛇、蜈蚣、水蛭、山蛭、毒刺蛾幼虫、松毛虫、有毒昆虫等，为防止这类有毒动物伤害，必须做好个人防护：实习时要穿坚厚的鞋袜、长衣裤，并扎好裤腿，上衣的领口、袖口衣边也要适当扎紧，头戴草帽，以防止有毒动物的侵害，最好手持一根小竹（木）棍，边前进边拨动草木，起到“打草惊蛇”的作用，让蛇类尽早逃避；同时，小竹（木）棍还可当拐棍或防护工具使用。在实习途中休息或野外就餐时，要选择开阔、平坦、杂草较少、视野清晰的地方，坐下前先看清地面有无有毒动物。

万一发生被蛇、虫等有毒动物伤害的事故后，则必须区别情况，及时进行急救和处理。

（一）毒蛇咬伤的急救

蛇咬伤症状主要是由毒蛇毒腺中分泌的毒蛇引起的。毒蛇成分比较复杂，按其作用及被咬伤后临床表现不同可分为三类，即损害神经系统的神经毒，损害血液循环系统的血液毒和兼有神经毒、血液毒的混合毒。含有神经毒的毒蛇如银环蛇、金环蛇，其咬伤后以麻痹症状为主（如呼吸麻痹），对局部咬伤处作用不明显，仅有痒、麻木感；含有血液毒的毒蛇如蝰蛇、五步蛇、烙铁头、竹叶青等，被咬伤后以出血症状为主，对局部咬伤处作用明显，可出现血疱、瘀斑、出血不止等，并伴有显著疼痛；含混合毒的毒蛇有蝮蛇、眼镜蛇、眼镜王蛇等，被咬伤后，以上两种症状都将出现。实际中一旦有学生被蛇所咬，一定要保持镇静，不要惊慌失措及奔跑，以免加速毒液的扩散与吸收。此时应立即在受伤部位的近心端用布条或毛巾等用力缚紧，以阻止毒液的扩散（以后应该每隔20～30分钟放松4～5分钟，以免组织因长时间缺血而坏死），同时必须弄清是否为毒蛇所伤。如果有可能，应尽量把该蛇打死，以便确认。假如蛇已逃逸，则马上验看伤口。如在两排细小牙痕的顶端有两个特别粗而深的牙痕，说明是毒蛇咬伤；如果只有2排和4排均匀而细小的牙痕，说明为无毒蛇所伤。经确诊后，若为无毒蛇所伤，则按一般外伤处理即可。若为毒蛇所伤，在结扎伤口的近心端后，应立即用凉开水或立即配置1∶1000的高锰酸钾溶液冲洗伤口，以冲掉伤口表面的毒液，然后用手术刀以毒牙痕为中心划“十”字或“井”字切口，切至皮下，促进毒液排除。排除毒液可以用玻璃瓶等容器当作拔火罐吸出毒液或由人用嘴吸出毒液（必须口含70%的酒精且口内没有伤口者）。吸出毒液的同时应立即口服蛇药，并将药片以温开水化开涂于伤口周围，以促进毒液排出。经以上急救处理后，将被咬者送医院治疗，同时带上被打死的毒蛇，以便医院能对症下药。

（二）蜈蚣咬伤的急救

蜈蚣咬伤的伤口是一对小孔，毒液流入伤口造成局部红肿并可引发淋巴管炎（丹毒）。蜈蚣越大，毒性一般也越大，症状越重。全身症状可出现头痛、眩晕、呕吐，甚至发热、昏迷。蜈蚣的毒液是酸性的，可用碱性液体如肥皂水、3%氨水、5%的苏打水或石灰水冲洗伤口，也可以选用新鲜蒲公英叶或扁豆叶捣烂外敷，或用蛇药调成糊状外敷。

（三）蝎子蜇伤的急救处理

蝎子蜇人时尾部的弯刺将毒腺内的毒液注入体内。蝎子越大，毒性也越大。被蜇后，局部可出现红肿、烧灼痛。蝎毒扩散至全身可发生中毒症状如流泻、恶心、呕吐、嗜睡或虚脱，严重的可出现肌肉痉挛。急救处理方法是：立即用布条紧缚蜇伤处的近心端，拔出毒刺，然后用力挤压伤口周围的皮肤，使含有蝎毒液的血液从伤口流出。然后把蛇药用凉开水调成糊状，距伤口15～20mm处环敷一圈（不要进入伤口），或用鲜芋叶炳捣烂涂抹伤口周围皮肤，起到止痒止痛的作用。若出现全身反应，应立即送医院处理。

（四）蜂类蜇伤的处理

蜂类蜇伤主要由黄蜂和蜜蜂引起。其中黄蜂蜇伤比蜜蜂蜇伤严重。黄蜂蜇伤的伤口不留下尾刺，轻者出现局部红肿、疼痛，数日后可自行消退；若多处受蜇，可能产生头晕、恶心、发热、烦躁不安等全身症状。急救处理方法是在伤口涂抹食醋、柠檬酸等酸性液体，以中和黄蜂毒液中的碱性成分。对有严重反应的应送医院处理。蜜蜂蜇人毒性较小，伤口处皮肤上往往留有尾刺应予拔出，并用弱碱性液体如3%氨水、5%苏打水、肥皂水等涂抹伤口，中和蜜蜂毒液中的酸性成分，也可用蛇药或新鲜的瓦松、紫花地丁、半边莲捣烂外敷。如被大量蜜蜂围攻蜇伤，则应急送医院处理。避免被蜂类蜇伤的最好办法是不要招惹这些小动物，特别是不要捣蜂窝。

（五）毛虫类蜇伤的处理

野外实习中常见的毛虫类是毒刺蛾幼虫及松毛虫。这些看来瘦弱的毛虫在接触到人类皮肤时，体表的细小毒刺便会断裂并牢固地扎到人皮肤的毛孔里，引起皮肤红肿、疼痛、痒、麻木等不同感觉。防范毛虫类蜇伤的有效方法是实习时穿厚实的长袖衣裤，在采集标本，特别是木本植物标本时，要看清植物叶片、树枝上是否有各种毛虫，如有则应避开，也可先把毛虫去除后再采集植物标本。万一被毛虫蜇伤，可用医用橡皮膏反复粘贴患处，以便把毒刺粘出，然后在患处涂抹清凉油或风油精。

（六）蛭类伤害的处理

蛭又名蚂蟥，分水蛭和山蛭两大类。水蛭栖息于水稻田、水渠、池塘、小河，山蛭常栖息于山坡湿地、溪边、草丛、灌木叶和竹林中，因此到这些地方采集植物标本时要注意蛭类的伤害。蛭是靠前吸盘内的颚齿咬破人的皮肤后，释放出抗凝血素、类组织胺、麻醉物质等，使人的伤口在无痛无痒的情况下发生局部血管扩张，伤口流血不止。因此，万一发现有蛭类吸附于体表时，不要用力拉扯，可用手拍打，一受刺激，它便会自行脱落。对于已咬破皮肤的，可用药棉压迫止血。防范措施是在有水蛭的地方不要接触水或不赤足下水，在有山蛭的地方要扎紧裤管、袖口，戴好草帽。

另外，山区居民爱养犬，路过居民区时，要防被犬咬伤，尤其是疯犬。万一被犬咬伤，应立即用清水或20%肥皂水反复冲洗伤口进行必要的清创，再用浓硝酸或碘酒灼烧伤口，并尽快去打狂犬疫苗。若疑为疯犬所伤，应到医院诊治。

四、中暑的预防与急救

野外实习时，若遇上闷热潮湿的气候，人体散热困难，运动量又大，当体内热量的增加大于人体散热水平时，就容易发生中暑。中暑主要表现为头痛、头晕、恶心、呕吐、耳鸣、心慌、憋气、持续高热不退、无汗，严重者可伴有痉挛、昏迷等症状。预防方法：遇有闷热、潮湿的天气进行野外实习时，途中一定要多休息，多饮用凉开水，适当多摄入一些盐分。如果有头晕、恶心等中暑症状出现，应立即到通风凉爽处休息，并服用一支十滴水，口含人丹或用清凉油、风油精涂抹于太阳穴，一般均能很快好转。较重者应平卧，用冷毛巾盖于额部，用凉开水或酒精擦洗全身，同时给予扇风促进皮肤降温，并给病人补充喝些凉盐开水。严重的应送医院治疗。

五、晕车、晕船的预防

在乘坐汽车、船舶时，有些人会发生头晕、恶心、呕吐等现象，其中少数人可能发展到面色苍白，大量出冷汗甚至虚脱，不省人事，这就是晕车。对此，应以积极预防为主。在乘车（船）前20～30分钟，口服防治晕车药物，如乘晕宁、苯海拉明、胃复安、人丹等；也可临时口含一片生姜或一只话梅；或在前额、太阳穴处涂抹风油精或清凉油；或在肚脐上贴一张伤湿止痛膏；或自己用手指按压另一只手的内关穴或第二骨内侧的胃穴，也有一定的防治效果。

对于在野外实习过程中出现的重大事故，在进行应急处理的同时，应立即向学校汇报，并取得指示。

第三节　业务指导

野外实习是以大自然为课堂的教学过程，学生要亲眼观察，直接动手研究绚丽多彩的植物界。探讨植物的生态分布与环境条件的辩证关系，了解有关野外植物标本的采集、整理及鉴定等方面的知识是必要的。

一、植被观察的指导

植被观察是野外实习中不可忽视的一个环节，在实习基地，不仅要观察植物垂直地带性分布规律，而且还要观察和识别各地带的群落。

（一）植物垂直地带性的观察

植物地理分布因受水分和热量的影响，具有经向、纬向、垂直地带性分布规律。由于野外实习只限于某一局部地区（大多数为山区），故只能观察实习基地的垂直地带性分布规律。植被的垂直地带性分布是以水平地带性为基础的，即山脚下的植被与当地的纬度、经度所决定的地带性植被一致。因此，观察时，先了解实习基地的经度和纬度，了解实习基地的山脚植被。山脚植被又称基带植被，它是指海拔600m以下地带的植被类型。如天目山、黄山、武夷山、神农架地处中亚热带，基带植被是常绿阔叶林；泰山地处暖温带，基带植被是落叶阔叶林；长白山地处温带，基带植被类型是针阔混交林；等等。弄清了实习基地的基带植被后，再依次往高海拔地带进行观察，如黄山南坡，从山脚到山顶的垂直分布有：

海拔　600～900m	常绿阔叶林
海拔　900～1100m	常绿、落叶阔叶混交林
海拔　1100～1400m	落叶阔叶林
海拔　1400～1650m	落叶矮林
海拔　1650～1800m	（山顶）山地草甸

观察时，若某地带肉眼不易区分，又无法攀登时，一定要借助望远镜观察清楚。

（二）植物群落的识别

植物群落里的各种植物，并不是偶然的组合，而是由一些习性相近并能相互适应的植物构成的。任何一个植物群落都有许多的特征，与环境之间也有各种各样的关系。那么，如何识别一个植物群落呢？这就需要抓住外貌和结构两大特征。

1. 外貌

群落的外貌是群落长期适应外界环境的具体反映，在一定区域的自然条件下，群落表现为一定的外貌，不同的群落类型，其外貌特征也是不同的。因此说，群落的外貌是识别群落的依据之一，如根据群落的外貌特征很容易区别大自然中的森林、草原、荒漠、麦田、果园等。

根据生态学研究，决定群落外貌的主要因素是生活型、高度和季相等。

（1）生活型。植物群落长期生活在一定环境下，由于受水分、光照、温度、土壤等因素的影响，形成了适应环境的形态结构，这种反映植物群落生活特征的形态结构称为生活型。生活型可根据芽（植物对环境变化最敏感的部分）离地面的高度划为以下几种类型：

① 高位芽植物。这类植物在度过严酷环境时，其芽和嫩枝位于离地面较高（大于30cm）的枝条上，如乔木、灌木及热带潮湿气候下的高大草本、肉质茎植物、藤本植物、附生植物属此类。

② 地上芽植物。这类植物的芽或嫩枝位于地表或接近地表的枝条上，不高出地表

30cm。在气候不良的季节，由芽鳞、枯枝落叶、积雪等地被物保护着芽或嫩枝。这类植物有半灌木、垫状植物、匍匐型植物等。

③ 地面芽植物。这类植物在度过冬季时，地面部分依然活着。芽贴近地面，由芽鳞、积雪、枯枝落叶和土壤保护着越冬，如多年生草本植物。

④ 地下芽植物。亦称隐芽植物。这类植物的地上部分在冬季枯死，芽在地表下的土中越冬。如根茎、块茎、鳞茎、球茎和块根植物，沼生植物和水生植物属此类。

⑤ 一年生植物。这类植物只能在良好的季节中生长，在严冬或干旱季节到来之前就完成生活周期，以种子形式度过不良的季节，如干旱草原植物或荒漠植物。

在自然状态下，任何一个植物群落都是由多种生活型的植物组成的。其中总要有一二种生活型占优势的植物，也就是在群落中占据面积最大的植物种类，即所谓的优势种。比如芦苇群落中的芦苇，油松群落的油松，就是该群落中的优势种。

一般高位芽植物占优势的，说明该群落所在地的气候温热多湿，如南方多以常绿阔叶乔木为主；凡地面芽植物占优势的群落，表明该地区有较长的冬季，如内蒙古草原就是以多年生草本植物为主。

(2) 高度。不同的群落有不同的高度，森林群落最高，草原群落较矮，冻原群落最矮。

(3) 季相。群落的外貌并非一成不变，大多数群落的外貌，常随着季节的变化而变化，这种因为季节变化的现象称为季相，比如枫树群落，在春季变叶为绿色，而到了秋天，就变为红色。外貌和季节是识别群落的重要标志之一。

2. 结构

每一个植物群落，都有它自身的结构特点。有的结构特点非常复杂，有的却十分简单。最复杂的是热带雨林，最简单的当属高寒荒漠。植物群落的结构特征，主要有以下几点：

(1) 种类成分。不同的植物群落内包含的植物种类成分是不同的。一般来说，环境越优越，群落结构就越复杂，组成群落的植物种类也就越多。比如，同样的面积，我国南方热带森林中的种类要比东北落叶松林中的种类多 3 倍以上。

不同地带的植物群落都有其特定的种类成分，这些成分可以反映出群落的性质。如亚热带常绿阔叶林群落中的种类主要由樟科、山茶科、木兰科、壳斗科等组成，而寒温带的森林群落由落叶松、白桦等落叶树种组成。只要知道植物的生态习性，就能初步识别群落的性质。

(2) 成层现象。群居在一起的植物有高有矮，在地面以上排列成不同的层次，即为成层现象。不同的群落，层的数日也不同，如荒漠植物群落只有 1～2 层，而到热带雨林层次可达 8 层之多。层次越多，结构就越复杂。

在森林群落中，层次最为明显，一般可分为 4 个基本层次，即乔木层、灌木层、草本层和地被层（贴地生长的苔藓、地衣等），各层又可依植物的高低进一步划分层。另有藤本、附生、寄生植物，它们攀缘、缠绕或寄生在不同高度的植物上，没有固定的层次，称之为层间植物。

(3) 种类数量。要想了解某个群落中的植物种类及其数量，就需要进行野外调查。目前较为普遍采用的方法是最小面积法（亦称样地法或样方法），这个方法很简单，先在群落中选择植物生长较为均匀的地方，用绳子固定一小块面积（草本群落为 10cm×10cm，森林群落为 5m×5m），登记其中所有的植物种类；然后，按一定顺序成倍的扩大边长，每一次扩大，就登记新增加的种类，直到面积扩大而植物不再增加时，即为群落的最小面积。也就是说，至少需要这么大的面积才能包含群落中大多数植物种类，才能表现出群落的主要特征。

通过各种群落最小面积的比较，发现组成群落的植物种类越多，群落的最小面积也就越大；环境条件越优越，群落结构就越复杂，植物种类也就越多。我国的西双版纳热带雨林群落，其最小面积至少为 $2500m^2$，含主要高等植物约 130 种；而东北小兴安岭红松林群落，最小面积约为 $400m^2$，含主要高等植物约 40 种，比前者少得多。

（4）个体数目。组成群落的各种植物中，其个体数目相差很大，有的种个体数目很多，有的则很少。在群落中数目多的被称为优势种，此群落也就以这个优势种来命名，如某个群落以油松占优势，就命名为油松群落；以芦苇占优势，就叫作芦苇群落。

测量群落中植物种的个体数目以“多度”为指标，即一个种的个体数目占全部种的个体总数的百分率。

某个种的多度＝（该种个体数目/样地中全部种的个体数）×100％

“多度”的意义在于找出群落中的优势种，以便识别植物群落。还可用于了解群落的生产力，如木材的蕴藏量、经济植物、珍稀植物的产量及分布。

另外，调查盖度、密度、频度、体积等也是识别群落特征的手段，但这些较之外貌和结构两大特征，便可正确地识别某个植物群落。

二、野外采集中的指导

野外采集是植物实习中的关键一环，采集工作做得好坏，直接影响到实习效果。下面谈谈野外采集中应注意的一些问题。

（一）应注意不同生态环境下的植物

在高度相同、气候相同的地带采集植物，不宜多走路，应就地仔细搜集，尽量不要遗漏，这样既可节约时间少耗精力，又可采到较多的标本。但在不同高度、不同气候和不同生态环境中生长的植物也不同。比如，山麓和山顶不同，阳坡和阴坡不同，平原和山地不同，平原和沼泽也不同。所以在不同的环境中采集标本，应注意观察，尽量多采。

（二）仔细搜寻，勿使遗漏

有些同科、同属植物，在外部形态和结构上，往往很相似，难以分辨。这就要求仔细观察，对某种植物如有疑问，就应采集，这是很重要的。还有些植物过于矮小，夹杂在其他植物中，不易观察，采集时必须仔细寻找不要将其遗漏。

（三）必须采典型和完整的标本

高等植物是根据根、茎、叶、花、果实和种子的形态特征进行分类的。尤其被子植物的花与果，蕨类植物的孢子囊群和孢子，苔藓植物的孢蒴，都是鉴定的主要依据。如果采到的标本缺少这些生殖器官，就很难或不能鉴定出学名来，这个标本也就没有价值。所以，必须采集根、茎、叶、花、果都具备的完整植物标本。如不能同时采得完整标本，也应在日后设法补采，使其完备，但必须确知为同种植物，不要搞错。当然也不是所有植物都必须采到完整标本，木本植物和高大草本植物就是例外。

（四）不要采病斑的标本

野外实习所要采的标本不是用于病害、病理研究，而是用于鉴定、保存和今后的教学。应注意尽量采集发育正常而不带病斑的新鲜标本。

（五）大小不同的植物标本采集法

一般用来制作标本的台纸尺寸为 39cm×28cm，如果采到的标本略小于台纸的尺寸，那么做出的标本就会显得美观大方，所以对不高于 40cm 的草本植物，可连根整株采集。由于生境不同，即使是高大的种类也能找到较矮小的植株，所以应尽量搜寻形体好看而株形较矮的植株。

但是，大自然中的植物参差不齐，有的高大，有的矮小，如遇到矮小的植物，应当多采一些，以防丢失。若遇到较高大的草本植物时，也应连根挖出，将其反复折成“N”形或“W”形压制，若遇特别高大的草本植物则可在同一株上选取形态上有代表性的上、中、下三段压制。

若遇有巨大叶片的植物，如牛蒡（*Arctium lappa* L.）的基生叶，在一张纸上压不下，此时可将一片叶子分成二至三段分别压制，但在每段上要系上一个注有甲、乙、丙或A、B、C等字样的同一号签；也可剪去叶片一侧，但必须保留主脉和叶尖。若遇大的羽状分裂叶或羽状复叶，可将叶轴一侧小叶或裂片剪短，在小叶或裂片的基部留一小段，以示小叶或裂片着生的位置和情形。必须注意，羽状分裂叶或复叶的顶端裂片或小叶片，绝对不可剪掉，否则会造成特征不全而影响鉴定的准确性。如果叶片仅比标本纸大一倍时，可不必分开或剪掉一部分，只将叶片折叠起来，中间垫上吸水纸压制既可，每天更换干纸一次，直到全干为止，每个标本的长宽以 35cm×20cm 为宜。

（六）关于木本植物采集

木本植物一般较高大，不可能采集全株，只能采一小部分，采集时应选择有花、果的枝端采取。如果全枝上叶片的形态、大小差别很大或有刺也应一起采下。有些木本植物的树皮也能显示某些特征，应同时采集树皮，与带花、果的枝条配在一起。对早春先叶开花的木本植物，要分别采集。但应注意，最好能从同一植株上采取，这就需要在采过标本的植株上留下一个标记。

（七）关于雌雄异株或雌雄同株异花植物的采集

对于雌雄异株或雌雄同株异花的植物，要在不同植株或同一植株不同枝条上采取雌雄性标本。

（八）关于地下部分采集和寄生植物采集

有些植物的地下部分具有球茎、鳞茎、块茎、根状茎和块根、纺锤根、肉质直根等，这些都是区别植物的重要特征，均应连同地上部分一并挖出，力求完整。

对寄生植物应连同寄主一起采集。

（九）采集编号

每一份标本都应带有一个采集号，每个人或每个队名的采集和每年或每次的采集号，必须按顺序编下去。每个人或每个队，切不可重号或空号，若有空号时，应设法补上，在同时间、同地点所采的同种植物标本，应编为同一号。每一号标本的份数应根据需要而定，但最少要采 3～5 份，以备研究、收藏和交流之用。如遇稀少或奇异的以及教学上用的须多采。每份（每个）标本都要挂上同一号的号签，号签必须用铅笔书写，以防因受潮或水湿而导致字迹模糊不清。号签填好后，须将号签系在标本的中间部位，以防脱落。做此项工作须认真谨慎，千万不可挂错号签或将不同的植物编为同号。

同一种植物，如果采自不同的地点、不同的环境、不同的时间，则应另行编号。

对于雌雄异株植物，应分别编号，并在记录上注明两号的关系。

如果是做植被调查，采集样方标本时，除填写各种表格外，应先将样方编号，每号样方内的标本再按顺序编号，但在号签上必须注明某号样方的某号标本。例如：1 号样方，第 1 号、第 2 号……n 号样方，第 1 号、第 2 号……按顺序编号的好处是，避免了某号样方内的标本和另一号样方内的标本因同号而分辨不清，造成混乱。

采集经济植物的分析样品时，在样品内，必须挂上与样品同种的腊叶标本相同的号签，以便鉴定学名用，不要另编样品号。采集种子、果实时，必须同时采腊叶标本两份，以备鉴定学名用。种子（果实）标本也要有与标本同号的号签，并做好野外记录。

每个号签上的号数必须与野外记录册上的号数一致。

（十）要注意填写好野外记录

一名合格的植物学工作者，在外出采集时，除能搜集标本、识别植物外，还需要会填写野外记录。因为生活状态的植物与它被制成标本后的状态总会有些差别的，如乔木、灌木、高大草本未采到部分的生长形式，植株的高矮、外形，各部分有没有乳汁或有色的汁液；叶的正反两面的颜色，有无白粉或光泽；全花或花的某部分的颜色和香味，有没有杂色、斑点或条纹，花药和花丝的颜色或形态；果实的形态、颜色、有无缝痕及蜡质、白粉等；植物体各部分毛的形状和着生方式，以及地下部分的情形等等。以上这些都是在制成标本后，不易保存或分辨不清的性状，所以在野外采集时，应详细观察，逐项填写在野外记录本上。没有做记录的标本除有的难以鉴定外，同时在科学研究上没有什么价值，只能作为一般教学上的参考。

野外记录应在采标本的同时填写，编入采集册内，最迟也应在当天下午或晚间整理标本时填写，绝不可推迟到次日之后，以免因时间过长忘记该记的内容。

采集号数一定要与该植物标本号签的号一致，不得搞错。另外，环境、土名、访问材料等也应填入记录册内。

（十一）野外观察应仔细

在野外观察新鲜植物的花、果各部的构造、颜色等，比在室内观察腊叶标本要容易得多。在野外采集时，应尽量做到对花果进行解剖、观察和记载，尤其对不认识的植物。

与此同时，还应在野外尽可能地观察并记载各种植物的开花期、结果期和果熟期，因为有许多种类是蜜源植物及其他有经济价值的植物，了解开花期可使蜜源植物及时得到利用；掌握果熟期，能及时采集到想要引种的有用植物的种子。

（十二）了解植物与生长环境的关系

植物与环境的关系十分密切，不同环境生长着不同的植物，这是植物对环境的依赖性。同时，植物对环境还有改造的作用。在进行野外采集、调查工作时，除了采集标本外，在可能的情况下，还应对各种植物群落及各种生长环境，做一些初步的了解，并记入野外记录册。

（十三）注意调查当地的土名及用途

同一种植物在不同地区，当地群众冠以不同的土名，不便于确认，为了中文名称统一，有利于当地群众的利用，在采集时必须注意调查当地的土名。采集和研究植物的目的，主要是为了解植物和利用，因此在采集的同时，也要调查各种植物的经济用途、加工方法及繁殖方法等，以便做进一步研究和利用的参考资料。

（十四）采集时间的把握

据笔者的采集经验，晴天采集标本的最佳时间是上午8点至11点。8点以前，植物体满是露珠，水分太大，压制时易失色和霉烂，有的植物花也未开放。8点以后，露水逐渐蒸发，开花的植物也比较多，这段时间采集标本大多都能做到易干、易保色。中午以后，由于阳光强烈，植物体失水比较多。虽易压干、保色，但因失水，许多开放的花朵萎靡闭合了，甚至有些植物也会萎靡下垂，如豆科植物中的一些羽状复叶种类，失水后小叶闭合，很难做出理想的标本。

阴天采集标本可以说是全天候的，原因是没有雾水，且天气凉爽，不易失水萎靡，压制出标本比较理想，其中不足的是，有些植物的花阴天不开放。

雨天采集标本是最糟糕的，水分太大，即使压制的标本换纸较勤，也很难使标本不变色。故一般情况下，雨天不外出采集标本。

另外，外出采集标本只带采集箱或采集袋是不行的，还必须携带小型标本夹，把那些易失水萎靡的植物及时压入标本夹中。

三、压制、整理和鉴定标本的指导

压制标本宜在尽可能短的时间内吸水，以免霉烂、卷曲皱缩或失去颜色。

新鲜的植物含水量占干生的80％～90％，所以，想要把它们制成腊叶标本，就必须把水分吸干，这项工作的好与坏，决定着制成标本的质量，如吸水工作做得好，标本制成几乎可以保持原色，并且平整美观，否则标本不是发霉就是褪色，所以这一过程显得非常重要。

1. 压制的方法

外出采集时携带小标本夹，把采到的标本尽量整形展平，及时压入夹中，返回驻地后，将标本换干纸，压在大标本夹内。再换纸时要将标木仔细整理一次，整理时要使叶、花展平，尽量不要重叠，叶片要有正有反，以利于将来鉴定、观察，落下的花、果或叶片，必要时，可用纸袋装起，袋外写上该标本的采集号，与标本放在一起。标本与标本之间，以几张吸水纸相隔，整理完毕，合上标本夹，加适当的压力，用绳子将大夹板捆起来，放在通风很好的背阴处。次日还要换干纸，并继续加工整理，尽量使标本姿态美观。在第三天换干纸后，可增加压力，捆紧大夹板，放在阳光下直射，以使水分迅速蒸发。以后每天都要换干纸一次，通常七八次换纸，标本即可压干。若遇阴雨天气，可用微火或热炕烘烤，有条件的，也可以将标本夹放入烘箱中进行烘干。每次换下的湿纸，要及时晒干或烤干，以备再用，对那些肥厚多汁植物或具有块根、球茎、鳞茎的植物，可在背面切去一部分，切时以不失原来形状为原则。要多换几次纸，至全干为止。在南方多雨地区，每天应换两次，或加热烘烤，以促其快干。

已干的标本应及时提出用单纸另放（以免在夹内因返潮而失色），并将同号标本放在一起。用单纸存放标本时，应当注意，使上下两个标本错开放置，尽量避免粗枝、花、果或粗根等的重叠，以免使标本压坏。即使新鲜标本压制时，也要使上下两个标本错开，要左右各一个，根分别朝两端互相颠倒放置，这样能使每份标本都能贴附伏在吸水纸上，不致于产生中央凸两边凹或一端高一端低的现象，这样压出的标本比较平整而不皱缩。另外，在压制时绝不能使易卷缩的部分（如叶、枝梢等）露在吸水纸的外面，否则就会发生干缩，使标本损坏。

此外，有些松科植物如冷杉属（*Abies*）球果的果鳞容易脱落，应用线缠好；又有些植物如云杉属（*Picea*）、景天科（Crassulaceae）、马齿苋科的叶子在压制时极易脱落。景天科、马齿苋科植物可用开水煮6～10分钟后，再按一般方法压制，否则会费了很大功夫，最后得不到满意的标本。

藻类植物标本的压制过程与高等植物标本的压制过程有所不同，因为藻类体外都有藻胶质，若直接压在标本夹内，藻体会与吸水纸黏在一起。所以，在压制藻类标本时，首先将采回的标本放在洗脸盆内，将标本洗净，再用一张较厚的纸（或直接用做标本的台纸）。放在水盘中，将藻体铺在纸上，用镊子或解剖针把藻体在纸上摊匀，放在适合的位置上，然后把白纸慢慢托出水面，出水后再把不匀的地方加以整理。整好后，将托好藻体的白纸，放在稍倾斜的木板等物上，稍稍控一控水，再放到铺有吸水纸的标本夹上，上面盖一层细纱布，放上几层吸水纸，如此一一将标本做完后，将标本夹轻轻捆起来，注意不要用力，放在通风的地方。前一两天最好每天换两次吸水纸和纱布，以后每天至少换一次纸，如此这样做出的标本可基本保持原色。对于较大而质硬的藻体，可直接从水中取出放在台纸上，整形后盖上纱布，放在标本夹中压干。有些藻类也可用阴干的方法保存，在包装外注明采集人（或队）及采集号，在科研或教学上应用时，可将其用水浸泡，恢复原状。对于一些浮游藻类，也可制成装片。

2. 鉴定植物的方法

首先对植物能够用形态术语进行描述，特别是花的结构应看清楚，如花被的有无、数目，子房的位置、心皮的数目、合生还是离生，胎座的类型，胚珠的数目等。对于这些细小部分的描述，除借助于10～20倍的手持放大镜外，最好有一台体视显微镜（也叫解剖镜），还要有解剖针、小镊子、刀片等用具。

对植物细小部分观察后，最好画简图记载下来，附在标本上，这样他人在观察时就不必再做解剖了，因为一个标本的花往往是珍贵的，尤其是花少的标本。解剖干花，可先将其放在热水中泡一下，即可变软，便于解剖，也不易破碎。

将要鉴定的材料在解剖观察以后，即可根据该植物的产地选用有关文献资料进行鉴定。

如果有地方植物志、植物手册、植物检索表的话，最好用地方资料进行鉴定。如果地方资料上鉴定不出来或无地方资料时，可用全国性或世界性资料进行鉴定，如《中国高等植物科检索表》《中国高等植物图鉴》《中国植物志》《世界有花植物科检索表》等。

鉴定植物首先应用检索表查科、属、种，查出后要核对鉴定得是否正确，还要看科、属、种的描述是否完全符合。如果符合了，鉴定就是正确的。为了可靠，最好找出可靠的标本和图做最后检验。如果与描述不相符，则可能是检索表查错了，就得从头再查检索表，直到查对为止。如实在查不出来，就要请专家来鉴定。请专家鉴定标本时，每一份标本上必须有一个同号标本的号签，并连同这一号的野外记录夹在一起送出。按照惯例，这份请人鉴定的标本，就留在鉴定人那里，不再退回。这是鉴定人对该标本学名负责的表示，以做将来复查之用。如果以后需要更改学名，可根据标本来源通知对方。专家鉴定时只在各标本的号码下，抄写一个学名单寄回。所以，必须保存几份相同号码的标本，以备送鉴。

第四章 孢子植物实习

低等植物中的藻类、菌类和高等植物中的苔藓类、蕨类是以孢子进行无性繁殖的，故合称为孢子植物。这类植物的野外调查方法、实习内容与种子植物相比，有很大的不同，本章对这类植物的野外实习进行论述。

第一节 藻类植物实习

藻类植物是一类光能自养的低等植物。现据其形态结构、繁殖和生态特点，分成11个门，检索如下。

1. 细胞具色素体；贮藏物质为淀粉或脂肪 …………………………………………… 2

1. 细胞无色素体，色素分散在原生质中；贮藏物质以蓝藻淀粉为主 ……………………………………………………………………………… 蓝藻门（Cyanophyta）

  2. 细胞壁由上下两个硅质瓣壳套合组成；壳面具辐射对称或左右对称的花纹 ……………………………………………………………… 硅藻门（Bacillariophyta）

  2. 细胞壁不由上下两个硅质瓣壳组成 ………………………………………………… 3

3. 营养细胞或动孢子具横沟和纵沟或仅具纵沟 ……………………………………… 4

3. 营养细胞或动孢子不具横沟和纵沟 ………………………………………………… 5

  4. 无细胞壁或细胞壁由一定数日的板片组成 ……………………… 甲藻门（Pyrrophyta）

  4. 无细胞壁或细胞不具板片 ……………………………………… 隐藻门（Cryptophyta）

5. 色素体为绿色，罕见灰色或无色；贮藏物质为淀粉或裸藻淀粉 …………………… 6

5. 色素体为红色、黄色、黄绿色，有时为淡绿色；贮藏物质为红藻淀粉、白糖素、脂肪或甘露醇 ……………………………………………………………………… 8

  6. 植物体大型、分支、规则地分化成节和节间 ……………… 轮藻门（Charophyta）

  6. 植物体为单细胞、群体的或多细胞的丝状体或叶状体，无节和节间的分化 … 7

7. 植物体多为单细胞，少数为群体；运动细胞顶端具1、2或3条鞭毛；有时无色；贮藏物质为裸藻淀粉 …………………………………………… 裸藻门（Euglenophyta）

7. 植物体单细胞的、群体的、丝状的或薄壁组织状的；运动的营养细胞或动孢子具2（少数属具4、8）条等长的鞭毛；罕见的无色的；贮藏物质为淀粉 ……………………………………………………………… 绿藻门（Chlorophyta）

  8. 色素体为红色或有时为绿色；生活史的任何时期均无具鞭毛的细胞；贮藏物质为红藻淀粉 ……………………………………………… 红藻门（Rhodophyta）

  8. 色素体不为红色；运动细胞或生殖细胞具2（罕见3）条不等长的鞭毛；贮藏物

质为白糖素、油或甘露醇 ………………………………………………………… 9

9. 色素体褐色；植物体常为大型的、丝状、壳状、叶状，有的具假根、假茎、假叶的分化；动孢子肾形，具2条侧生的鞭毛；贮藏物质为褐藻淀粉和甘露醇 ………………………………………………………… 褐藻门（Phaeophyta）

9. 色素体黄绿色、金褐色或淡黄色；植物体常为小型的、单细胞、群体或丝状；运动细胞具1、2或3条等长或不等长的鞭毛；贮藏物质为白糖素或油 ………… 10

10. 色素体金褐色或淡黄色；植物体通常为小型的、单细胞或群体；运动细胞具1条鞭毛或2条等长或不等长的鞭毛，罕见具3条鞭毛；有些种类为变形虫状的 ………………………………………………………… 金藻门（Chrysophyta）

10. 色素体黄绿色；植物体为单细胞、群体或丝状；运动细胞具2条不等长的鞭毛；单细胞或群体种类细胞壁常由两瓣套合组成，丝状种类由两个“I”形节片合成 ………………………………………………………… 黄藻门（Xanthophyta）

藻类主要分布于淡水和海水，人们习惯上把生活于淡水域的藻类称为淡水藻，生活于海水中的藻类称为海藻。

一、淡水藻类

（一）分布

淡水藻类的分布范围非常广泛，包括所有常年积水水域及湿地，在春、夏季往往还生长于临时性积水中，即在静水、流水、清水、污水中都有藻类的存在。

水体中，藻类有固着生活的（着生藻类）、漂浮生活的（漂浮藻类）、浮游生活的（浮游藻类），对于不同生活类型的藻类，实习时要采用不同的方法来进行采集与鉴定。

（二）野外观察

对于微小的浮游藻类，肉眼无法鉴别，通常是根据水色来进行初步判断。若水体呈绿色，则多为浮游绿藻；若水体呈茶褐色，则有大量的硅藻或甲藻；若水面漂浮有蓝绿色或蓝黑色小团块，或水底泥面上有蓝绿色薄层，则为颤藻属；若在浅水沟渠或水沟的底泥表面上，有一层酱油褐色物质，则为硅藻；等等。

对于较大的丝状藻，通常是以观察、触摸来做初步鉴别。若藻体呈绿色不分枝，手摸黏滑则为水绵；若呈绿色且多分枝，手摸有粗糙感，则为刚毛藻；若藻类呈绿色网状，手摸较粗糙，则为水网；若藻类呈绿色，有明显的节和节间，且有轮生的短枝，短枝上还有明显的橘红色精子囊，则为轮藻；若藻体密集成深绿色的垫丛状，用手摸时柔软而不黏滑，则为无隔藻，等等。

（三）常见淡水藻类的分属检索

1. 蓝藻门（Cyanophyta）

本门约150属1500种，常见属的分类检索如下：

1. 藻体为单细胞或群体，非丝状（色球藻纲）

2. 藻体为单细胞，长杆形，有极性分化，附着于水生植物体上 ………………………………………………………… 管孢藻属（*Chamaesiphon*）

2. 藻体为群体，或单细胞，但为球形，无极性

3. 藻体是球形、不规则形的群体，细胞球形，数目较多，浮游水面，形成水华 …………………………………………………………………… 微囊藻属（*Microsystis*）

3. 藻体或单细胞，被胶质鞘；或群体，但细胞数目少，呈半球形，浮游水中，有时生活在潮湿的地上、树干或岩石上 ……………… 色球藻属（*Choococcus*）

1. 藻体为丝状（藻殖段纲）

4. 丝状体的每个细胞分裂面只有一个（横向面），即藻体不分枝，或存在伪枝

5. 细胞分裂面只有一个，但藻殖段中细胞分裂快，胶鞘不能相应引长，藻丝从胶鞘侧面穿出，或为一对伪枝。多气生，聚在一起呈褐色毛茸状 …………………………………………………………………… 伪枝藻属（*Scytonema*）

5. 藻体不形成伪枝

6. 藻丝无规则地集合在公共的胶鞘中，形成宏观或微观的球状、片状或丝状团块，细胞球形，排列一行呈念珠状，生活在水中或潮湿的土壤上，有的种类可食 ………………………………………………………… 念珠藻属（*Nostoc*）

6. 藻丝无公共的胶鞘

7. 细胞圆柱状，胶鞘无或不明显，丝状体能前后运动或左右摆动。常丛生，并形成团块，生于湿地或浅水中 ………………… 颤藻属（*Oscillatoria*）

7. 细胞球形，排成念珠状、丝状，体单一或集结成团，浮生于水中 ………………………………………………………… 鱼腥藻属（*Anabaena*）

4. 丝状体的个别细胞增加，另一个分裂面（纵向面）形成分枝，藻体细胞单列或多列，有异形胞和胶鞘。多生在潮湿岩石上，呈黑褐色绒毛状 ………………………………………………………………… 真枝藻属（*Stigonema*）

2. 绿藻门（Chorophyta）

绿藻门是藻类中最大的一门，约350属7000种左右。生活在淡水中的常见属检索如下：

1. 藻体为丝状

2. 丝状体不分枝

3. 丝状体营固着生活

4. 丝状体细胞壁上无帽状鞘，载色体环带状 ……………… 丝藻属（*Ulothrix*）

4. 丝状体细胞壁具帽状鞘，载色体网状 ……………… 鞘藻属（*Oedogonium*）

3. 丝状体营漂浮生活

5. 载色体呈带状螺旋形 ……………………………………… 水绵属（*Spirogyra*）

5. 载色体非带状螺旋形

6. 载色体呈板状 ………………………………………… 转板藻属（*Mougeotia*）

6. 载色体呈双星状 ……………………………………… 双星藻属（*Zygnema*）

2. 藻体呈分枝丝状

7. 藻体无胶质包被，手感粗糙，具固着器，细胞核多枚，蛋白核多枚，载色体网状 ……………………………………………………… 刚毛藻属（*Cladophora*）

7. 藻体有厚的胶质包被，黏滑，分直立枝和匍匐枝，分枝丝体具轴，异化枝现象 …………………………………………………… 竹枝藻属（*Draparnaldia*）

1. 藻体为非丝状
 8. 藻体为双边鞭毛，能游动
  9. 藻体为单细胞，细胞卵圆形，载色体杯状 ……… 衣藻属（*Chlamydomonas*）
  9. 藻体为多细胞群体，盘形和球形
   10. 藻体由 4～64 个细胞组成的定形群体
    11. 藻体由 4、16、32 个细胞组成的盘状形群体 ………… 盘藻属（*Gonium*）
    11. 藻体由 8～64 个细胞组成的球形群体
     12. 细胞紧靠为一实心球体，外被胶鞘 ………… 实球藻属（*Pandorina*）
     12. 细胞排列在群体表面，细胞间和群体中间充满胶质 …………………………………………………… 空球藻属（*Eudorina*）
   10. 藻体细胞不定数，由 500～2000 个细胞组成，每个细胞都是胶鞘，有胞间连丝相连，成一层细胞空心球体 ………………………… 团藻属（*Volvox*）
 8. 藻体无鞭毛，不游动
  13. 藻体为单细胞
   14. 细胞为新月形或鼓形
    15. 细胞为新月形，有 2 条叶绿体，细胞两端各有一液泡 …………………………………………………… 新月藻属（*Closterium*）
    15. 细胞为鼓形，由 2 个“半细胞”和中间藻腰组成 …………………………………………………… 鼓藻属（*Cosmarium*）
   14. 细胞为球形
    16. 单细胞藻体以气生为主 ……………………… 绿球藻属（*Chlorococcum*）
    16. 单细胞藻体以水生为主，细胞有一片状弯生载色体 …………………………………………………… 小球藻属（*Chlorella*）
  13. 藻体为多细胞群体
   17. 藻体通常由 4 或 8 细胞成栅状排成一串 ………… 栅藻属（*Scenedesmus*）
   17. 藻体呈管状、囊状或网袋状
    18. 藻体由多数衣藻型细胞组成，具假鞭毛，藻体管状或不规则囊体，细胞埋于胶鞘中 ………………………………………… 四孢藻属（*Tetraspora*）
    18. 藻体网袋状，由筒形细胞构成网眼，细胞不埋于胶鞘内 ………………………………………………… 水网藻属（*Hydrodictyon*）

3. 金藻门（Chrysophyta）

金藻门植物约有 300 属 6000 多种，常见属检索如下：

1. 藻体为丝状，有壁，呈“U”或“H”形的节片套合而成
 2. 单列细胞组成的不分枝丝状体，细胞壁呈“H”形 …… 黄丝藻属（*Tribonema*）
 2. 藻体为管状分枝的多核体 ……………………………… 无隔藻属（*Vaucheria*）
1. 藻体为单细胞或群体
 3. 遇碘不变色，无壁或但不全面硅质化，无花纹
  4. 藻体为倒卵形单细胞，表面有规则的磷和长刺 …… 鱼鳞藻属（*Mallomonas*）

4. 藻体为群体，无磷和长刺

5. 细胞辐射状排列成球形群体 ………………………… 合尾藻属（*Synura*）

5. 藻体为树形群体 ……………………………………… 钟罩藻属（*Dindryon*）

3. 遇碘变黄色，有壁并全面硅质化，有花纹

6. 花纹辐射排列

7. 细胞球形或圆柱形，靠壳面变成丝状体 ……………… 直链藻属（*Melosira*）

7. 壳面圆形 ……………………………………………… 小环藻属（*Cyclotella*）

6. 花纹两侧排列

8. 壳面无沟缝及假沟缝，以壳面连成丝状体 …………… 脆杆藻属（*Fragilaria*）

8. 壳面具沟缝或假沟缝

9. 壳面中央具假沟缝，上下壳缘各具两条管沟缝 …… 双菱藻属（*Surirella*）

9. 上下壳具沟缝

10. 壳面舟形，中部较宽 …………………………… 舟形藻属（*Navicula*）

10. 壳面长椭圆形 …………………………………… 羽纹藻属（*Pinnularia*）

4. 其他各门藻类

(1) 轮藻门（Charophyta）。常见属有轮藻属和丽藻属。

① 轮藻属（*Chara*）。植物体直立具分枝，以假根固着在水底淤泥中。体表含钙质，有节和节间之别，节是一长的大细胞，多核，其外有一皮层。节上生有卵囊和精子囊。卵囊内有一卵细胞，外围有5个管细胞，每个管细胞上面有一个冠细胞。精子成熟后呈红色。

② 丽藻属（*Nitella*）。与轮藻属的主要区别是：每个管细胞的上面有上下两个冠细胞，共10个。节间细胞的外面无皮层。

(2) 甲藻门（Pyrrophyta）。淡水中较常见的有多甲藻属和角藻属。

① 多甲藻属（*Peridinium*）。游动的单细胞，卵形或亚卵形，顶面观为肾形，甲片20或21枚，排列整齐，藻体呈金褐色。

② 角藻属（*Ceratium*）。为极不对称的单细胞，前端具1长角，后端具2～3个较短的角，甲片16枚。

(3) 裸藻门。裸藻门较常见的有以下4属：

1. 细胞无壁，有鞭毛，无胶柄

2. 有甲鞘，呈褐黄色，大量繁殖时使水呈褐黄色 …… 囊裸藻属（*Trachelomonas*）

2. 无甲鞘，藻体呈绿色

3. 细胞呈纺锤形或近圆柱形，前端宽，后端锐 ……………… 裸藻属（*Euglena*）

3. 藻体呈桃形，扁平 ………………………………………… 扁裸藻属（*Phacus*）

4. 细胞有壁、无鞭毛，先端分泌胶柄，倒立固着在浮游动物体上 ……………………………………………………… 胶柄藻属（*Colacium*）

二、海藻

(一) 绿藻门（Chlorophyta）

海产的绿藻远不如淡水产的种类多。下面仅以藻体的形态特征为主，结合内部结构，

将实习中常见的属检索如下：

1. 藻体为叶状或中空的管状或两侧中空的叶状体
  2. 藻体为片状
    3. 藻体幼期为囊状，后裂成叶状，薄，单层细胞组成，黏滑 ………………………………………………………… 礁膜属（*Monostroma*）
    3. 藻体幼期不为囊状，较厚，由双层细胞构成，不黏 ………… 石莼属（*Ulva*）
  2. 藻体为中空的管状体或两侧中空的长带状或长叶状 … 浒苔属（*Enteromorpha*）
1. 藻体为中空，为丝状或圆柱状
  4. 藻体为丝状
    5. 丝状体不分枝
      6. 丝状体较软，细胞内含单核 ……………………………… 丝藻属（*Ulothrix*）
      6. 壁厚而硬，细胞含多核 ………………………… 硬毛藻属（*Chaetomorpha*）
    5. 丝状体分枝
      7. 藻体有明显的主轴，分枝羽状，整体似羽毛，通体无隔膜 ………………………………………………………… 羽藻属（*Bryopsis*）
      7. 藻体丛生，分枝不为羽状，藻体有隔膜 ………… 刚毛藻属（*Cladophora*）
  4. 藻体圆柱状，海绵质，多次二叉分枝 ………………………… 松藻属（*Codium*）

（二）红藻门（Rhodophyta）

海滨实习中常见的红藻门植物检索如下：

1. 藻体圆条形，不分枝或仅基部有少数分枝，状似面条 …… 海索面属（*Nemalion*）
1. 藻体不为单条形
  2. 藻体为叶状或片状
    3. 叶状体薄，1或2层细胞构成，椭圆形、披针形或长卵形 ………………………………………………………… 紫菜属（*Porphyra*）
    3. 叶状体厚，多层细胞构成，披针形，膜状
      4. 藻体深红色，老后色淡，边缘平滑，稍有波状，圆柱形柄明显 ………………………………………………………… 胶黏藻属（*Dumontia*）
      4. 藻体紫红色，边缘波状，有皱褶，顶端常破碎，小柄不明显 ………………………………………………………… 海膜属（*Halymenia*）
  2. 藻体为丝状，管状，圆柱形或扁平
    5. 藻体有节和节间
      6. 羽状分枝，富含石灰质，易断 ……………………… 珊瑚藻属（*Corallina*）
      6. 不为羽状分枝，不富含石灰质
        7. 藻体鲜红，纤细，节不中空，枝末端钳状 ………… 仙菜属（*Ceramium*）
        7. 藻体红色或黄绿色，较粗，节中空，枝末端不为钳状 ……………………………………………… 环节藻属（*Champia*）
    5. 藻体无节和节间
  8. 藻体为羽状分枝

9. 藻体中空或部分中空
  10. 分枝基部溢缩，囊果突出体表
    11. 藻体红色，一般从主枝上产生 2 或 3 回羽状分枝，枝端渐尖细，枝较粗，中空或部分中空 ………………………………… 金膜藻属（*Chrysymenia*）
    11. 藻体褐红色或黄红色，小枝对生或轮生，基部溢缩，枝端尖细，呈披针形，枝稍中空 ……………………………………… 节荚藻属（*Lomentaria*）
  10. 分枝基部不溢缩，囊果稍突于体表
    12. 藻体鲜红色，主枝上有 3 或 4 回羽状分枝，羽状分枝上有 1 或 2 回叉状分枝，叉状分枝上又生小枝 …………………… 异管藻属（*Heterosiphonia*）
    12. 藻体紫红或淡红色，主枝上有 1～3 回羽状分枝 ………………………………………………………… 蜈蚣藻属（*Grataloupia*）
9. 藻体中实
  13. 藻体扁平，基部平卧，上部直立，枝边缘齿状或有裂片，手拉藻体易断，非软骨质 ……………………………………………… 鸭毛藻属（*Symphyocladia*）
  13. 主干圆柱形或扁平，软骨质，手拉藻体不易断 ……… 石花菜属（*Gelidium*）
8. 藻体为多次叉状分枝，互生或不规则分枝
  14. 藻体为多次叉状分枝
    15. 藻体为软骨质或革质，质地强韧
      16. 藻体基部圆柱形，向上扁平叉开，囊一面隆起，一面凹入 ………………………………………………………… 角叉菜属（*Chondrus*）
      16. 藻体圆柱形或稍扁平，囊果两面突起
        17. 藻体上部扁平，枝端偶尖，多钝圆，有时膨胀、微凹或二裂 ……………………………………………… 叉枝藻属（*Gymnogongrus*）
        17. 藻体圆柱形或亚圆柱形，枝端尖 ………………… 伊谷草属（*Ahnfeltia*）
    15. 藻体不为软骨质和革质
      18. 叉状分枝的枝端尖细，生于中、低潮带岩石上 …… 滑枝藻属（*Tsengia*）
      18. 不规则差状分枝，枝端钝圆，生于高潮带风浪大的岩石上 ………………………………………………………… 海萝属（*Gloiopeltis*）
  14. 藻体为互生或不规则分枝
19. 分枝基部明显缢缩，呈楔形
  20. 小枝较长，枝端渐尖，无毛丝体 ………………………… 红翎菜属（*Soleria*）
  20. 小枝较短，棒状，枝端无毛丝体 ………………………… 软骨藻属（*Chondria*）
19. 分枝基部不缢缩成楔形
  21. 主枝各分枝均被无数细小的毛状小枝
    22. 主枝和分枝毛状小指多而密集，呈红色绒毛状 ………… 绒线藻属（*Dasya*）
    22. 主枝和分枝毛状小枝少而稀 …………………… 亮管藻属（*Hyalosiphonia*）
  21. 主枝和分枝不密被毛状小枝
    23. 藻体成片簇生，丝状，暗红色，无黏质，手拉易断，侧向偏生分枝

…………………………………………………………… 茎刺藻属（*Caulacanthus*）

23. 藻体不成片簇生

24. 藻体软骨质或肥厚多汁

25. 小枝细，线状或舌状，无毛丝体 ………………… 江蓠属（*Gracilaria*）

25. 小枝粗短，柱状或棍棒状，顶端钝圆有下凹腔，有毛丝体

…………………………………………………………… 凹顶藻属（*Laurencia*）

24. 藻体非软骨质，纤细，老后坚硬

26. 藻体纤细，分直立枝和匍匐枝，辐射分枝，顶端无密集小枝

…………………………………………………………… 多管藻属（*Polysiphonia*）

26. 藻体老后坚硬，顶端小枝密集 ………………… 松节藻属（*Rhodomela*）

（三）褐藻门（Phaeophyta）

常见属的检索如下：

1. 藻体为囊状

2. 藻体表面有规则皱褶 …………………………………… 黏膜藻属（*Leathesia*）

2. 藻体表面无皱褶，但有不规则纹裂，不黏 ……………… 囊藻属（*Colpomenia*）

1. 藻体不为囊状

3. 藻体为管状或单条绳状

4. 管状，单条丛生，高通常5～30cm，中空，常缢缩成节

…………………………………………………………… 萱藻属（*Scytosiphon*）

4. 绳状，高30～300cm，上部中空，下部中实，不缢缩 …… 绳藻属（*Chorda*）

3. 藻体不为管状，单条绳状

5. 藻体为叶状或带状，不分枝

6. 藻体大型，通常在1cm以上，明显地分固着器、柄和叶片三部分

7. 叶片狭长，全缘不裂无中肋 ……………………… 海带属（*Laminaria*）

7. 叶片阔，为卵形或披针形，羽状深裂，有隆起的中肋

…………………………………………………………… 裙带菜属（*Undaria*）

6. 藻体较小，不超过30cm，柄小不明显

8. 叶状体宽，2～7cm，表面生有成束的细胞毛，多囊室集成小群突出体表，呈褐色斑点 ………………………………………… 点叶藻属（*Punctaria*）

8. 叶状体较狭，0.5～2cm，无柔生细胞毛，多囊室单生突出体表

…………………………………………………………… 幅叶藻属（*Petalonia*）

5. 藻体或扁平叉状分枝，或丝状或拟茎叶体

9. 藻体多次叉状分枝

10. 藻体扁平

11. 藻体无中肋，窄 ………………………………… 网地藻属（*Dictyota*）

11. 藻体有中肋，宽 ………………………………… 网翼藻属（*Dictyopteris*）

10. 藻体亚圆柱形，枝端膨大，为生殖托 ……………… 鹿角菜属（*Pelvetia*）

9. 藻体分枝不为叉状

12. 藻体为丝状

13. 藻体大型，常在 1m 以上，主枝明显，粗壮 ………… 酸藻属（*Desmarestia*）

13. 藻体小型，常在 20cm 以下，无主枝，为单列细胞的异丝体

……………………………………………………………… 水云属（*Ectocarpus*）

12. 藻体为拟茎叶体，有气囊和生殖托 …………………… 马尾藻属（*Sargassum*）

第二节　菌类植物与地衣植物实习

一、大型真菌

在分类上属于真菌门子囊菌亚门（Ascomycotina）和担子菌亚门（Basidiopmycotina）的菌类，菌体分别为 4～18cm 和 4～20cm，与其他真菌相比，其菌体大，肉眼可见，因此称为大型真菌。

（一）大型真菌的宏观特征

用肉眼或借助放大镜便能识别的特征，称为大型真菌的宏观特征，它是野外识别的主要参照标准。现以担子菌纲的伞藻目为例来做介绍。

伞菌目的子实体一般由菌盖、菌褶、菌柄、菌环、菌托等组成。

1. 菌盖

菌盖是子实体上的帽状部分，因种类不同，形状有别，有的幼时和成熟时也不一样。基本形状通常以老熟时为标准（图 4 - 1）。

菌盖中部及边缘的特征（图 4 - 2）及菌盖表面特征（图 4 - 3）各种之间也常不相同。菌盖表面颜色丰富多彩，通常有白、黄、褐、灰、黑、紫、红、绿等多种。色素一般仅存在于表层细胞中，有的内延至菌肉，有的则是受伤处内含物在空气中氧化反应后的颜色。这种反应后的颜色是分类上的重要特征。

2. 菌褶和菌管

菌盖下面辐射状生长的薄片叫菌褶，它的表面有产生担孢子的子表层；菌管是菌盖腹面细孔内的管状结构，单层或多层，它的内壁有产生担孢子的子表层。

菌褶与菌柄的着生关系是有褶伞菌的重要特征，通常有下列类型：直生，又名贴生，菌内端呈直角状着生在菌柄上，如鳞耳；弯生，又叫凹生，菌褶内端与菌柄着生处弯曲，如香菇、口菇等；离生，又叫游生，菌褶内端不与菌柄接触，如草菇；延生，菌褶内端沿菌柄下延，如杯伞属。

此外，菌褶的厚薄、形状、是否等长、能否自溶、排列特征等，都是分类鉴定时必须注意的形态特征。

菌管呈管状，其长短、粗细、管口颜色和形状，以及菌管与菌盖是否易分离等，是鉴别牛肝菌和多孔菌类的重要特征。

3. 菌柄

菌柄是菌盖的支持部分。有的无菌柄或菌柄不明显，不过多数种类具有圆柱状菌柄。菌柄的长短、大小、形状、着生方式等因种类不同而有差异。多数菌柄肉质，少数种类与

菌盖质地相异，如毛柄金钱菌。

4. 菌环

菌环是内菌幕残留在菌柄上的环状物。菌环膜质，有薄有厚，有大有小，有的固定不动，有的则能移动，有的位于菌柄顶部，有的位于中段，有的则位于下端，这些都是分类上的重要特征。

5. 菌托

菌托是外菌幕遗留在菌柄基部形成的。菌托有杯状、鞘状、囊状、鳞茎状、裂片状等多种。菌托的上缘呈开裂状、波状等。此外，不同种的菌托在大小、深度、质地、厚薄、色泽及存在时间长短等方面也是不同的，它们都是分类上的重要特征。

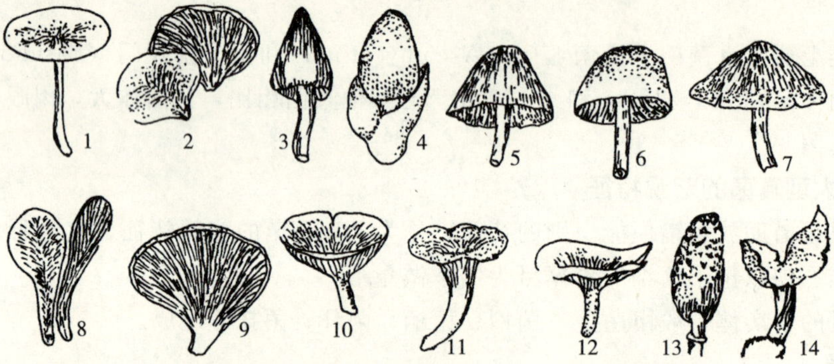

图 4-1　菌盖形状

1—圆形；2—半圆形；3—圆锥形；4—卵圆形；5—钟形；6—半球形；7—斗笠形；8—匙形；9—扇形；10—漏斗形；11—喇叭形；12—浅漏斗形；13—圆筒形；14—马鞍形

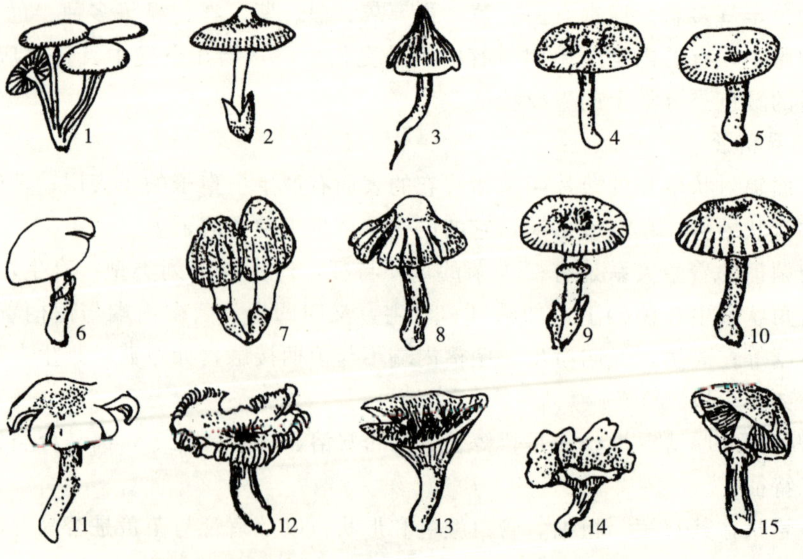

图 4-2　菌盖中部及边缘特征

中部特征：1—平顶；2—凸起；3—突尖；4—脐状；5—下凹

边缘特征：6—边缘平滑无条纹；7—边缘瓣状；8—边缘撕裂；9—边缘具条纹；10—边缘具粗条棱；11—边缘内卷；12—边缘反卷；13—边缘翻起；14—边缘波状；15—边缘表皮延伸

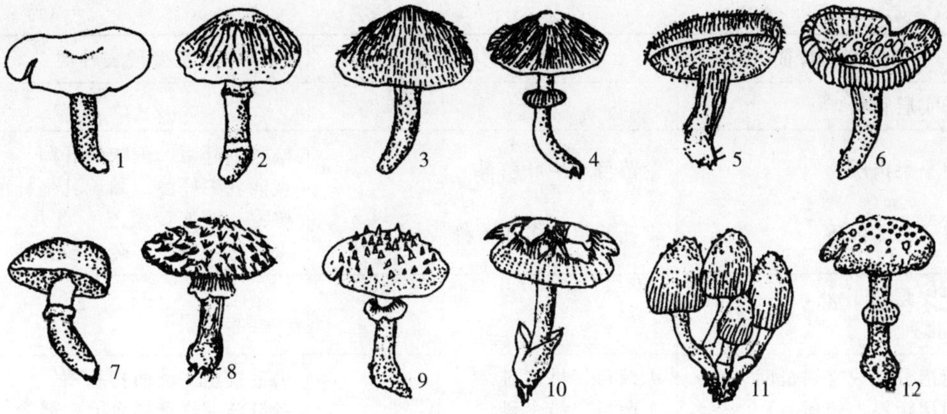

图 4-3　菌盖表面特征

1—光滑无毛；2—皱纹；3—具纤毛；4—条纹；5—具绒毛；6—龟裂；7—被粉末；8—丛毛状鳞片；9—角锥状鳞片；10—块状鳞片；11—具颗粒状结晶；12—具小疣

(二) 大型真菌的分类检索

我国的大型真菌资源异常丰富，种类繁多。现将野外实习中常见的大型真菌介绍如下。

1. 大型真菌的简易分类（表 4-1）

表 4-1　大型真菌的简易分类

菌体简易特征	分类学上的归属	主要代表种类
1. 子囊菌纲		
2. 子囊果生于地下	曲霉目　地菇科　地菇属	瘤孢地菇
2. 子囊果生于地上		
3. 菌盖圆锥形	盘菌目　马鞍菌科　羊肚菌属	羊肚菌　尖顶羊肚菌
3. 菌盖马鞍形	盘菌目　马鞍菌科　马鞍菌属	皱马鞍菌
3. 菌盖钟形	盘菌目　马鞍菌科　钟菌属	波地钟菌
3. 子囊壳盘形	盘菌目　盘菌科　盘菌属	森林盘菌
3. 子囊壳球形	肉痤菌目　麦角科　麦角属	麦角菌　紫麦角菌
3. 子囊壳棒形	肉痤菌目　麦角科　虫草属	冬虫夏草
1. 担子菌纲		
2. 担子果胶质、耳状	木耳目　木耳科　木耳属	木耳　毛木耳
2. 担子果胶质、匙状、杯状	花耳目　花耳科　桂花耳属	桂花耳
2. 担子果胶质，垫状、分瓣	银耳目　银耳科　银耳属	银耳　大蝉草
2. 担子果花球状	多孔菌目　革菌科　绣球菌属	绣球菌
2. 担子果树枝状、珊瑚状或柱状	多孔菌目　珊瑚菌科	红豆芽菌　黄枝珊瑚 冠锁瑚菌
2. 担子果舌状，子实层管状	多孔菌目　牛排菌科	牛舌菌（肝色牛排菌）
2. 担子果号角状、漏斗状	多孔菌目　鸡油菌科	鸡油菌　灰号角
2. 担子果头状，齿状，子实层长在肉刺上	多孔菌目　齿菌科	猴头菌　翘鳞肉齿菌 卷缘齿菌
2. 担子果笔状	鬼笔目　鬼笔科	长裙竹荪　白鬼笔
2. 担子果球包状成熟后成粉状	灰包目　灰包科 灰包目　地星科	大秃马勃　灰包 硬皮地星　尖顶地星
2. 担子果伞状		

（续表）

菌体简易特征	分类学上的归属	主要代表种类
3. 子实层管状		
4. 担子果肉质	伞菌目　牛肝菌科	松塔牛肝菌　美味牛肝菌　点柄乳牛杆菌　黏盖乳牛杆菌
4. 担子果非肉质	多孔菌目　多孔菌科	树舌　灵芝　紫芝　雷丸　猪苓　云芝　茯苓　硫黄多孔菌
3. 子实层刀片状，菌褶呈辐射状排列		
4. 菌褶分叉或交错成网	伞菌目　桩菇科	黑毛桩菇　潞西褶孔菌
4. 菌褶粗厚、蜡质	伞菌目　蜡伞科	铆钉菇　红紫蜡伞　白蜡伞
4. 菌肉具泡状细胞，菌体质脆	伞菌目　红菇科	松乳菇　毒红菇　臭红菇　脆红菇
4. 菌柄侧生、菌褶延生	伞菌目　侧耳科	香菇　糙皮侧耳　金顶菇　紫革耳
4. 菌褶直生、附生至延生，无菌环	伞菌目　口磨科	蜜环菌　口磨　冬菇　鸡丛松菌　毛柄金钱菌
4. 具菌环，菌托，菌褶离生	伞菌目　鹅膏科（毒伞科）	草菇　豹斑毒鹅膏　春生毒鹅膏　红顶环柄菇　灰托柄菇
4. 菌褶呈粉状，菌膜蛛丝网状	伞菌目　蘑菇科	双孢蘑菇　簇生沿丝伞
4. 菌体膜质至肉质，在成熟时会自动液化	伞菌目　鬼伞科	墨汁鬼伞　毛头鬼伞

2. 代表种的描述

(1) 马鞍菌科（Helvellaceae）

林地碗（*Pezixa sylvestris*）：子囊盘单生至群生，无柄，盘状至杯状，宽3～6cm；子实层生里面，浅烟褐色，外面白色，近平滑，碗口不整齐。

皱马鞍菌（*Helvella crispa*）：菌盖初时马鞍形，后往往呈不规则瓣片状，宽2～4cm，乳白至淡黄，平至卷，边缘与柄分离；子实层生于菌盖表面，菌柄白色，长可达5cm，粗1.5～2cm，有纵向深槽。

羊肚菌（*Morchellps esculenta*）：子实体高6～13cm，头部近球形至卵形；顶端钝，长3～6.5cm，宽2～6cm，蛋壳色，在头部的表面有许多不规则的凹槽，内有子实层，菌柄近白色，长3～6.5cm，直径为头部的2/3。

(2) 麦角菌科（Clavicipitaceae）

麦角菌（*Claviceps purpurea*）：菌核香蕉形，紫黑色，内部白色，(10～20) mm×3mm，子座柄细长，头部扁球形，直径1～2mm，红褐色，外缘生子囊壳，子囊壳全埋于子座内或稍外露，(200～250) μm×(150～175) μm。

冬虫夏草（*Cordyceps sinensis*）：子座从病虫头部生出，肉质，一般为棒状，长1.5～5.5mm；子囊壳基部埋于子座中，卵形，(380～550) μm×(140～240) μm；子囊细长，子囊孢子无色。

(3) 地菇科（Trefeziaceae）

瘤孢地菇（*Trefezia leonis*）：生于松林地下半外露，块状，肉质，大小(3～6) cm×2.5cm，子囊为椭圆形，内含8个子囊孢子；子囊孢子呈球形，多疣具突。

(4) 木耳科 (Auriculariaceae)

木耳 (*Auricularia auricular*)：俗称黑木耳，呈人耳状，直径 3～6cm，鲜时柔软，红褐色，干时坚韧，黑色；表面光泽平滑，背面长有灰白色细微茸毛；子实层平铺在其表面。

毛木耳 (*A. polytricha*)：与木耳相似，但其茸毛较长，性粳质脆，不及木耳可口。

(5) 银耳科 (Tremellaceae)

银耳 (*Tremella fuciformis*)：又名白木耳，新鲜时白色，半透明，柔软而有弹性，花朵状或鸡冠状，直径 3～10cm，高 2～5cm；干时呈微黄色，角质坚硬；子实层覆盖在耳瓣表面，担子卵球形。

(6) 花耳科 (Dacrymycetaceae)

桂花耳 (*Guepinia spathularia*)：担子果具柄，匙形至近漏斗形，高 1～1.5cm，上部常深裂为不规则、扁平的瓣片，橙黄色，干后为橙红色，表面密被淡白色短绒毛，胶质，干后角质，柄侧生，粗 1～1.5mm。

(7) 珊瑚菌科 (Clavariaceae)

冠珊瑚菌 (*Clavulinu cristata*)：子实体肉质，高 3～6cm，有柄，多分枝，白色、灰色或淡粉红色，枝端有一丛细小密集的小枝；菌肉白色，肉实，孢子近球形。

(8) 牛排菌科 (Fistulinaceae)

牛舌菌 (*Fistulina hepatica*)：子实体肉质，有柄，软而多汁，呈舌状或牛排状，暗红色至色红；子实层生于菌管内，菌管各自分离，长 5～10mm，孢子近球形。

(9) 鸡油菌科 (Cantharellaceae)

鸡油菌 (*Cantharellus cibarius*)：全菌鸡油黄色，高 5～10cm，菌盖宽 3～8cm，初为扁平，以后中央凹陷，似浅漏斗状，菌盖边缘幼时内卷，老后常发生不规则的瓣裂；子实层长在棱褶上，棱褶狭窄分叉，下延至柄；菌柄充实，长 2～6cm，粗 0.5～1.5cm，往基部渐细。

(10) 齿菌科 (Hydnaceae)

猴头菌 (*Hericium erinaceus*)：外形呈头状或倒卵形，上面长有下垂的发状的肉齿，着生在树枝上，酷似猴头而得名；菌体直径 5～20cm，除顶蒂部外均长有肉刺，刺长 1～2mm，先端尖锐，菌体初为白色，后变黄至浅茶色，肉质。

卷缘齿菌 (*Hydnum repandum*)：菌盖扁球形至扁平，宽 2.5～7.5cm，浅肉色至浅黄色，表面有微细绒毛；菌柄偏生，近白色，蛋壳色至米黄色，(2～7) cm×(0.5～1.8) cm；菌刺近白色、直、脆、延生。

(11) 牛肝菌科 (Boletaceae)

松塔牛肝菌 (*Strobilomyces floccopus*)：全菌灰褐色，菌盖表面粗糙，被有深褐色的松塔状鳞片；菌柄上也布满纤维状鳞片，菌盖半球形至扁平，宽 3～12cm；菌肉厚 2.5cm 左右，近白色，受伤后变黑色。菌柄充实，柱形，菌管层与柄垂直，菌管长 1～2.5cm。

点柄乳牛肝菌 (*Suillus granulatus*)：菌盖黏，菌柄上布满小腺点，管口新鲜时流出乳黄色的乳汁，菌盖半球形或近扁平，光滑，菌柄近柱形，中实，菌管层直生，菌肉幼时白色，后至淡黄色，老时变褐色，海绵质。

(12) 多孔菌科 (Polyporaceae)

灵芝 (*Ganoderma lucidun*)：菌盖木栓质，半圆形，面积可达 12cm×12cm，厚可达 2cm，黄色，渐变为红褐色，皮壳有光泽，有环状楞纹和辐射状皱纹；菌肉近白色至淡褐色，厚可达 1cm，菌盖下有许多细小的管孔，孔口初期白色，后期呈褐色，柄侧生，罕偏生，紫褐色，其皮壳亦有光泽。

树舌 (*G. applanatum*)：菌盖无柄，半圆形，皮壳脆角质，浅粉灰色，赤浆色或肝褐色，有同心环纹，有时多疣；菌肉浅栗色，菌管显著多层，每层厚 5～15mm，管孔浅黄色。

云芝 (*Polystictus versicolor*)：菌盖革质，覆瓦状，无柄或平伏而反卷，半圆形至贝壳状，往往相互连接，有细长毛或绒毛，颜色多种，有光泽狭窄的同心环纹，菌肉白色，管口白色至浅黄色。

茯苓 (*Poria cocos*)：菌核很大，形状大小不定，新鲜时淡褐色，外皮略皱，柔软，内含粉红色，干后坚实，外皮黑色，极皱，内部变白；子实层托蜂窝状，生于菌核的表面，初为白色，渐变淡褐色，管孔多角形。

猪苓 (*Polyporus umbellatus*)：子实体从地下菌核上生出，肉质，有柄，多分枝，分枝的末端长有圆形、白色至浅褐色菌盖，丛生，菌盖圆形，中部下凹成近漏斗状，有深色鳞片；菌肉白色，菌孔表面白色，干后变成革黄色，孢子圆筒形。

硫黄多孔菌 (*P. sulphureus*)：菌盖肉质，半圆形，嫩和鲜时多汁，老和干后呈干酪质、脆，往往呈覆瓦状，无环带；菌管口硫黄色，后期褪色，多角形。

(13) 蜡伞科 (Hygrophoraceae)

白蜡伞 (*Hygrophorus eburneus*)：子实体白色，后期变为淡黄色。菌盖肉质，扁半球形，黏至很黏；菌肉白色，中部厚；菌褶白色延生稀疏；菌柄近圆柱形，内部疏软，后变中空。

(14) 口蘑科 (Tricholomatuceae)

蜜环菌 (*Armillaria mellea*)：具有蜜黄色的菌盖和明显的白色菌环。菌盖直径 4～15cm，成熟时平展状，中央微凹陷，表面光滑，边缘具放射形的条纹；菌柄表面在菌环以下部分色素较深，多呈淡褐色或红褐色，菌褶膜质，稍密，直生或稍延生。

鸡枞 (*Termitornyces albuminosus*)：其形如伞，味如鸡，地上部分高 20cm 以上。菌盖在生出时呈圆锥形，伸展后中央有明显的突起，突起部分深褐色，越向边缘颜色越淡；菌盖肉质，表面光滑而黏，菌褶白色，片状，与柄弯生至离生，后变为黄白色；菌柄外面具脆质表层，内充实，纤维质。

(15) 红菇科 (Russulaceae)

松乳菇 (*Lactarius delicisus*)：全菌呈鲜艳的橙黄色，菌柄与菌盖同色，但较浅。菌盖初呈半球形，边缘内卷，后平展，中央凹陷，菌盖初期有较深的同心环纹，后变淡，菌盖表面光滑，无毛，湿时黏，宽 4～13cm，菌褶呈辐射状排列，菌肉由泡囊状组织构成，受伤时立即变为绿色，并有乳汁流出，乳汁橘红色。

(16) 侧耳科 (Pleurotaceae)

香菇 (*Lentius edodes*)：菌盖直径 5～15cm，初为球形或馒头形，后平展或碟皿状，表面淡褐色、茶褐色或紫褐色，常被有深色鳞片；菌柄并不总生在菌盖的正中央，菌褶片状，密而弯生。

糙皮侧耳（*Pleurotus ostreatus*）：菌盖直径 8～20cm，半圆形、扇形或贝壳形，开始形成时呈蓝黑色，以后渐呈淡灰褐色至灰白色；菌柄短、侧生，基部长有白色茸毛；菌褶色白，长而延生。

（17）鹅膏科（Amanitaceae）

豹斑鹅膏（*Amanita pantherina*）：菌盖半球形，后平展，盖面灰色至褐色，中央色深，边缘有条纹，表面附有白色块状鳞片；菌肉白色，圆柱形，中空，易与菌盖分离；菌环白色，膜质，下垂；菌托白色衣领状，有 3～5 轮环带；菌褶色白，较密，基部与柄离生。

草菇（*Volvariella valvacea*）：菌盖直径 5～13cm，鼠灰色，中央色深，边缘色淡，上面有黑褐色条纹；菌褶离生，成熟时呈肉红色；菌柄白色，圆筒形，具有菌托。

（18）蘑菇科（Agariceae）

双孢蘑菇（*Agaricus bisporus*）：全菇呈白色，菌盖在初期呈半球形，后平展；菌柄圆柱形，中央稍疏松；基部略有膨胀，上部有一膜质菌环；菌褶离生，密而长短不一，初为白色，后淡红色，老熟时暗紫色。

（19）鬼伞科（Coprinaceae）

墨汁鬼伞（*Coprinas atramenlarius*）：菌盖初卵形，后呈钟形，灰褐至污褐色，被灰白色粉末，边缘灰紫色，最终为黑色；菌褶初为白色，后黑色，与菌盖同时自溶成墨汁状，离生，稠密；菌柄纺锤形，菌环生于柄下部。

（20）鬼笔科（Phallaceae）

短裙竹荪（*Dictyophora duplicata*）：幼时菌体为卵球形，成熟时包被裂开，伸出笔形的孢托；孢托中空，下部残留菌托，孢托顶部有钟形的产孢体，网格状，网格内覆有子实层，成熟时呈胶状，恶臭；整个菌体高 10～26cm，在产孢体下面，孢托上部有短菌裙，似白色围裙，故名。

白鬼笔（*Phallus impudicus*）：担子果呈粗毛笔状，高 10～15cm，基部有白色菌托，菌盖钟形，有深网格，成熟后平顶，上有暗青褐色黏而臭的造孢组织，柄白色，海绵质，中空，近圆筒形，两端稍尖。

（21）灰包科（Lycoperdanceae）

大秃马勃（*Calvatia gigantea*）：子实体球形至近球形，大小不一，包被白色至污白色，有膜状外包被和较厚的内包被组成，初时微具绒毛，后开裂或成块脱落，露出浅褐色、干时为土黄色的孢体。

网纹灰包（*Lycoperdon polymorphum*）：担子果近球形至梨形，直径 1.5～3.5cm，土黄色，表面有颗粒状小疣，不孕基部小，紧密；造孢组织土黄色，成熟后变为浅烟色。

（22）地星科（Geastraceae）

尖顶地星（*Geastrum triplex*）：菌蕾球形，有突出的嘴部，外包被基部浅袋形，上部裂片 5～8 个夹瓣，裂片反卷，深蛋壳色至褐色，内包被烟灰色，无格，近球形，嘴部呈阔圆锥形，直径 2～3cm，表面有放射状纵沟，基部凹陷。

二、地衣

地衣是真菌与藻类共生的复合体，无根、茎、叶分化的，能进行有性及无性繁殖的一类植物。

（一）地衣的形态构造

1. 生长型

（1）丝绒状地衣。地衣体呈绒毡状，其形态决定于共生的丝状藻类，如绒衣属（*Coengoniun*）。

（2）壳状地衣。地衣体呈各种色彩的斑块状硬壳，常以下表面的髓层菌丝紧密地固着于基物上为特征，如生于岩石上的茶渍衣属（*Lecanora*）和生于树皮上的文字衣属（*Graphis*）等。

（3）鳞叶状地衣。地衣体以小型鳞叶组成，鳞叶内部构造相似于叶状地衣，但常缺乏下皮层和假根，如鳞叶衣属（*Pannaria*）和黄烛衣属（*Candelaria*）的一些种类。

（4）叶状地衣。地衣体呈扁平的单叶状或复叶状，四周有瓣状裂片，常由叶片下部生出一些假根、脐或绒毛附着于基质上，易与基质剥离，如地卷衣属（*Peltigera*）、脐衣属（*Umbilicaria*）和梅衣属（*Parmedia*）。

（5）枝状地衣。地衣体呈树枝状，直立或下垂，仅基部附着于基质上，如石蕊属（*Cladonia*）和松萝属（*Usnea*）。

2. 地衣体的附属结构

地衣体的附属结构是多种多样的，其中假根、绒毛和缘毛也见于真菌中，而粉芽、珊瑚芽、小裂片、杯点、假杯点及地衣瘿则是地衣所特有的，并且有的可作为营养繁殖体，有的则具有一定的生理功能。所有这些附属结构的存在与否，它们的形状、大小、颜色在地衣的种类鉴定中都是重要的依据。

3. 地衣体的内部结构

根据藻细胞在地衣体中分布的不同部位，可将地衣分为两种结构型：一种是藻细胞排列与地衣体上皮层与髓层之间，形成明显的一层，称为异层型，大多数的地衣属此类型；另一种是藻细胞分散于地衣体上皮层之下的髓层中，没有明显的藻层与髓层之分，称为同层型，少数的地衣属此结构。

（二）地衣的分类

我国已有记载的地衣约200属，近2000个种，限于篇幅，本书只对常见的地衣做简要分属检索。

1. 地衣体枝状，直立或呈突起状 ………………………………………… 2
1. 地衣体叶状或鳞片状 ………………………………………………… 12
1. 地衣体壳状 …………………………………………………………… 24
  2. 地衣体为不分枝的直立突起状，着生在鳞片状基部上（初生体）
  ……………………………………………………… 石蕊属（*Cladonia*）
  2. 地衣体枝状丛生 ……………………………………………………… 3
3. 枝丛铺在土壤表面，但不与土壤相连，分枝带状且卷向表面的边缘

…………………………………………………………………… 冰岛衣属（*Cetraria*）

3. 枝丛固着在基质上 ……………………………………………………………… 4

4. 小枝圆形 ………………………………………………………………………… 5

4. 小枝带状、扁平，有时具卷起的边缘 ………………………………………… 9

5. 小枝中空，干后脆而易断，分枝多，生于林地及沼泽地上…… 石蕊属（*Cladoria*）

5. 小枝中空 ………………………………………………………………………… 6

6. 小枝被灰色鳞片或疣状物，多生于土地上 ………… 珊瑚枝衣属（*Sterecaulon*）

6. 小枝无疣状物，多生于树干上 ………………………………………………… 7

7. 小枝横切面圆形 ………………………………………………………………… 8

7. 小枝有棱角或扁圆 ……………………………………………… 扁枝衣属（*Evernia*）

8. 枝丛灰绿色，主枝具多短侧枝，有中轴 ……………………… 松萝属（*Usnea*）

8. 为褐色或黑褐色，无中轴 ………………………………… 发衣属（*Alectoria*）

9. 地衣体褐色或黑色，稀为黄绿，带状枝有时卷成筒状，生于土壤上

…………………………………………………………………… 冰岛衣属（*Cetraria*）

9. 为其他颜色，边缘很少卷曲，多生于树干 …………………………………… 10

10. 枝丛硬，同色，亮黄或灰绿……………………………… 树花衣属（*Ramalina*）

10. 枝丛软 ………………………………………………………………………… 11

11. 枝绿具纤毛，地衣体两面颜色不同 ……………………… 雪花衣属（*Anaptychia*）

11. 枝不具纤毛……………………………………………………… 偏枝衣属（*Evernia*）

12. 地衣体黄色 …………………………………………………………………… 13

12. 地衣体为其他颜色 …………………………………………………………… 15

13. 叶状体遇 KOH 溶液呈酱红色…………………………… 石黄衣属（*Xanthoria*）

13. 遇 KOH 不变成红色…………………………………………………………… 14

14. 叶状体小，鳞片状，鲜黄色 ……………………………… 黄烛衣属（*Candelaria*）

14. 叶状体大，黄绿色，子囊盘和粉芽生在叶状体的整个表面

…………………………………………………………………… 梅衣属（*Parmelia*）

14. 叶状体大，绿黄色，子囊盘和粉芽生于叶状边缘 ……… 冰岛衣属（*Cetraria*）

15. 地上生，少数生于树干基部，大型，下面具白色的网或褐色的脉

…………………………………………………………………… 地卷属（*Peltigora*）

15. 多生于树上，少数生于岩石上 ……………………………………………… 16

16. 叶状体大，生于树干上，上表面具网棱，下表面具相应的白色网眼

…………………………………………………………………… 兜衣属（*Obaria*）

16. 叶状体较小 …………………………………………………………………… 17

17. 生于岩石上，圆形或不规则圆形 …………………………………………… 18

17. 多生于树干，叶片状 ………………………………………………………… 19

18. 上表面灰褐色，布满小黑点 ……………………… 皮果衣属（*Dermatocarpon*）

18. 上表面黑色，形似木耳……………………………… 石耳衣属（*Umbilioaria*）

19. 地衣体为同层 ………………………………………………………………… 20

19. 地衣体为异层 …………………………………………………………………… 21
20. 地衣体无皮层 ………………………………………………… 胶质衣属（*Collema*）
20. 有皮层，多为胶冻状 ……………………………………… 猫耳衣属（*Leptogium*）
21. 叶状体中空并隆起 ……………………………………………… 梅衣属（*Parmelia*）
21. 叶状体不中空 …………………………………………………………………… 22
22. 假根少 ………………………………………………………… 冰岛衣属（*Cetraria*）
22. 假根数目多 …………………………………………………………………… 23
23. 子囊盘少，孢子为单细胞 ……………………………………… 梅衣属（*Parmelia*）
23. 子囊盘多，孢子为两个细胞…………………………………… 蜈蚣衣属（*Physcia*）
24. 能被 KOH 染成紫红色 ……………………………………… 鳞衣属（*Placodium*）
24. 不能被 KOH 染成紫红色…………………………………………………………… 25
25. 子实体为子囊盘 ………………………………………………………………… 26
25. 子实体为子囊壳或近似子囊壳 ………………………………………………… 40
26. 子囊盘正圆形，藻细胞多为绿色 ……………………………………………… 27
26. 子囊盘长形或线形，藻细胞多为黄色 ………………………………………… 38
27. 子囊盘内含有藻细胞 …………………………………………………………… 28
27. 子囊盘内无藻细胞 ……………………………………………………………… 34
28. 孢子小，在子囊中多于 32 个……………………………… 微孢衣属（*Acarospora*）
28. 孢子大，在子囊中为 8 个或 16 个 …………………………………………… 29
29. 孢子为单细胞，子囊盘微凹 ………………………………… 茶渍属（*Lecanora*）
29. 孢子为 2 个或多个细胞，有色或无色 ………………………………………… 30
30. 子囊盘黄色或橙黄色，子囊中含 2、12、24、32 个由两个细胞组成的孢子
………………………………………………………………… 黄茶渍属（*Candelariella*）
30. 子囊盘为其他颜色，子囊中含 8 个孢子，少数为 16 个 ……………………… 31
31. 孢子 2～4 个细胞，无色 ………………………………………………………… 32
31. 孢子多细胞，色深暗 …………………………………………………………… 33
32. 子囊盘在 3mm 以上……………………………………… 霜降衣属（*Icmadophila*）
32. 子囊盘直径在 1mm 以下 ………………………………………… 副茶渍属（*Lecania*）
33. 子囊盘为凹或平，孢子二细胞 ………………………………… 饼干衣属（*Rinodinu*）
33. 子囊盘为凹形，孢子多细胞 …………………………… 双缘衣属（*Diploschistes*）
34. 孢子为单细胞，无色 …………………………………………………………… 35
34. 孢子为多细胞，有色或无色 …………………………………………………… 37
35. 子囊中孢子多于 16 个，子囊盘小，生在树皮上，黑色 … 小蜡盘属（*Biatorelta*）
35. 子囊中孢子 8 个，地衣体瘤状或粒状 ………………………………………… 36
36. 子囊盘黑色，坚硬……………………………………………… 网衣属（*Lecidea*）
36. 子囊盘不为黑色，较软………………………………………… 蜡盘衣属（*Biatora*）
37. 孢子有色 …………………………………………………………… 黑瘤衣属（*Buellia*）
37. 孢子无色，纺锤形至线形…………………………………… 杆孢衣属（*Bacidia*）

38. 子囊盘平坦无边缘，有圆形或长形的斑点，由枝状团聚合成小星状 …………………………………………………………………… 斑衣属（*Arthonia*）

38. 子囊盘有边缘，直形或分枝的狭线 …………………………………………………… 39

39. 子囊线形，分枝明显似古代文字 ……………………………… 文字衣属（*Graphis*）

39. 分枝少，短，甚至椭圆形 …………………………………… 孔文字衣属（*Opographa*）

40. 子囊盘被地衣体包围，形成子囊壳状，孢子在子囊盘表面形成粉末团 …… 41

40. 子实体为真子囊壳，生在阔叶树的树枝上 ………… 星核衣属（*Arthopyrenia*）

41. 孢子深褐色 ………………………………………………… 粉果衣属（*Cyphelium*）

41. 孢子无色或微黄色 ……………………………………………… 粉头衣属（*Coniocybe*）

（三）常见与分布广泛的地衣名录

（1）皮果衣科（Dermatocarpaceae）

皮果衣（*Dermatocarpon miniatum*）

（2）叶生衣科（Strigulaceae）

叶生衣（*Strigula elegans*）

（3）文字衣科（Graphidaceae）

文字衣（*Graphis scripta*）

（4）牛皮叶科（Stictaceae）

光肺衣（*Lobaria kurokawae*）

网肺衣（*L. retigera*）

（5）胶衣科（Collermataccae）

黑胶衣（*Collema nigrescens*）

（6）瓦衣科（Coccocarpiaceae）

瓦衣（*Coccocarpia parmelioidaes*）

（7）地衣卷（Peltigeraceae）

多把地卷（*Peltigera polydactyla*）

（8）网衣科（Lecideaceae）

网衣（*Lecidea albocoerulescens*）

（9）石蕊科（Cladoniaceae）

石蕊（*Cladonia rangiferina*）

分枝石蕊（*C. fureata*）

麸石蕊（*C. pitrea*）

（10）石耳科（Umbilicariaceae）

石耳（*Umbilicaria esculenta*）

（11）茶渍科（Lecanoraceae）

红盘鳞茶渍（*Lecanora rubina*）

（12）梅衣科（Parmeliaceae）

袋梅衣（*Parmelia physodeas*）

网梅衣（*P. reticulata*）

石梅衣（*P. saxatilis*）
梅衣（*P. tinctorum*）
领岛衣（*Cetraria collate*）
冰岛衣（*C. islandica*）
(13) 松萝科（Usneaceae）
扁枝衣（*Evernia mesomorpha*）
树发（*Alectoria jubata*）
粗皮松萝（*Usnea montis-fuji*）
(14) 蜈蚣衣科（Physciaceae）
蜈蚣衣（*Physcia stellaris*）
大雪花衣（*Anaptychia diademata*）
(15) 云片衣科（Dictyonemataceae）
云片衣（*Dictyonema sericeum*）

第三节　苔藓植物实习

苔藓植物是一群小型的多细胞植物，其营养体就是配子体，孢子体寄生于配子体上。我国有苔藓植物 2800 多种，分属 230 多个科，根据其营养体的形态分为苔纲和藓纲。以下介绍一些常见的科、属和种的特征。

一、科的识别要点

1. 地钱科（Marchantiaceae）

植物体为叶状体，有背腹之分，气室明显，气孔烟突式生于背面（少数气孔退化）。腹面中肋两侧有紫色鳞片 2～4 列。雌雄异株，孢蒴有短柄，成熟后不规则开裂或部分盖裂或瓣裂。

2. 叶苔科（Jungermanniaceae）

植物体有明显的茎叶分化，叶 3 列，腹叶较小（稀退化），侧叶互生，叶基不相连合，叶片全缘或 2 裂（稀 3～5 裂）。蒴萼生于茎、枝的顶端或缺如。孢蒴成熟后 4 瓣裂。

3. 角苔科（Anthocerotaceae）

植物体叶状，有背腹之分，无气孔和气室。无蒴柄，孢蒴长角状或粗灶状，成熟后纵 2 瓣裂。

4. 泥炭藓科（Sphagnaceae）

密集丛生于潮湿处或沼泽地。植物体灰白色、浅绿色或带紫色。茎顶端有密集的头状分枝群，侧枝有强枝和弱枝之分。叶细胞单层，具无色螺纹加厚的大型无色细胞和小型绿色细胞。具假蒴柄。

5. 牛毛藓科（Ditrichaceae）

植物体纤细丛集，土生或石生，茎单或叉状分枝或多枝丛生。叶多列密集，叶长披针或狭长形，中肋粗壮，角细胞不分化，叶细胞方形或短矩形。孢蒴顶生，直立，平滑或干燥后有纵皱褶，蒴柄伸长。蒴齿齿片2裂达基部，具细疣。

6. 曲尾藓科（Dicranaceae）

植物体往往丛生，单一或二叉分枝。叶多列，同形或上部叶较大，直立或向一边偏曲，中肋强劲及顶或突叶尖，角细胞常分化为大型有色细胞。蒴柄长，孢蒴直立或倾立，卵圆形或圆筒形。蒴齿齿片二裂几乎达基部，具疣且连成纵或斜条纹，蒴盖圆锥形，具长或短喙。

7. 白发藓科（Leucobryaceae）

植物体灰绿色或亮白色，稀疏或垫状丛生。叶多列密生，大而肥厚，中肋几乎占叶片全部，叶片单层细胞，角细胞不分化，孢蒴对称，蒴齿生于蒴口深处，单层，16枚，蒴盖有长喙。

8. 丛藓科（Pottiaceae）

植物体直立丛生，茎单一或分枝。叶多列，密集。中肋1，具厚壁细胞束。叶细胞短方形或不规则多边形，常具疣或乳头状突起。蒴齿多为16枚，直立或旋转，蒴盖圆锥形，具喙。

9. 紫萼藓科（Grimmiaceae）

旱生藓类，多生于岩石及石块上，稀土生，茎圆条形，密生枝、叶，具近于等长的分枝或侧生短枝，叶干时直立，略卷缩，湿时挺立，中肋强劲，在叶尖处消失，叶上部细胞密被粗疣，不透明，角细胞常分化为无色透明的狭长细胞。蒴齿单层，齿片16枚。

10. 葫芦藓科（Funariaceae）

矮小土生藓类，直立生长，叶多丛生枝顶，呈莲座状，中肋细弱，在叶尖处消失。蒴柄多数高出，孢蒴梨形，蒴齿单层或双层或完全消失，双层时，内、外齿相对排列。

11. 真藓科（Bryaceae）

茎单一，稀有分枝，基部密生假根。叶多列，疏松排列，但顶端密集丛生。中肋单一，强劲，长达叶中部以上或突出叶点。生殖苞多顶生，常有多细胞形隔丝。孢蒴多具发达的壶部，蒴齿2层，外层16枚，内层发育程度各异。

12. 提灯藓科（Mniaceae）

植物体鲜绿色，疏丛生，茎直立或匍匐，不孕枝常弓形弯曲或匍匐，生殖枝直立。叶多疏生，湿时伸展，干时皱缩或螺旋状扭卷，中肋单一，长达叶尖或叶尖下消失。生殖苞顶生，孢蒴卵状圆柱形。

13. 桧藓科（Rhizogoniaceae）

植物体群集丛生，基部密生假根，外形似针叶树幼苗。茎直立不分枝。叶散生，中肋强劲，背部具齿。生殖苞芽孢形，基生或侧生。蒴齿2层。

14. 树生藓科（Erpodiaceae）

植物体纤细，柔弱。茎匍匐，不规则分枝，腹面随处生稀疏假根。叶密集，干时紧贴（稀平展），湿时铺开或平展，无中肋，角细胞略分化。雌器苞生于短枝顶端，雄器苞腋生，蒴柄短，直立。孢蒴直立，对称，长卵圆形。蒴盖平凸或圆锥形，具短喙。蒴齿缺失或仅有外齿层。

15. 虎尾藓科（Hedwigiaceae）

植物体交织丛生，耐旱，石生或树生，茎不规则分枝或羽状分枝。叶多列，干时呈覆瓦状紧贴，湿时倾立或背仰，质坚挺，无中肋或单一。叶腋带有配丝状毛，叶尖常呈白色。蒴柄短，直立。孢蒴直立，对称，台部粗短。蒴齿无或仅有外齿层。蒴盖平凸，有短尖或圆锥形，有长喙。

16. 蔓藓科（Meteoriaceae）

植物体大多悬垂丛生，主茎匍匐，分枝疏生或密集，交织或下垂。叶干时紧贴或散生，中肋多单一，细长，稀短或具双中肋，有时缺失。生殖苞多侧生于分枝上。孢蒴直立，大多对称。蒴盖多数圆锥形，具短喙，气孔明显。蒴齿双层。

17. 羽藓科（Thuidiaceae）

植物体小型或大型，疏松或交织密集成片，无光泽。主茎匍匐，分枝上展或斜升，不规则或规则 1～3 回羽状分枝，多数有分枝或不分枝的鳞毛。茎叶与枝叶多数异形，叶多列，密集，中肋单一。蒴柄细长，红色。孢蒴直立或倾立。蒴齿 2 层，齿片 16 枚。蒴盖圆锥形，具斜喙。

18. 青藓科（Brachytheciaceae）

植物体匍匐、倾立，稀直立生长，不规则分散或羽状分枝，无鳞毛。叶多列，紧贴或直立展开，有时一侧偏斜，常具狭长尖，中肋单一。雌器苞多生于具假根的短枝上。蒴柄细长，常粗糙。孢蒴卵圆形或圆柱形，不对称，干时收缩，蒴台短或不明显。蒴齿 2 层，齿片 16 枚，基部联合。蒴盖圆锥形，具短尖或长喙。

19. 绢藓科（Entodontaceae）

植物体平铺密集丛生，具绢丝光泽。茎匍匐、斜升或直立，多呈羽状分枝，少数不规则分枝，无鳞毛。叶多列，中肋 2，甚短或不明显，角细胞明显分化。生殖苞多生于短枝顶端，具丝状配丝。蒴柄长 1～3cm，红色或黄色。孢蒴直立、对称，长椭圆形或圆柱形。蒴齿 2 层。蒴盖圆锥形、具喙。

20. 灰藓科（Hypnaceae）

植物体多密集交织成片，通常具光泽。茎大多匍匐，不规则分枝、羽状分枝或叉状分枝，鳞毛稀少或缺。叶大多具长尖，稀短尖，具 2 中肋，甚短或完全消失。雌器苞基部常有假根。蒴柄细长，多平滑。孢蒴卵形或圆柱形，直立，弯曲或曲背形。蒴齿 2 层。蒴盖圆锥形，具喙。

21. 金发藓科（Polytrichaceae）

植物体多数粗壮而坚硬，丛生、稀散生或聚生。茎直立，常单一不分枝。下部叶小，紧贴，上部叶大而密集，中肋单一，宽阔，叶片腹面具多数长条状栉片。常雌雄异枝。蒴柄细长，平滑。孢蒴直立或倾斜，圆柱形或为具 4～6 棱的圆筒形。蒴齿单层，齿片 32～64。蒴盖扁平，圆锥形，具喙。蒴帽多数有金黄色毛。

二、常见科的分属检索表

苔藓植物各科所含属的多少差异很大，以下仅列出一些常见科的主要属。

（一）叶苔科（Jungermanniaceae）

本科国产 7 属，常见 3 属。

1. 植物体直立或倾立；叶片圆形或椭圆形，蒴萼有纵褶皱

……………………………………………………… 管口苔属（*Solenostoma*）

1. 植物体匍匐；叶片舌形；蒴萼无褶

 2. 侧叶形状多变，无腹叶；蒴萼口部有细齿；蒴壁 2 层
 ……………………………………………………… 叶苔属（*Jungermannia*）

 2. 侧叶扁圆形或长圆形；腹叶有退化痕迹，蒴萼口无齿；蒴壁 4 或 5 层
 ……………………………………………………… 圆叶苔属（*Jamesomiella*）

（二）蛇苔科（Conocephalaceae）

本科国产 2 属，常见 2 属。

1. 营养丝顶端细胞透明，梨形 ……………………………… 蛇苔属（*Conocephalum*）

1. 营养丝顶端细胞不透明，圆形 …………………………… 魏氏苔属（*Wiesnerella*）

（三）地钱科（Marchantiaceae）

本科国产 3 属，常见 2 属。

1. 叶状体有气室……………………………………………… 地钱属（*Marchentia*）

1. 叶状体无气室 …………………………………………… 毛地钱属（*Dumortiera*）

（四）角苔科（Anthocerotaceae）

本科国产 2 属，均常见。

1. 孢子黑褐色，表面具棘状疣；假弹丝由 1～2 个细胞组成 … 角苔属（*Anthoceros*）

1. 孢子黄色，表面具小乳头疣；假弹丝由 1～4 个细长细胞组成
 ……………………………………………………… 褐角苔属（*Phaeoceros*）

（五）牛毛藓科（Ditrichaceae）

本科国产 9 属，常见 3 属。

1. 蒴柄不伸长，孢蒴隐于苞叶内 ……………………………… 丛毛藓属（*Pleuridium*）

1. 蒴柄伸长，孢蒴高出苞叶之上

 2. 叶上部细胞方形；孢蒴干燥时具明显纵沟 ……………… 角齿藓属（*Ceratodom*）

 2. 叶上部细胞长方形；孢蒴不具纵沟或纵皱褶 …………… 牛毛藓属（*Ditrichum*）

（六）曲尾藓科（Dicranaceae）

本科国产 30 属，常见 6 属。

1. 孢蒴台部发达，超过孢蒴本身长度 ……………………… 长蒴藓属（*Trematodon*）

1. 孢蒴台部不发达，其长度不超过孢蒴长度

 2. 叶角细胞完全不分化

  3. 叶干时强烈卷缩，叶细胞方形，孢蒴弯曲，下侧基部具颏状突起
  ……………………………………………………… 曲背藓属（*Oncophorus*）

  3. 叶干时不卷缩，叶细胞长方形；孢蒴不具颏状突起
  ……………………………………………………… 小曲尾藓属（*Dicranella*）

 2. 叶角细胞多少分化为大形薄壁细胞

  4. 中肋细长，与叶身分界清楚 ……………………………… 曲尾藓属（*Dicranum*）

  4. 中肋宽，占叶基 2/3 以上

   5. 叶上部细胞与叶缘细胞细长，薄壁；蒴 2 裂至基部

…………………………………………………… 青毛藓属（*Dicranodontium*）

5. 叶上部细胞长方形、菱形或斜卵形，壁多少增厚；蒴齿2裂仅达中部
…………………………………………………………… 曲柄藓属（*Campylopus*）

（七）丛藓科（Pottiaceae）

本科国产约40属，常见11属。

1. 叶中肋仅背侧具厚壁细胞束；叶多为舌形或箭头形
  2. 叶基细胞短长方形，叶箭头形或狭长舌形 ……………… 小墙藓属（*Weisiopsis*）
  2. 叶基细胞阔大长形，叶阔卵形或箭头形
    3. 蒴齿16枚，有时不完全发育；叶细胞无疣，中肋不突出 … 丛藓属（*Pottia*）
    3. 蒴齿32枚；叶细胞具密疣，中肋突出呈毛状……………… 墙藓属（*Tortula*）
1. 叶中肋背腹部均有厚壁细胞束；叶多为长披针形
  4. 叶多狭长披针形，叶基明显分化
    5. 叶缘平直，叶基无色细胞沿叶缘上延，分化成“V”形叶基
      6. 叶基阔大成鞘状抱茎；中肋刺状突…… 拟合睫藓属（*Pseudosymblepharis*）
      6. 叶基不阔，不抱茎；中肋不呈刺状突出 ………………… 纽藓属（*Tortella*）
    5. 叶缘内卷，不抱茎；中肋不呈刺状突出，分化成“A”形叶基
      7. 叶细胞具细密疣；蒴齿无基膜，齿片不分裂…………… 小石藓属（*Weisia*）
      7. 叶细胞具粗密疣；蒴齿有基膜，齿片2裂 …… 毛口藓属（*Trichostomum*）
  4. 叶长卵形或披针形，叶基短或不分化
    8. 叶缘平直；蒴盖喙部长于孢蒴壶部；中肋在叶片中部消失
    ………………………………………………………… 净口藓属（*Gymnostomum*）
    8. 叶缘背卷，蒴盖喙部短于孢蒴壶部；中肋达叶片中部以上
      9. 蒴齿不发育；叶细胞具乳头状突起 ………………… 湿地藓属（*Hyophila*）
      9. 蒴齿以育；叶细胞具疣或平滑
        10. 叶腋鳞毛具褐色基细胞，中肋背侧表层细胞方形或椭圆形
        ………………………………………………………… 对齿藓属（*Didymodon*）
        10. 叶腋鳞毛完全无色透明，中肋背侧表面层细胞线状长椭圆形
        ………………………………………………………… 扭口藓属（*Barbula*）

（八）紫萼藓科（Grimmiaceae）

本科国产4属，常见2属。

1. 横茎不发达，分枝等长；细胞壁均匀增厚；孔蒴顶生；蒴生不裂或尖部浅裂
…………………………………………………………… 紫萼藓属（*Grimmia*）
1. 横茎发达，多具短枝；细胞壁波状增厚，孢蒴侧生；蒴齿2裂至基部
…………………………………………………………… 砂藓属（*Rhacomitrium*）

（九）葫芦藓科（Funariaceae）

本科国产3属，常见2属。

1. 孢蒴台部短小或不发育；蒴齿退化 …………………… 立碗藓属（*Physcomitrium*）
1. 孢蒴台部发达，蒴齿发育正常 ……………………………… 葫芦藓属（*Funaria*）

（十）真藓科（Bryaceae）

本科国产 11 属，常见 5 属。

1. 叶上部细胞多狭长形，长与阔之比为 4∶1 或更长

  2. 叶丛生茎顶；叶狭长，具细长尖；中肋宽 …………… 薄囊藓属（*Leptobryum*）

  2. 叶不丛生茎顶；叶形较宽，渐尖或急尖；中肋不阔………… 丝瓜藓属（*Pohlia*）

1. 叶上部细胞不呈狭长形，长宽比小于 4∶1

  3. 孢蒴直立 ………………………………………………… 短月藓属（*Brachymenium*）

  3. 孢蒴下垂或平展

    4. 植物体大型，具明显横茎，叶大型；孢蒴多丛生 …… 叶藓属（*Rhodobryum*）

    4. 植物体中小型，无明显横茎，叶形不大，孢蒴多单生 …… 真藓属（*Bryum*）

（十一）提灯藓科（Mniaceae）

本科国产 7 属，常见 2 属。

1. 植物体直立生长，叶细胞具疣或具明显的乳头状突起
………………………………………………………………… 疣灯藓属（*Trachycystis*）

1. 植物体不孕枝匍匐，生殖枝直立；叶细胞平滑无疣 ………… 提灯藓属（*Mnium*）

（十二）树生藓科（Erpodiaceae）

本科国产 3 属，常见 2 属。

1. 叶细胞有疣；孢蒴无蒴齿 ………………………………… 苔叶藓属（*Aulacopilum*）

1. 叶细胞无疣；孢蒴有蒴齿………………………………… 钟帽藓属（*Venturiella*）

（十三）羽藓科（Thuidiaceae）

本科国产 17 属，常见 7 属。

1. 植物体 1～3 回羽状分枝；鳞毛多，茎叶与枝叶多明显异形
……………………………………………………………………… 羽藓属（*Thuidium*）

1. 植物体不规则叉状分枝或不明显羽状分枝；鳞毛无或稀少；茎叶与枝叶大致同形或稍差异

  2. 主茎呈匍匐状；不规则分枝；无鳞毛；叶同形；孢蒴直立

    3. 植物体纤细；中肋仅达叶中部或更短

      4. 叶全缘；中肋细弱；叶细胞有多疣 ………… 多枝藓属（*Haplohymenium*）

      4. 叶缘上部有粗齿；中肋粗壮；叶细胞平滑 …………… 瓦叶藓属（*Miyabea*）

    3. 植物体较粗壮；中肋长达叶尖

      5. 叶缘上部有粗齿；中肋上部扭曲；叶细胞平滑
…………………………………………………………… 羊角藓属（*Herpetineuron*）

      5. 叶全绿；中肋不扭曲；叶细胞具密疣或单疣 ……… 牛舌藓属（*Anomodon*）

  2. 主茎不呈匍匐状；1～3 回羽状分枝不明显；鳞毛稀少；茎叶大于枝叶孢蒴平列或倾立

    6. 茎、枝鳞毛稀少；叶细胞具粗疣或多疣，不透明 … 麻羽藓属（*Claopodium*）

    6. 茎、枝鳞毛较密；叶细胞有单疣，常较透明 …… 小羽藓属（*Haplocladium*）

（十四）青藓科（Brachytheciaceae）

本科国产 13 属，常见 7 属。

1. 枝条圆形；叶强烈内凹呈瓢形，尖部钝 ………………… 鼠尾藓属（*Myuroclada*）
1. 枝不呈圆形或稍圆条形；叶略内凹或平展，不呈瓢形，尖部具短尖或长尖
  2. 叶具深纵褶
    3. 内层齿片线状或片状 ………………………… 褶叶藓属（*Palamocladium*）
    3. 内层齿片短羽或退化………………………… 同蒴藓属（*Homalothecium*）
  2. 叶具浅纵褶或无纵褶
    4. 叶上部细胞有明显的前角突起，叶基下延较长，呈燕尾状
    …………………………………………………………… 燕尾藓属（*Bryhnia*）
    4. 叶细胞无前角突起，叶基略下延或不下延，不呈燕尾状
      5. 叶中肋末端背刺状突起 ………………………… 美喙藓属（*Eurhynchium*）
      5. 叶中肋末端无刺状突起
        6. 叶全缘或上部具细齿；蒴盖圆锥形，具短喙
        ……………………………………………………… 青藓属（*Brachythecium*）
        6. 全缘全具细齿；蒴盖圆锥形，具长尖喙 … 长喙藓属（*Rhynchostegium*）

（十五）绢藓科（Entodontaceae）

本科国产6属，常见2属。

1. 植物体细小，枝呈圆条状，叶角细胞多列，排列紧密
……………………………………………………… 赤齿藓属（*Erythrodontium*）
1. 植物体较粗大；枝呈扁平状；叶角细胞少数，排列疏松 ……… 绢藓属（*Entodon*）

（十六）灰藓科（Hypnaceae）

本科国产19属，常见9属。

1. 茎叶与枝叶异形，叶形多数不对称 ……………………… 梳藓属（*Ctenidum*）
1. 茎叶与枝叶同形或略有区分，叶形大多对称
2. 叶细胞狭长菱形或线状椭圆形，角细胞明显分化；孢蒴大多对称，直立或平列
3. 叶细胞狭长菱形。壁略厚，平滑；孢蒴直立；齿毛不完整
…………………………………………………………… 金灰藓属（*Pylaisia*）
3. 叶细胞线状椭圆形或菱形，壁薄，常具前角突；孢蒴弯曲或平列；齿毛2或3
……………………………………………………… 毛灰藓属（*Homomallium*）
2. 叶细胞线形或长菱形，角细胞不明显分化或仅有少数大形细胞；孢蒴大多弯曲或拱背形，倾垂或平列
4. 茎和枝常呈圆形；枝叶和雌苞叶上半部具齿 …………… 美灰藓属（*Eurohypnum*）
4. 茎和枝常呈扁平形；枝叶和雌苞叶上半部不具齿或有不明显小齿
5. 分枝末端钩状或镰刀状；叶大多呈2列镰刀状而向一侧偏斜
6. 叶细胞具明显前角突，角细胞三角形或长方形 ……… 偏蒴藓属（*Ectropothecium*）
6. 叶细胞无前角突，角细胞短方形，常膨大透明………………… 灰藓属（*Hypnum*）
5. 分枝末端不呈钩状或镰刀状；叶大多不呈2列镰刀状，向一边偏斜
7. 叶缘具小齿；角细胞略分化，方形或长方形；茎上鳞毛叶状，基部为2列细胞
………………………………………………………… 鳞叶藓属（*Taxiphyllum*）

7. 叶全缘或仅尖部有小齿；角细胞不分化；茎上鳞毛线形或丝状，基部单列细胞

8. 叶细胞长六边形或长菱形，有由 1 列长方细胞构成的边缘

………………………………………………………………… 明叶藓属（*Vesicularia*）

8. 叶细胞狭长形，不具由长方细胞构成的边缘…………… 同叶藓属（*Isopterygium*）

（十七）金发藓科（Polytrichaceae）

本科国产 9 属，常见 3 属。

1. 叶基部不明显扩大成鞘状，栉片仅限于腹面中肋上；蒴帽光滑

………………………………………………………………… 仙鹤藓属（*Atrichum*）

1. 叶基部扩大成鞘状；栉片不限于腹面中肋上，布满中肋及叶片部分；蒴帽有密毛

2. 叶鞘部明显或不明显，两侧无白色透明边缘；孢蒴圆柱形，无棱角

……………………………………………………………… 小金发藓属（*Pogonatum*）

2. 叶鞘部明显，两则常具白色透明带；孢蒴为具 4～6 棱角的立方形或棱柱形

……………………………………………………………… 金发藓属（*Polytrichum*）

三、常见种的生境及分布

（1）光萼苔（*Perella platyhylla*）：附生于山区针叶林树干和岩石阴面，常成片垂挂。分布于江苏、浙江、福建、黑龙江和辽宁等省。

（2）平叉苔（*Metzgeria conjugate*）：生于山区或平原的湿润砂石、树干基部和阴湿岩石落土上；分布于我国南北各省区。

（3）蛇苔（*Conocephalum conicum*）：多生于溪边林下阴湿碎石上和土上；广布全国各地。

（4）毛地钱（*Dumortiera hirsuta*）：多生于阴暗潮湿的土坡或石壁上；分布于我国秦岭以南各省区。

（5）地钱（*Marchantia polymorpha*）：多生于阴湿的土坡和岩石上；广布全国。

（6）角苔（*Anthoceros laevis*）：生于山区阴湿溪边、田野和土坡；分布于我国南北各省区。

（7）泥炭藓（*Sphagnum cymbifolium*）：生于沼泽地或低洼水泽处；分布于江苏、浙江、安徽、福建、江西、湖南、广东和辽宁等省。

（8）牛毛藓（*Ditrichum heteromallum*）：生于山坡土表；分布于东北、华北、华中和华南。

（9）黄牛毛藓（*D. pallidum*）：生于土坡或空旷林地；分布于吉林、辽宁、华中及长江以南各省区。

（10）曲尾藓（*Dicranum scoparium*）：多生于山区阴湿林地；广布全国各地。

（11）多蒴曲尾藓（*D. majus*）：多生于山区林地；广布全国各地。

（12）长叶曲柄藓（*Campylopus atruirens*）：生山区岩石上；分布于长江以南各省区。

（13）白发藓（*Leucobryum glaucum*）：多生于山地阳坡空旷地面或针叶林林地；分布于长江以北地区。

(14) 爪哇白发藓（*L. javense*）：多生于针叶林地；分布于长江流域以南低山地区。

(15) 钙土净口藓（*Gymnostomum calcareum*）：多生于石灰岩或石灰墙等含钙基质上；分布于江苏、安徽、四川及长江以北省区。

(16) 卷叶湿地藓（*Hyophila involula*）：多生于湿润的土坡和石壁上；分布于我国各地。

(17) 丛藓（*Pottia truncatula*）：多生于空旷的平地与山坡；分布于我国中部平原及陕西、四川等地。

(18) 墙藓（*Tortula muralis*）：生于平原或山地的石灰岩和石灰墙上；广布全国各省区。

(19) 砂藓（*Rhacomitrium canescens*）：生于空旷的砂石或砂土上；广布全国各省山区。

(20) 黄边立碗藓（*Physcomitrium limbatulum*）：常生于湿润土上；分布于长江流域各省。

(21) 葫芦藓（*Funaria hygrometrica*）：常生于有机质丰富含氮肥较多的湿土；广布全国各地。

(22) 丝瓜藓（*Pohlia cruda*）：常生于林地或路旁阴湿土坡上；分布于我国北部山区。

(23) 银叶真藓（*Bryum argenteum*）：常见于田边、住房周围和人迹所及的低山土坡、具薄土岩面或火烧后的林地；广布我国南北各省区。

(24) 丛生真藓（*B. caespitcium*）：多生于低矮小山的阴湿土坡及阴湿岩面薄土上；分布于河北、辽宁、吉林、陕西及长江流域各省区。

(25) 尖叶提灯藓（*Mnium cuspidatum*）：多生于山区、原野和村庄附近的溪边、阴湿土坡或树干基部；广布全国各省区。

(26) 大桧藓（*Rhizogonium dozyanum*）：多生于山地阴湿土壁上或溪边碎石间；分布于长江流域南部。

(27) 钟帽藓（*Venturiella sinensis*）：常生于平原及低山地区的阔叶树树干上；分布于黄河及长江流域下游地区。

(28) 虎尾藓（*Hedwigia ciliata*）：多于林阴岩面或空旷向阳石上成大片生长；分布我国南北各省山地。

(29) 扭叶藓（*Trachypus bicolor*）：多分布于海拔 300m 以上，在树干和阴湿岩面丛集成片生长；分布于秦岭和长江以南各地。

(30) 悬藓（*Barbella pendula*）：常生于溪边或林内湿度较大的常绿阔叶树枝梢，在浙江、安徽两省危害茶树较严重；分布于长江流域以南山地。

(31) 皱叶牛舌藓（*Anomodon rugelii*）：常生于林区老树干基部、腐木和背阴具土的石壁上；分布于我国东北及长江流域各省区。

(32) 羊角藓（*Herpetineuron toccoae*）：多生于老树干或背阴岩面上，分布于我国东北、西南和东南沿海地区。

(33) 大羽藓（*Thuidium cymbifolium*）：常生于林边土表、树干基部和潮湿的具土石上；分布于我国南北各省区。

(34) 灰羽藓 (*T. glaucinum*)：生于滴水石壁上；分布于我国东北、西南、华东和西藏等省区。

(35) 羽枝青藓 (*Brachythecium plumosum*)：多生于潮湿土壤、林边或岩面薄土上；分布于南北各省区。

(36) 鼠尾藓 (*Myuroclada maximowiczii*)：附生于湿润的树干基部或岩壁上，以及林下、土墙和土坡上；广布全国各省区。

(37) 东亚绢藓 (深绿绢藓) (*Entodon okamurae*)：常生于林边、岩面薄土上或树干、墙上等处；分布于我国南北林区。

(38) 大灰藓 (*Hypnum plumaeforme*)：生于低山或马尾松林地和土坡草地上或岩面和树干上，喜酸性砂质，在湿度高和石灰岩地区，则生于树干向北面基部；分布于我国各省山区或丘陵地带。

(39) 仙鹤藓 (波叶仙鹤藓) (*Atrichum undulatum*)：生于山地阴湿林边和路旁土坡上；广布我国南北各省。

(40) 东亚金发藓 (小金发藓) (*Pogonatum inflexum*)：多生于低山针叶林或针阔混交林下土表、林边或路旁土坡上；分布于全国各省区平原和山地。

(41) 金发藓 (大金发藓) (*Polytrichum commune*)：多生于阴湿土坡、森林沼泽、酸性土壤表面或泥土覆盖的岩面；分布于全国各省区平原及山区。

第四节　蕨类植物实习

一、科的识别特征

中国有蕨类植物2600多种，隶属于50多个科。这里介绍野外实习中常见科的主要识别特征。

(1) 石松科 (Lycopodiaceae)：茎叶通常不呈扁平状，叶细小，无叶舌；螺旋状排列，孢子叶常集生枝顶成孢子叶穗或孢子叶球，孢子囊生于叶腋基部，孢子同型。配子体两性，不规则块状，全部或部分埋于地下，与菌根共生。

(2) 卷柏科 (Selaginellaceae)：茎叶通常背腹扁平状，营养叶常异形，四行排列，有叶舌，孢子叶穗四棱形，孢子异型。配子体单性，极度退化，雌雄配子体均在孢子内发育成熟。

(3) 水韭科 (Isoetaceae)：水生或沼泽生植物，体形如韭菜，叶细长，线形、中空，叶基膨大稍宽，聚生于肉质块茎上。孢子囊深藏于叶基内侧的凹穴内。

(4) 松叶蕨科 (Psilotaceae)：附生草本，无真根，具假根。地上茎三棱形，多次二叉分枝。叶退化成二叉小钻形 (长2～3mm)，无叶绿素。孢子囊2～3枚生于叶腋，其壁融合，形成2或3室蕨果状。

(5) 木贼科 (Equisetaceae)：地上茎有明显的节与节间，中空，节间有纵棱，叶退化，下部连合成鞘状包围节上。孢上囊生于盾形或鳞片状的孢子叶，常在枝顶成孢子叶球。

(6) 瓶尔小草科（Ophiglossaceae)：叶异型，不育叶为单叶，具网状脉。能育叶特化为孢子囊穗。孢子囊扁球形，紧密排列成行，生于孢子叶叶轴两侧，无柄，厚壁，横裂。

(7) 莲座蕨科（Angiopteridaceae)：茎呈块状，半埋土中。羽状复叶，叶柄基部有肉质托叶一对。孢子囊生于羽片背面近叶缘处小脉两侧，孢子囊群条形或矩圆形。

(8) 阴地蕨科（Botrychiaceae)：根肉质，簇生，叶异型，均出自总柄，总柄基部包有褐色鞘状托叶，孢子叶无叶绿素，孢子囊排列为疏松的圆锥状或总状，孢子囊球形，在羽轴两侧成行排列，孢子囊横裂。

(9) 紫萁科（Osmundaceae)：叶异型或羽片异型，叶柄基部膨大成背腹状，两侧有半透明的翅状附属物。孢子囊生于特化羽片边缘，形成穗状或复穗状的孢子囊序。孢子囊壁薄，无环带。

(10) 瘤足蕨科（Plagiogyriaceae)：叶异型，叶柄基部膨大，两侧各有1行疣状突起的气囊体。孢子囊群生于孢子叶羽片边缘，幼时被反卷的叶缘所覆盖。孢子囊有柄，环带斜生。

(11) 海金沙科（Lygodiaceae)：陆生缠绕性植物，短枝顶上有一不发育的被毛茸的休眠芽。孢子囊群生于能育羽片顶部，呈流苏状排列。孢子囊梨形，横生于短柄上，环带顶生。

(12) 里白科（Gleicheniaceae)：根状茎长而横走，被毛，叶同型，主轴单一或二至多回二叉分枝，分枝处有一休眠芽，孢子囊群生于灰白色的叶背，无盖。孢子囊陀螺形，环带水平横生，纵裂。

(13) 碗蕨科（Dennstaedtiaceae)：全株有灰白色针状刚毛，叶同型，小羽片或末回裂片偏斜。孢子囊群缘生或近缘生，囊群盖连同裂片的锯齿融合成碗状或基部连合成半杯状。孢子囊梨形，环带直立，侧面开裂。

(14) 鳞始蕨科（Lindsaeaceae)：根状茎短而横走，有红棕色钻形鳞片。叶同型，无毛。孢子囊群为叶缘生的汇合（聚生）囊群，着生于二至多条相连的小脉顶端，囊群盖向外开口，少数种类无囊群盖。

(15) 骨碎补科（Davalliaceae)：根状茎上有阔鳞片，叶柄基部以关节着生于根状茎上。孢子囊群缘内生或背生，囊群盖向叶边开放。孢子囊有长柄，环带直立。

(16) 凤尾蕨科（Pteridaceae)：根状茎密被锈色长刚毛或疏生狭鳞片。孢子囊群线形，沿叶背边缘着生，叶缘反卷成假盖或成膜质。孢子囊群盖向心开放，孢子囊有长柄，环带直生，孢子囊横裂。

(17) 中国蕨科（Sinopteridaceae)：常生于石灰岩或旧墙缝中，根状茎被线状针形鳞片，叶柄、叶轴通常栗棕色或深褐色，叶背常被白色或黄色粉粒。孢子囊群生于近叶缘的脉端，或生于边缘的联结脉上，通常为反卷而变形的、连续的或间断的膜质叶缘所包被。

(18) 铁线蕨科（Adiantaceae)：根状茎通常有棕色狭鳞片。叶柄质地较硬，紫棕色或栗黑色，有光泽，小羽片扇状楔形、斜方形或对开式（一侧发达），孢子囊群圆形，生于叶缘，由变形的叶缘反折而成假盖，长圆形、新月形、肾形或圆形，孢子囊球形，有长柄。

(19) 裸子蕨科（Gymnogrammaceae)：根状茎长而横走，有毛或鳞片，叶脉羽状，分离，或少有在主脉两侧形成网眼。孢子囊群线形，沿侧脉着生，无囊群盖。

(20) 水蕨科 (Parkeriaceae)：一年生水生草本。叶簇生，多汁嫩草质，全体光滑，异型叶。孢子囊大，圆球形，几乎无柄，沿小脉散生，幼时完全为反卷的叶边所覆盖。

(21) 蹄盖蕨科 (Athyriaceae)：根状茎被棕色鳞片，叶柄淡绿色。基部常黑色，内有2条维管束，向叶轴上部汇合成"V"字形。各回羽轴和主脉上往往有彼此相通的纵沟，沟两侧有隆起的狭边，此狭边在各回纵沟相连处成为缺刻，缺刻下侧常有1个刺状突起。孢子囊群生于叶背小脉上侧或两侧。除角蕨属 (*Cornopteris*) 外均有囊群盖，圆形、长圆形、新月形、线形或马蹄形。

(22) 铁角蕨科 (Aspleniaceae)：根状茎密生粗筛孔状的鳞片，网眼大而透明，叶柄内2条维管束不向叶轴上部汇合，末回小羽片或裂片常为斜方形或不等边四边形，基部不对称，孢子囊群线形或长圆形，沿小脉上侧（少两侧或下侧）着生，囊群盖向主脉开放。

(23) 金星蕨科 (Thelypteridaceae)：根状茎和叶柄基部多少有鳞片，并有单细胞（少多细胞）的灰白色单一或分叉的针状毛，叶柄及羽轴有针状毛或星状毛，孢子囊群生叶背小脉，圆形或长圆形，囊群盖圆肾形或无盖。

(24) 乌毛蕨科 (Blechnaceae)：根状茎圆柱形，粗壮，密生棕色、全缘粗筛孔状的鳞片。孢子囊群长圆形或线形，着生于主脉平行的小脉上，或网眼的处侧边。囊群盖开向主脉，线形，很少无盖。

(25) 岩蕨科 (Woodsiaceae)：石生或旱生植物，根状茎有栗色鳞片，叶柄多少有鳞片及节状长毛，顶端常有1个关节。孢子囊群圆形，着生于囊托上。囊群盖下位，膜质、碟形、杯形、球形或钵形。顶端有圆孔，口缘有睫毛。

(26) 桫椤科 (Cyatheaceae)：树形蕨类植物，常有直立圆柱形地上茎干。叶柄上鳞片坚厚，叶大型1～3回羽状复叶。孢子囊生于小脉近茎部的囊托上，有或无囊群盖。

(27) 鳞毛蕨科 (Dryopteridaceae)：根状茎短而直立或长而横走，密生鳞片，叶柄内有多条维管束；小羽轴常具鳞片，鳞片红棕色、褐色或黑色，全缘或有缘毛：主脉表面有凹沟。孢子囊群圆形，背生或顶生于小脉上；囊群盖圆形或盾形，着生于缺刻处或盾状着生。

(28) 水龙骨科 (Polypodiaceae)：根状茎横走，有盾状着生的鳞片。叶片基部多有关节，通常革质，叶脉为各式的网状或少有分离，网眼内通常有分叉的内藏小脉，小脉顶端带有1个水囊体。孢子囊群圆形、长圆形或线形，有时布满叶背面，无囊群盖，孢子囊的环带纵形。

(29) 书带蕨科 (Vittariaceae)：附生植物，根状茎横走或近乎直立，被粗筛孔状鳞片。叶丛生或近生，单叶，线形或线状披针形，表面有骨针状细胞。孢子囊群线形，着生于叶背或稍沉没于叶肉的沟内，或着生于叶缘的夹缝内，无囊群盖。

(30) 苹科 (Marsileaceae)：浅水生或湿生草本，根状茎细长，匍匐生长。不育叶为4片倒三角形的小叶，生于叶柄顶端；能育叶特化为孢子果，生于叶柄基部，叶中生有大孢子囊和小孢子囊。

(31) 槐叶苹科 (Salviniaceae)：漂浮植物，茎细弱，横走，被毛。3叶轮生，3列，其中2列漂浮水面，长圆形，表面密布乳头状突起，背面有毛；另一列叶在水面下，细裂成须根状悬垂水中，茎部簇生孢子果。

（32）满江红科（Azollaceae）：漂浮植物，根状茎纤细。叶微小，鳞片状，2 列，互生，每叶有上、下 2 裂片，上裂片浮水而覆盖根状茎，下裂片沉于水中。孢子果成对着生于沉水裂片上。

二、分科检索表

1. 叶退化或细小，远不如茎那样发达，鳞片形、钻形或披针形，不分裂（少为二叉），如叶为韭菜叶状的长钻形，则成簇生于短厚的肉质块状茎上；孢子囊不聚生成囊群，单独生于叶的基部上面或腋间，或生于枝顶的孢子叶球内（小叶型蕨类）

2. 茎细长圆柱形，直立，无真正的叶，有明显的节，单茎或在节上有轮生枝，中空，节间表面有纵沟脊，各节被轮生管状而有锯齿的鞘所围绕；孢子囊多数，生于盾状鳞片形的孢子叶的下面，在枝顶形成单独椭圆形的孢子叶球 …………………………………………………………… 木贼科（Equisetaceae）

2. 植物体形完全没有上述特征；孢子囊腋生于孢子叶的基部上面或深藏于基部内侧的穴内

3. 茎细长，往往多次二叉分枝：叶鳞片形或小钻形，或退化为无叶绿素的二叉小钻形，生于整个茎和枝上；孢子囊生于孢子叶的基部上面（腋生）；陆生植物

4. 枝三角形，多次等位二叉分枝；叶退化为二叉小钻形，无叶绿素；孢子囊近圆球形，3 室 …………………………………… 松叶蕨科（Psilotaceae）

4. 枝圆形，一至多次等位或不等位二叉分枝；叶小而正常，鳞片形、钻形、条形到披针形，有叶绿素；孢子囊扁肾形，1 室

5. 茎辐射对称，通常无支撑根；叶一型，少为二型，钻形或披针形，螺旋状排列，或少为鳞片形，交互对生，扁平，腹叶基部不具叶舌；孢子囊及孢子同型 …………………………………… 石松科（Lycopodiaceae）

5. 茎常两侧对称，有支撑根；叶通常扁平，鳞片形，二形，背腹各二列生（即 4 行排列），或为钻形，一形，螺旋状排列；腹叶基部有一小舌状体物（叶舌）；孢子囊及孢子二型 …………………… 卷柏科（Selaginellaceae）

3. 茎略为扁圆的肉质块茎状，有三纵沟；叶长钻形，略扁圆；形如禾秧或韭菜，覆瓦状地簇生于块状茎上；孢子囊深藏于每叶的膨大基部内侧的穴内；孢子二型；浅水或沼泽植物（或一年中短期无水） ………… 水韭科（Isoetaceae）

1. 叶远较茎为发达；单叶或复叶；孢子囊通常生于正常叶的下面或边缘，或生于特化叶的下面或边缘，聚生成圆形、矩圆形、条形、网形的孢子囊群或孢子囊穗，或满布叶下面（大叶型蕨类）

6. 孢子囊壁厚，由多层细胞组成

7. 幼叶开放时直立或倾斜；能育叶和不育叶异形，出自共同的叶柄；孢子囊圆球形，不形成囊群而是成行地生于特化的叶片（能育叶）边缘（囊托），成穗状或圆锥形的复穗状的孢子囊序

8. 单叶（或少有不整齐的二叉状分裂）；叶脉网状；孢子囊序为单穗状；孢子囊大，为扁圆球形，陷入于囊托两侧，以横缝开裂
……………………………………………… 瓶尔小草科（Ophioglossaceae）

8. 复叶，1～3 回羽状或掌状；叶脉分离；孢子囊为圆锥状或复穗状，孢子囊小，圆球形或近圆形，不陷于囊托内，以纵缝、横缝开裂

9. 叶为 2～3 回羽状或掌状；叶脉分离；孢子囊序为圆锥状；孢子囊圆球形，以横缝开裂 ……………………………………… 阴地蕨科（Botrychiaceae）

9. 叶为掌状复叶；孢子囊序为细长紧密的复穗状；孢子囊近圆形或卵形，以纵缝开裂 …………………………… 七指蕨科（Helminthostachyaceae）

7. 幼叶开放时为拳卷形；能育叶和不育叶同形，叶柄基部具一对肉质托叶；孢子囊船形，腹部纵裂，生于正常叶的下面，集合成条形或矩圆形（少为圆形）的分离或聚合囊群

10. 叶为 1～2 回羽状复叶；羽片（或小羽片）披针形，边缘有锯齿；叶脉分离；孢子囊群条形或矩圆形，有规则地沿叶脉着生，由两排密接而分离的孢子囊组成 …………………………………… 莲座蕨科（Angiopteridaceae）

10. 叶为掌状或三出复叶，偶为单叶；羽片卵状矩圆形，全缘；叶脉网状，孢子囊群圆环形，中空，生于网脉的交结点上，为聚合囊群（即所有的孢子囊融合成一个整体），星散分布 …………… 天星蕨科（Christenseniaceae）

6. 孢子囊壁薄，由一层细胞组成

11. 孢子同型；陆生或附生，少为湿生或水生；植物体形代表通常的蕨类植物，一般为中型或大型植物（有时小形或树形）

12. 海滩潮汐植物或池塘淡水植物

13. 海滩潮汐植物：叶革质，叶一型（能育叶和不育叶同形），单数一回羽状复叶；孢子囊密布于叶下面，叶边不反折……… 卤蕨科（Acrostichaceae）

13. 池塘水沟淡水植物（漂浮或生于淤泥中）：叶多汁，草质，叶二型（能育叶和不育叶异形），单叶 2～3 回羽状分裂或复叶；孢子囊疏生于能育叶下面的网脉上，并为反折的叶边掩盖 ………………… 水蕨科（Parkeriaceae）

12. 陆生或附生植物（少为湿生）

14. 植物全体无鳞片，也无真正的毛，幼时仅有黏质腺体绒毛，不久消失

15. 叶柄基部两侧膨大为托叶状；叶二型，1～2 回羽状复叶；羽片或小羽片不细裂，披针形至矩圆形；孢子囊群不定形

16. 叶柄基部两侧外面不具疣状突起的气囊体；能育叶（或同一叶上的能育羽片）特化为穗状或复穗状的孢子囊序 …………… 紫萁科（Osmundaceae）

16. 叶柄基部两侧外面各具一行或少数疣状突起的气囊体（往往上升到叶柄和叶轴）；能育叶的羽片狭成狭条形，孢子囊群成熟时满布下面，幼时叶边反折如假囊群盖 …………………………………… 瘤足蕨科（Plagioyraceae）

15. 叶柄基部两侧不膨大为托叶状；叶一型，2～4 回羽状复叶，末回小羽片细裂（少有一回羽状复叶）；裂片细小；孢子囊群小，圆形，生于小脉的近顶处
……………………………………………… 稀子蕨科（Monachosoraceae）

14. 植物体通常多少具有鳞片（特别在叶柄基部或根状茎上）或真正的毛（特别在叶片两面和羽轴或主脉上）

17. 叶一型，不育叶为一回羽状复叶，能育叶的变质羽片在羽轴两侧卷成筒形或聚合成分离的小圆球形 …………………………………………… 球子蕨科（Onocleaceae）

17. 叶一型或叶二型，如为二型，则能育叶（或羽片）比不育叶（或羽片）仅为不同程度狭缩，不为上述的蜷缩

18. 孢子囊群（或囊托）突出于叶边之外

19. 缠绕植物，有无限生长的叶轴；叶由多层细胞组成，有气孔；孢子囊椭圆形，横生于短囊柄上，具有一个围绕顶端的环带
…………………………………………………………… 海金沙科（Lygodiceae）

19. 不为缠绕植物（少有攀附），不具无限生长的叶轴；叶一般为薄膜质，由一层细胞组成，无气孔；孢子球囊形，无柄，具有斜生环带，生于柱状而往往突出于叶缘外的囊托上，包于管状、喇叭状或二瓣唇形的苞内
………………………………………………………… 膜蕨科（Hymenophyllaceae）

18. 孢子囊群生于叶缘、缘内或叶背，从不如上述的那样突出于叶缘之外

20. 孢子囊群生于叶缘，囊群盖由叶边变成，向叶背反折，掩盖孢子囊群，因而是向内开（开向主脉）的

21. 孢子囊生于囊群盖下面的小脉上（小有生于脉间）；羽片或小羽片常为扇形、斜方形；叶脉为扇形多回二叉分枝 ………… 铁线蕨科（Adiantaceae）

21. 孢子囊群生于叶缘囊群盖不具小脉，羽片或小羽片通常不为扇形；叶脉通常不为扇形二叉分枝

22. 孢子囊生于叶缘的一条边脉上，形成一条汇合囊群，囊群盖连续不断；叶柄禾秆色，少为棕色 ………………………… 凤尾蕨科（Pteridaceae）

22. 孢子囊生于小脉顶端，幼时彼此分离，成熟时彼此往往接连成条；囊群盖连续不断或为不同程度的断裂，有时几无盖；叶柄和叶轴一般为栗棕色或深褐色 ………………………………… 中国蕨科（Sinopteridaceae）

20. 孢子囊群生于叶缘内囊群盖自叶缘内生出，并开向叶边

23. 囊群盖生于叶缘内（至少内瓣），位于小脉顶端，并开向叶边

24. 囊群盖为内外两瓣的蚌壳形，革质；叶大型；主轴圆柱状，短粗，横卧，不露出地面，密生金黄色的长软毛 …………… 蚌壳蕨科（Dicksoniaceae）

24. 囊群盖为半碗形、杯形、管形、近圆肾形或横生条形，非革质；中小形植物；根状茎细长横生，有鳞片或有不同上述类型的毛。

25. 通常为附生（少为攀附）植物；根状茎上有阔鳞片，叶柄（有时羽片）以关节着生 ……………………………………… 骨碎补科（Davalliaceae）

25. 通常为陆生植物；根状茎上有灰白色针状刚毛或红棕色钻状鳞毛（即毛状的简单鳞片）

26. 植株全体（包括根状茎）有灰白色针状刚毛；孢子囊群不融合，囊群盖碗形或近圆肾形，单生于小脉顶端 …… 碗蕨科（Dennstaedtiaceae）

26. 植株仅根状茎上有红棕色钻状鳞毛，其余光滑；孢子囊群常融合成聚生囊群，囊群盖横生条形或少为杯形，通常联结多数小脉的顶端 ………………………………………………………… 鳞始蕨科（Lindsaeaceae）

23. 孢子囊群生于叶背，远离叶边缘，无盖或有盖，如有囊群盖，则不同于上述的形状，也不开向叶边

27. 孢子囊群圆形、矩圆形、条形、线形或网状等，彼此分离（偶有汇合）；叶通常一型

28. 孢子囊群圆形

29. 孢子囊群有盖

30. 囊群盖下位（即生于孢子囊群的下面，幼时往往包着孢子囊群全部）球形、钵形、半球形或碟形（或有时简化成睫毛形）

31. 树形蕨类，往往有圆柱形的直立地上茎干；叶柄上的鳞片坚厚；囊群半球形，薄膜质，早消失；孢子囊长梨形，环带斜生；囊托凸出 ………………………………………………………………… 桫椤科（Cyatheaceae）

31. 中小型草本植物；鳞片膜质或纸质；孢子囊卵形，环带直立；囊托小，不凸出

32. 温带小型植物，叶披针形，1～2 回羽状复叶；囊群盖膜质，钵形、杯形或碟形或有时简化成睫毛形………………… 岩蕨科（Woodsiaceae）

32. 亚热带和热带中型植物；叶阔卵形，3～4 回羽状复叶；囊群盖为革质圆球形或膜质半球形 ……………………… 球盖蕨科（Peranemaceae）

30. 囊群盖上位（即平坦而盖于孢子囊群上面），盾形、圆肾形或少为鳞片形，基部略压在成熟的孢子囊群之下

33. 囊群盖为圆肾形或盾形

34. 单叶，披针形，全缘；叶柄有关节；叶脉分离；囊群盖肾形，靠近主脉着生 ………………………………………………………………… 条蕨科（Oleandraceae）

34. 1～4 回羽状复叶或单叶一回羽裂；叶柄无关节（有时羽片以关节着生于叶轴）；叶脉分离或网状

35. 一回羽状复叶；羽片以关节着生于叶轴；叶脉分离

36. 孢子囊群生于小脉顶端之下；囊群盖盾形；羽片基部下侧为耳形 ………………………………………………………… 鳞片蕨科（Dryopteridaceae）

36. 孢子囊群生于小脉顶端；囊群盖肾形；羽片基部下侧不为耳形 ……………………… 骨碎补科（Davalliaceae）[肾蕨属（*Nephrolepis*）]

35. 一至多回羽状复叶或单叶一回羽裂；羽片不以关节着生于叶轴；叶脉分离或网状

37. 叶柄基部有两条扁阔的维管束

38. 植物体（尤其是羽轴上面）有淡灰色的针状刚毛，叶柄基部的鳞片上也往往有同样的毛 ……………………………………… 金星蕨科（Thelypteridaceae）

38. 植物体（至少在根状茎上）有阔鳞片，无上述的针状毛

……………………………………………………………… 蹄盖蕨科（Athyriaceae）

37. 叶柄基部横断面有多条小圆形的维管束

39. 叶纸质或革质，通常被很多鳞片，叶轴和羽轴上面一般有互通的深纵沟，小脉顶端常有膨大的水囊 ……………………… 鳞毛蕨科（Dryopteridaceae）

39. 叶草质或近草质，不被鳞片（叶柄基部除外），或有薄而透明的鳞片，但同时有棕色腊肠形的多细胞短毛，叶轴和羽轴上面无沟或有不互通的浅沟，小脉顶端通常无膨大的水囊 ………………………… 三叉蕨科（Aspidiaceae）

33. 囊群盖为鳞片形，基部略微压在成熟的孢子群下

……………………………… 蹄盖蕨科（Athyriaceae）[冷蕨科（Cytopteris）]

29. 孢子囊群无盖

40. 树形蕨类或地上茎干不显著；叶柄上有披针形深棕色坚厚鳞片；孢子囊长梨形，有斜生环带；囊托大面凸出 ……………………… 桫椤科（Cyatheaceae）

40. 植物体不呈树形，无粗大的地上直立茎干，孢子囊近圆形；囊托小而不凸出

41. 叶为二至多回的等位二叉分支，分叉处有一个休眠体；或主轴单一，叶轴顶端芽可连续萌发生长；下面通常灰白色；孢子囊群由少数（2～10个）孢子囊组成；环带水平横绕，从侧面纵裂 ……………… 里白科（Gleicheniaceae）

41. 叶为单叶或羽状复叶，少为扇形分裂；下面不为灰白色；孢子囊群由多数孢子囊组成；环带直立或斜生

42. 叶柄基部以关节着生于根状茎上

43. 复叶，卵状三角形，多会细裂，叶脉分离，在末回裂片内仅有一条小脉；无星状毛，孢子囊群也无盾状夹丝覆盖

……………………………………… 雨蕨科（Gymnogrammitidaceae）

43. 单叶全缘或羽裂，或一片羽状复叶；叶脉通常网状，若为分离，则裂片内有羽状分叉的侧脉；有星状毛，或孢子囊群幼时有长柄的盾状夹丝覆盖………………………………………………… 水龙骨科（Polyodiaceae）

42. 叶柄基部无关节

44. 植物遍体或至少各回羽轴上面有针状毛

45. 小型植物；叶有红棕色（有时灰色）的刚毛；孢子囊群往往多陷于叶肉

………………………………………………… 禾状蕨科（Grammitidaceae）

45. 中型植物；也有淡灰色刚毛；孢子囊群为叶表面生

46. 根状茎和叶柄基部无鳞片；灰白色的毛多为细胞；孢子囊群生于小脉顶端，不变质的叶边常多少反折如假囊群盖 …… 姬蕨科（Hypolepidaceae）

46. 根状茎和叶柄基部多有鳞片，灰白色的毛多为单细胞（有时多细胞）；孢子囊群生于小腺背上，有真正囊群盖或无盖

………………………………………………… 金星蕨科（Thelyteridaceae）

44. 植物体不具针状毛或有棕色腊肠形的多细胞软毛，或至多有腺毛

47. 叶片上面无毛，有腺体，或至少在各回隆起的小羽轴上面有棕色腊肠形的多细胞软毛密生 ………………………………………… 三叉蕨科（Thpidiaceae）

47. 无上述的毛或至多有腺毛；小羽轴上面凹入，通常与羽轴（叶轴）互通

48. 叶为一至多回羽状复叶，根状茎上的鳞片质薄；叶脉分离后偶有联结，但无内囊小脉 …………………………………………… 脉蹄盖蕨科（Athyiraceae）

48. 叶为扇形，多回二叉分裂的单叶或复叶；根茎状上的鳞片钻状披针形，坚硬；叶脉网状并有内囊小脉 …………………… 双扇蕨科（Dipteridaceae）

28. 孢子囊群矩圆形，短条形，线形或网状等

49. 孢子囊群有盖，盖矩圆形，短条形或弯钩形，马蹄形，短肠形

50. 孢子囊群生于主脉两侧的狭长网络上，贴近主脉并与之并行，囊群盖并向主脉；叶柄基部横断面有小圆形的维管束多条排成一个圆圈 …………………………………………………………… 乌毛蕨科（Blechnaceae）

50. 孢子囊群生于主脉两侧的斜出分离脉上（少有在多角形网络脉上）；囊群盖斜开向主脉；叶柄基部横断面的扁阔的维管束2条

51. 鳞片细胞为粗筛孔形，网眼大而透明；叶柄2条维管束向叶轴上部不汇合；囊群盖矩圆形至长条形，常单独生于小脉向轴的一侧（少有双生一脉或生于离轴的一侧） ……………………… 铁脚蕨科（Aspleniaceae）

51. 鳞片细胞通常壁厚，网眼狭小而不透明；叶柄内的2条维管束向叶轴上部汇合成“V”字形；囊群盖生于小脉的一侧，矩圆形，条形至线形，短肠形，弯钩形或马蹄形 ……………………… 蹄盖蕨科（Athyriaceae）

49. 孢子囊群无盖

52. 孢子囊群沿小脉分布（如为网状侧，则沿网脉生）

53. 单叶，全缘

54. 叶的基部狭楔形，肉质，无毛；根状茎上的鳞片细胞为粗筛孔形；孢子囊群多少陷入叶肉内并有加丝 ………………… 车前蕨科（Antrophyaceae）

54. 叶的基部戟形或心形，草质，有毛或无毛；根状茎的鳞片细胞不为粗筛孔形，孢子囊群不陷入叶肉质 ……………………………………………………… ………… 裸子蕨科（Gymnogrammaceae）［泽泻蕨属（*Hemionitis*）］

53. 叶为羽状分裂或复叶

55. 叶遍体有灰白色针毛状（顶端有时钩形） ……………………………………………………… 金星蕨科（Thelypteridaceae）

55. 叶遍体不具上述的毛（或有疏柔毛或腺毛）

56. 叶柄基部有维管束两条，孢子囊群有长柄，密集于小脉中部，成矩圆形或短条形囊群；孢子两面形 ……………………… 蹄盖蕨科（Athyriaceae）

56. 叶柄基部有维管束一条，孢子囊群由短柄，疏生于小脉上，成条形或线形；孢子四面形 ……………………… 裸子蕨科（Gymnogrammaceae）

52. 孢子囊群不沿小脉分布

57. 孢子囊群生于叶边和主脉之间，在主脉两侧各有一长条和主脉并行，或生于叶边的夹缝内

58. 单叶，披针形，条形或线形

59. 叶不以关节着生于根状茎上，孢子囊群生于叶下面或叶边的夹缝内，有带状、棍棒状或杯状夹丝 ……………………… 书带蕨科（Vittariaceae）
59. 叶以关节着生于根状茎上；孢子囊群生于叶下面，被有长柄的盾状夹丝或星状毛覆盖 ……………………………… 水龙骨科（Polypodiaceae）
58. 一回羽状复叶；羽状披针形
……………………… 鳞始蕨科（Lindsaeaceae）［竹叶蕨属（*Taenitis*）］
57. 孢子囊群不呈和主脉并行的长条形
60. 叶柄基部以关节着生于根状茎上 ……………… 水龙骨科（Polypodiacea）
60. 叶柄基部不以关节着生于根状茎上
61. 植物体形如苏铁，具有直立圆柱状的粗茎干，顶端簇生一回羽状复叶
……………………… 乌毛蕨科（Blechnaceae）［苏铁蕨属（*Brainea*）］
61. 茎细长匍匐；单叶，披针形………………… 剑蕨科（Loxogrammaceae）
27. 孢子囊不聚生成圆形、矩圆形或条形等，密布于能育叶的下面，叶通常二型
62. 植物顶端如莎草；叶扁平线形，无侧脉；不育叶顶端尖头，不分裂，能育叶顶端生有一簇条形的能育裂片，各裂片下面生有2～4列的孢子囊；孢子囊椭圆形横生，环带生顶端，由此向另一端开裂……… 莎草蕨科（Schizaeaceae）
62. 植物体和孢子囊完全不同上述
63. 单叶，披针形（少为矩圆形）；叶脉分开 …… 舌蕨科（Elaphoglossaceae）
63. 一回羽状复叶，如为单叶，则叶脉网状
64. 单叶，不育叶往往二叉浅裂；根状茎上密生锈黄色绢丝状软毛
…………………………………………… 燕尾蕨科（Cheiropleuriaceae）
64. 单叶，不分裂、羽裂或掌状指裂，或为1～2回羽状复叶；根状茎上有鳞片
65. 叶柄基部以关节着生于根状茎上；单叶，不分裂、羽裂或掌状指裂
…………………………………………… 水龙骨科（Polypodiaceae）
65. 叶柄基部不以关节着生于根状茎上；一至二回羽状复叶
66. 根状茎横卧，或为攀附藤本；叶脉分离或形成少数大网眼
67. 攀附藤本，高可达10m左右；羽叶以关节着生于叶轴
68. 羽叶草质或纸质全缘或略程波状；在羽叶上紧靠主脉两侧无细长网眼
…………………………………………… 藤蕨科（Lomariopsidaceae）
68. 羽叶革质，边缘有软骨质硬齿；在羽片上紧靠主脉两侧有细长网眼一行
……………………… 乌毛蕨科（Blechnaceae）［光叶藤属（*Stenochiaena*）］
67. 不为攀附植物；羽片不以关节着生于叶轴 …… 藤蕨科（Lomariopsidaceae）
66. 根状茎直立或横走、斜升；叶脉为复网状
69. 海滩潮汐植物（偶有生于云南南部的河沟中）；叶革质；羽片无侧脉；网脉不具内藏小脉；孢子囊群有加丝 ………………… 卤蕨科（Acostichaceae）
69. 山地林下植物，叶草质或纸质；羽片有明显侧脉；网脉内通常有内藏小脉；孢子囊群无加丝 ……………………………………… 三叉蕨科（Aspidiaceae）

11. 孢子二型；水生植物，形体完全不同于一般陆生蕨类
………………………………………… 异型孢子蕨类（Filices heterosporae）

70. 浅水生（或湿生）植物；根状茎细长横生；叶为天字形，由 4 片倒三角形的小叶组成，生于长柄的顶端；孢子果（荚）生于叶柄基部，包藏二至多数的孢子囊，其中大孢子囊和小孢子囊混生………………… 苹科（Maraileaceae）

70. 漂浮植物，无真根或有短须根；单叶，全缘或为二深裂，无柄，二至三列（如为三列，则下面的一列叶细裂成根状，沉于水中）；孢子果（荚）生于茎的下面，包藏多数孢子囊，每果中仅生大孢子囊或小孢子囊

71. 植物无须根；三叶轮生于细长茎上，上面二叶为矩圆形，漂于水面，下面一叶特化，细裂成须根状，悬垂水中，生孢子果（荚）
…………………………………………………… 槐叶苹科（Salviniaceae）

71. 植物有细线状的真根；叶微小如鳞片，二列互生，每叶有上下二裂片，上裂片漂浮水面，下裂片浸沉水中，生孢子果（荚）
…………………………………………………… 满江红科（Azollaceae）

三、常见科的分属检索表

（一）里白科

1. 主轴二分叉枝…………………………………………………… 芒萁属（*Dricanopteris*）

1. 主轴单一，不二叉分枝 ……………………………………… 里白属（*Dipioplerygium*）

（二）膜蕨科

1. 附生植物，根状茎通常细长如线，向各方向横生，有二列生的叶

2. 孢子囊群的囊苞为两瓣形

3. 叶边无锯齿 ………………………………………………… 蕗蕨属（*Mecodium*）

3. 叶边有尖锯齿 ………………………………………… 膜蕨属（*Hymenophyllum*）

2. 孢子囊群的囊苞为管状、喇叭状、漏斗状或倒长圆锥状，而仅口部有两瓣状短唇

4. 叶除真脉外，有假脉，沿叶边或近叶边生 ……… 假脉蕨属（*Crepidomanes*）

4. 叶无上述假脉

5. 通常单叶；叶脉二叉分枝；孢子囊群的囊苞退居叶边之内
…………………………………………………… 团扇蕨属（*Conocormus*）

5. 羽状复叶；叶脉羽状分枝；孢子囊群的囊苞突出于叶边之外
…………………………………………………… 瓶蕨属（*Vandenboschia*）

1. 大多数为土生植物；根状茎短粗而直立，叶丛生，如根状茎横走，则粗 2mm 以上，叶为二列远生

6. 根状茎横生；叶为二列远生 ……………………………… 瓶蕨属（*Trichomanes*）

6. 根状茎短粗而直立，叶丛生或近生 ………………… 厚叶蕨属（*Cephalomanes*）

（三）碗蕨科

1. 囊群盖生于叶边，与小裂片共同形成碗形，中间生孢子囊群

…………………………………………………………………………… 碗蕨属（*Dennstaedtia*）

1. 囊群盖生于叶边以内，向叶边开口而呈半杯形、口袋形或圆肾形，仅以阔基部着生，两侧多少分离 ……………………………………………… 鳞盖蕨属（*Microlepia*）

（四）稀子蕨科

1. 1 回羽状复叶，叶柄红棕色，叶轴顶端细轴鞭状，羽片无柄
…………………………………………………………………………… 岩穴蕨属（*Ptilopteris*）

1. 2～4 回羽状复叶，叶柄淡绿色，叶轴顶端不成细鞭状，羽片有柄
…………………………………………………………………… 稀子蕨属（*Monachosorum*）

（五）鳞始蕨科

1. 1～4 回羽状复叶，羽片或小羽片通常为扇形、对开式或近圆形，基部不对称，无主脉 ………………………………………………………………… 鳞始蕨属（*Lindsaea*）

1. 1～4 回羽状复叶，羽片或小羽片披针形、三角状形、条形或楔形，基部近对称，有主脉，如无主脉，则叶为细裂 ……………………………… 乌蕨属（*Stenoloma*）

（六）骨碎补科

1. 2～4 回羽状复叶或羽状深裂；分裂度细，羽片不以关节着生于叶轴
 2. 叶草质
  3. 附生植物；叶片细裂，末回裂片全缘，有 1 脉 … 小膜盖蕨属（*Araiostegia*）
  3. 土生植物；叶裂片较粗，末回裂片有齿，多脉 … 大膜盖蕨属（*Leucostegia*）
 2. 叶为革质
  4. 囊群盖筒形或杯形，以基部和两边着生………………… 骨碎补属（*Davallia*）
  4. 囊群盖圆形或半圆形，以基部着生，或少为阔杯形，以基部和两侧下部着生
  ………………………………………………………………… 阴石蕨属（*Humata*）

1. 1 回羽状复叶，叶片更多浅裂，分裂度粗（栽培变种有细裂），羽片以关节着生于羽轴 ………………………………………………………… 肾蕨属（*Nephrolepis*）

（七）凤尾蕨科

1. 根状茎长而横走，密被锈色长刚毛；叶远生，囊群盖两层 …… 蕨属（*Pteridium*）

1. 根状茎短而直立或斜升，被鳞片；叶簇生，囊群盖 1 层 ……… 凤尾蕨属（*Pteris*）

（八）中国蕨科

1. 叶显著二型；叶脉分离……………………………………… 珠蕨属（*Cryptogramma*）

1. 叶同型，如二型，则叶脉网状
 2. 叶柄、叶轴禾秆色（偶栗棕色），3～4 回羽状细裂；末回羽裂片荚果状
 ……………………………………………………………… 金粉蕨属（*Onychium*）
 2. 叶柄栗色或近黑色（偶禾秆色），1～2 回羽状或掌状复叶；末回裂片不为荚果状
  3. 叶下面不被白色或黄色粉末
   4. 孢子囊群无盖 ……………………………………… 隐囊蕨属（*Notholaena*）
   4. 孢子囊群有盖
    5. 囊群盖线形
     6. 叶薄草质，叶柄基部鳞片大，卵状宽披针形，膜质；边缘有锯齿和睫毛

……………………………………………… 粉背蕨属（*Aleuritopteris*）

6. 叶纸质，叶柄基部的鳞片狭小，披针形，质厚，全缘

…………………………………………………………… 旱蕨属（*Pellaea*）

5. 囊群盖断裂为三角状鳞片形或有深缺刻………… 碎米蕨属（*Cheilosoria*）

3. 叶下面被白色或黄色粉末

7. 叶下面有粗密而隆起的褐棕色小脉 ……………… 中国蕨属（*Sinopteris*）

7. 叶下面有细疏而不隆起的绿色小脉 ……………… 粉背蕨属（*Aleurtopteris*）

（九）裸子蕨类

1. 叶背密覆瓦状的黄棕色有粗筛孔的鳞片或绢毛；叶柄栗色

…………………………………………………… 金色裸蕨属（*Gymnopteris*）

1. 叶背光滑或稍有多细胞的有节柔毛，叶柄通常禾秆色

2. 植株高 10cm；叶片羽状细裂

3. 根状茎短而直立；叶簇生，膜质，无毛 ……………………… 翠蕨属（*Anogramma*）

3. 根状茎细长横走；叶远生，草质，有多细胞的有节柔毛

………………………………………………………… 睫毛巨蕨属（*Pleurosoriopsis*）

2. 植株中型到大型，叶片不为细裂 ……………………… 凤丫蕨属（*Coniogramme*）

（十）蹄盖蕨科

1. 叶片或羽片以关节着生于叶柄或叶轴 ………………… 羽节蕨属（*Gymnocarpium*）

1. 叶片或叶羽不以关节着生于叶柄或叶轴

2. 叶脉分离

3 孢子囊群无盖

4. 根状茎横走或斜升；叶柄基部不膨大为腹背凹凸的纺锤线；孢子囊群线形或长圆形；羽轴与小羽轴或主脉分叉处有一角状肉质扁刺

…………………………………………………………… 角蕨属（*Cornopteris*）

4. 根状茎直立；叶柄基部膨大为腹背凹凸的纺锤形；孢子囊通常圆形，羽轴与小羽轴或主脉分叉处无扁刺或略有突起 ………… 蹄盖蕨属（*Athyrium*）

3. 孢子囊群有盖，宿存或早落

5. 孢子囊群圆形，着生在叶脉背上

6. 囊群盖非圆肾形，以圆端着生

7. 叶轴、羽轴以及叶脉上有多细胞节状长毛 … 亮毛蕨属（*Acystopteris*）

7. 上述各部分无多细胞节状长毛…………………… 冷蕨属（*Cystopteris*）

6. 囊群盖圆肾形，以缺刻处着生

8. 叶轴、羽轴及叶脉上带有一至多列厚壁细胞组成的深褐色的蠕虫状腺毛

……………………………………………… 介蕨属（*Dryoathyrium*）

8. 叶轴、羽轴及叶脉上无上述毛

9. 根状茎细长横走 ………………………… 安蕨属（*Anisocarpium*）

9. 根状茎直立或斜升 ……………………… 蹄盖蕨属（*Athyrium*）

5. 孢子囊群非圆形；侧生、半侧半背生或少有背生于叶脉上

10. 叶轴、羽轴及叶脉上、下面有多细胞的节状长毛或蠕虫状腺毛
11. 根状茎细长、横走，叶远生 ………………………… 假蹄盖蕨属（*Athyriopsis*）
11. 根状茎细长、横走，叶簇生或近生
12. 根状茎短而直立，叶簇生 ………………………… 峨眉蕨科（*Lunathyrium*）
12. 根状茎粗而横卧，叶近生 ………………………… 介蕨属（*Dryoathyrium*）
10. 叶轴、羽轴及叶脉上、下面光滑，有鳞片或有单细胞的短毛、腺毛（偶有稀少长节状毛，但根状茎横走，栗黑色，几乎无鳞片）
13. 二至多回羽状复叶，若为一回羽状复叶侧顶部为羽裂渐尖头
14. 孢子囊群通常新月形、马蹄形、弯钩形、矩圆形、短线形或肾形，罕有双生一脉
15. 孢子囊群与小羽轴或主脉夹角小，几乎平行；叶柄基部有少数鳞片 ………………………………………………… 轴果蕨属（*Rhachidosorus*）
15. 孢子囊群与小羽轴或主脉夹角较大，叶柄常有鳞片 ………………………………………………… 蹄盖蕨属（*Athyrium*）
14. 孢子囊群通常短线形或短肠形，少有矩圆形，通直，或多或少有背靠背双生一对的情况，罕有弯钩形 ……………………… 短肠蕨属（*Allantodia*）
13. 叶为单数一脉的情况 ……………………………… 双盖蕨属（*Diplazium*）
2. 叶脉又靠合，联结或形成回眼
16. 仅裂片的下部侧脉一至多对靠合，联结，或在叶边偶有联结
17. 根状茎横走；孢子囊群圆形 ………………………… 安蕨属（*Anisocampium*）
17. 根状茎直走；孢子囊群线形至长圆形
18. 叶为单数 1 回单叶或复叶；叶脉在叶边偶有联结 … 双盖蕨属（*Diplazium*）
18. 叶为 1～2 回羽状复叶，顶端羽裂渐尖；叶脉在裂片下部有多对靠合或联结 ………………………………………………………… 菜蕨属（*Callipteris*）
16. 叶脉网状 ………………………………………… 肠蕨属（*Diplaziopsis*）

（十一）铁角蕨科

1. 单叶，不分裂
2. 叶片团扇形或卵形，基部心形，有长柄，叶簇生……… 水鳖蕨属（*Schaffneris*）
2. 叶披针形或倒披针形，基部狭楔形，偶有心形则无叶柄 ……………………………………………… 过山蕨属（*Camptosoras*）
1. 一至多回羽状复叶 ……………………………… 铁角蕨属（*Asplenium*）

（十二）金星蕨科

1. 叶脉分离
2. 叶柄，叶轴有 4 条角棱，在横断面上近长方形 ……………………………………… 方秆蕨属（*Glaphylopteridopsis*）
2. 叶柄，叶轴近圆柱形
3. 孢子囊群无盖（或盖小而不易见）
4. 孢子囊群圆形

5. 植物体被单细胞的先端弯钩状毛；叶脉单一，达叶边
……………………………………………………… 钩毛蕨属（*Cyclogramma*）
5. 毛不为弯钩形；叶脉淡禾秆色，无光泽；叶轴和羽轴下面被鳞片；叶脉达叶边 ……………………………………………… 卵果蕨属（*Phegopteris*）
4. 孢子囊群矩圆形、短条形或近圆形
6. 侧脉单一；裂片全缘 ……………………………… 茯蕨属（*Leptogramma*）
6. 侧脉多少分叉，裂片或小羽片通常羽裂或有锯齿
……………………………………………………… 卵果蕨属（*Phegopteris*）
7. 叶有星状毛；叶柄淡禾秆色，无光泽；叶轴和羽轴下面被鳞片；叶脉达叶边 ……………………………………………… 卵果蕨属（*Phegopteris*）
7. 叶有单毛或无毛；叶柄红棕色，有光泽；叶轴和羽轴下面不具鳞片；叶脉不达叶边 ……………………… 紫柄蕨属（*Pseudophegopteris*）
3. 孢子囊群有盖
8. 叶柄基部膨大成梭形，并隐没于一簇垫状的红棕色的鳞片中
……………………………………………………… 肿足蕨属（*Hypodematium*）
8. 叶柄基部不膨大，也无鳞片覆盖
9. 沼生；叶脉二叉 ……………………………………… 沼泽蕨属（*Thelypteris*）
9. 旱生；叶脉单一（偶二叉）
10. 羽轴上面圆形隆起；叶脉不达叶边；囊群盖小，淡绿色
11. 植株高大；叶背无毛或有灰白色多细胞长针状毛
……………………………………… 针毛蕨属（*Macrothelypteris*）
11. 植株较小，叶背沿羽轴有短柔毛 …… 凸轴蕨属（*Metathelypteris*）
10. 羽轴上面凹成一条纵沟；叶脉达叶边；囊群盖大，棕色
12. 羽片基部下面不具疣状气囊；叶草质
……………………………………… 金星蕨属（*Parathelypteris*）
12. 羽片基部下面有一疣状的褐色的气囊体；叶纸质或革质
……………………………………… 假毛蕨属（*Pseudocyclosorus*）
1. 叶脉有连接（或相邻两裂片基部 1 对小脉相连）
13. 叶脉连接成星毛蕨型（裂片基部 1 对或 1～3（4）对叶脉的顶端交接，并自交接点有外行小脉 2 条）或新月蕨属（即所有叶脉，除近叶边少数外，都连接成方形或斜方形网）；孢子囊群圆形或短条形
14. 孢子囊群有盖；叶脉星毛蕨型，叶背面常有黄至橙色腺体
……………………………………………………………… 毛蕨属（*Cyclourus*）
14. 孢子囊群无盖；叶背面无腺体
15. 叶脉为新月蕨属；孢子幼时圆形，成熟时常双汇合成新月形
……………………………………………………… 新月蕨属（*Promephrium*）
15. 叶脉为星毛蕨型；孢子囊群条形或近圆形；叶顶不着地生根
……………………………………………………… 溪边蕨属（*Stegnogramma*）

13. 叶脉网状，孢子囊群沿网络生 …………………………… 圣蕨属（*Dictyocline*）

（十三）乌毛蕨科

1. 孢子囊群长线形，通常连续不中断
   2. 叶同型；孢子囊群紧靠主脉两侧 ………………………… 乌毛蕨属（*Blechnum*）
   2. 叶同型；孢子囊群位于主脉与叶边之间 …………… 荚囊蕨属（*Struthiopteris*）
1. 孢子囊群矩圆或条形，不连续，每网眼内有 2 个囊群
   ………………………………………………………………… 狗脊蕨属（*Woodwardia*）

（十四）球盖蕨科

1. 各回羽轴基部着生出无心形大鳞片；孢子囊群盖近革质，圆球形，自顶端纵裂成 2 或 3 囊
   2. 孢子囊群有细长柄 ……………………………………… 柄盖蕨属（*Peranema*）
   2. 孢子囊群无柄………………………………………………… 红线蕨属（*Diacalpe*）
1. 各回羽轴基部着生出常有 1 个心形大鳞片；孢子囊群盖膜质，半球形，不纵裂
   ………………………………………………………………… 鱼鳞蕨属（*Acrophorus*）

（十五）鳞毛蕨科

1. 孢子囊群无盖
   2. 叶轴顶端常延伸成鞭状，着地生根………………… 鞭叶蕨属（*Cyromidictyum*）
   2. 叶轴顶端不延伸成鞭状 ………………………………… 鳞毛蕨属（*Dryopteris*）
1. 孢子囊群有盖
   3. 囊群盖圆形，盾形着生
      4. 叶脉网状，网眼内有 1～3 条能育小脉
         5. 羽片全缘，基部对称，主脉两侧各 1 行狭长网眼
            ……………………………………………………… 柳叶蕨属（*Cyrtogonellum*）
         5. 羽片常有锯齿，基部上侧多突起不对称；主脉两侧各有 2～8 行阔网眼
            ……………………………………………………………… 贯众属（*Cyrtomium*）
      4. 叶脉分离
         6. 1 回羽状复叶，羽片不分裂
            7. 羽片披针形，基部楔形，对称或近对称，全缘或略具缺刻状矮齿
               ……………………………………………… 柳叶蕨属（*Cyrtogonellum*）
            7. 羽片三角形或三角形披针形，基部上侧耳状突起，通常有锐尖锯齿（少全缘） ………………………………………… 耳蕨属（*Polystichum*）
         6. 2 回羽叶或 1 回羽叶羽裂，羽片或小羽片基部常不对称（上侧耳状突起），边缘通常具芒刺或锯齿（少全缘） …………………… 耳蕨属（*Polystichum*）
   3. 孢子囊群盖肾形，以深刻处着生
      8. 根状茎长而横走；叶远生，（1）3～4 回羽状复叶
         9. 叶薄草质；各回羽轴上面密被单细胞短毛 …… 毛织蕨属（*Leptorumohra*）
         9. 叶革质，纸质，罕草质；各回羽轴上无毛 …… 复叶耳蕨属（*Arachniodes*）
      8. 根状茎粗短直立；叶簇生或偶有近生；1～4 回羽状复叶

10. 叶柄上的鳞片质薄，棕色，有不规矩锯齿；小羽轴和主脉上不具红棕色肉质粗刺 …………………………………………… 鳞毛蕨属（*Dryopteris*）

10. 叶柄上鳞片质坚厚，红棕色至褐棕色，全缘；小羽轴和主脉上具有红棕色肉质粗刺 ………………………………………… 肉刺蕨属（*Nothoperanema*）

（十六）三叉蕨科

1. 叶脉分离，或裂片基部的小脉偶于缺刻下相遇

  2. 裂片基部一对小脉出自主脉基部；孢子囊群生于小脉中部 ………………………………………………………………… 肋毛蕨属（*Ctenitis*）

  2. 裂片基部上侧一小脉出自主脉基部，而下侧一小脉出自小羽轴和羽轴；孢子囊群通常生于小脉（近）顶端 ………………………… 轴脉蕨属（*Ctenitopsis*）

1. 叶脉多连接

  3. 叶脉沿羽轴，小羽轴和主脉两侧连结成一行狭长的或三角形的网眼，无内藏小脉 ………………………………………………………………… 轴脉蕨属（*Ctenitopsis*）

  3. 叶脉在侧脉之间连接成多数方形或近六角形网眼；通常有单一或分叉的内藏小脉（有时无） ………………………………………………… 三叉蕨属（*Tectaria*）

（十七）水龙骨科

1. 孢子囊群圆形或矩圆形（偶有两端接合成线形）

  2. 孢子囊群幼时有盾形或伞形夹丝覆盖；通常单叶不分裂或扇形呈鸟足状分裂，少有羽裂

    3. 叶呈鸟足状分裂 ……………………………………… 扇蕨属（*Neocheiropteris*）

    3. 叶不分裂或偶有不规则羽裂

      4. 脉状明显；孢子囊群在中脉两侧通常不规则的多行排列（叶片有时不规则羽裂） ……………………………………………… 盾蕨属（*Neolepisorus*）

      4. 脉状不明显；孢子囊群在中脉两侧各排成一行

        5. 叶二型或近二型，肉质；根状茎细长蔓生，淡绿色，几乎无鳞片覆盖 ……………………………………………… 骨牌蕨属（*Lepidogrammitis*）

        5. 叶一型，革质，根状茎较上述粗短，不呈绿色，通常密覆鳞片 ……………………………………………………… 瓦韦属（*Lepisorus*）

  2. 孢子囊群无盾形或伞形夹丝覆盖；单叶深羽裂，羽状复叶或单叶不分裂

    6. 叶密生星状毛 …………………………………………………… 石韦属（*Pyrrosia*）

    6. 叶通常无毛或偶有单毛

      7. 单叶，披针形或狭长三角形

        8. 主脉两侧各有一行孢子囊群 ………………… 假密网蕨属（*Phymatopsis*）

        8. 主脉两侧通常有多行（偶有不整齐一行）孢子囊群散生 ……………………………………………………… 星蕨属（*Microsorium*）

      7. 叶羽状深裂或羽状复生

        9. 叶脉分离或在羽轴或主脉两侧各成一行或两行或多行较大的网眼；为羽状复叶或羽状全裂

10. 单叶，羽裂，渐尖；叶脉分离或在羽轴（主脉两侧）各成一行网眼 …………………………………………………… 水龙骨属（*Polypodium*）

10. 羽状复叶；叶脉在羽轴（主脉）两侧各有一行或二行或多行的网眼

11. 羽片全缘，有白质膜质或软骨质边缘；网眼细而密；孢子囊群生于网脉交接点 …………………………………… 节肢蕨属（*Arthromeris*）

11. 羽片边缘有缺刻，布局上述质地边缘；网眼大，仅一行或两行；孢子囊群生于网眼内一小脉上 ……………… 棱脉蕨属（*Schellolepis*）

9. 叶脉全部结成细密的网眼；叶脉常羽状深裂（偶有羽状复叶）

12. 叶二型，能育叶高大有柄，不育叶矮小而无柄 ………………………………………………………… 槲蕨属（*Drynaria*）

12. 叶同型

13. 孢子囊群细点形，常星散地布满叶背……… 星蕨属（*Microsorium*）

13. 孢子囊群大，圆形，在主脉两侧各排成一行；根状茎细长 …………………………………………… 假密网蕨属（*Phymatopsis*）

1. 孢子囊群条形（偶为矩圆形、短条形或近圆形）

14. 孢子囊群与主脉平行

15. 孢子囊群不具盾形或伞形夹丝；叶有星状毛 ……… 石蕨属（*Saxiglossum*）

15. 孢子囊群有时密覆盾形或伞形夹丝；也不具星状毛

16. 叶二型，不育叶卵形至卵状椭圆形，长1～2cm …………………………………………………… 伏石蕨属（*Lemmaphyllum*）

16. 叶同型，披针形或线条形，长10～25cm

17. 叶披针形，顶端能育；孢子囊群生于叶表面 …… 尖嘴蕨属（*Belvisia*）

17. 叶线条形，全长都能育；孢子囊群生于叶边内的深沟内 ……………………………………………… 丝带蕨属（*Drymotanium*）

14. 孢子囊群与主脉有夹角，不平行

18. 叶革质；根状茎有红棕色不透明的厚鳞片 ……………… 修蕨属（*Selliguea*）

18. 叶草质或纸质；根状茎有褐色具粗刷孔的透明鳞片 ……… 线蕨属（*Colysis*）

第五章 种子植物实习

裸子植物和被子植物都是以种子进行繁殖的，故合称种子植物。种子植物实习是植物学野外实习的重点，是植物学教学过程中不可缺少的环节。本章将对实习中常见科、种的识别要点做简要介绍。

第一节 裸子植物实习

一、常见科的识别要点

1. 铁树科（苏铁科）(Cycadaceae)

茎干不分枝，具鳞状叶痕，大型羽状复生丛生茎顶，小叶粗硬而光亮，仅有中肋，幼叶全卷。

2. 银杏科（Ginkgoaceae）

落叶大乔木，叶扇形，叶脉叉状分支，种子核果状。

3. 松科（Pinaceae）

长枝上的叶和种鳞都是螺旋排列。种鳞与苞鳞分离；每种鳞有两粒种子，叶针形或条形。

4. 杉科（Taxodiaceae）

叶和种鳞多数都是螺旋排列，种鳞与苞鳞半合生；每种鳞有 2～9 粒种子，叶条形，钻形或披针形。

5. 柏科（Cupressaceae）

叶和种鳞都是交互对生或轮生。种鳞与苞鳞完全合生；每种鳞有一到多粒种子，叶鳞片状或刺形。

6. 罗汉松科（竹柏科）(Podocarpaceae)

叶螺旋状散生，刺球花顶端苞腋生一枚胚珠，胚珠外包套被，种子具肉质假种皮。

7. 三尖杉科（粗榧科）(Cephalotaxaceae)

叶交互对生，叶基扭转呈 2 列状，雌球花每苞腋着生两枚胚珠，珠托囊状，种子具肉质假种皮。

8. 红豆杉科（紫杉科）(Taxaceae)

叶交互或近对生，叶基扭转呈 2 列状，雌球花顶生 1 枚胚珠，珠托盘状或漏斗状，肉质而鲜艳的假种皮常呈杯状。

9. 麻黄科（Ephedracqdeae）

灌木，具明显的节和节点。叶退化成鳞片状，轮生，基部结合成鞘状。雌球花仅顶端1～3苞叶生有1～3枚胚珠，胚珠具一层套被。

10. 买麻藤科（Gnetaceae）

木质大藤本，茎节膨大呈关节状。单叶对生，羽状网脉，球花序细长穗状，具多轮总苞，种子具肉质假种皮。

二、常见裸子植物的识别要点

1. 铁树科（Cycadaceae）

苏铁（铁树）（*Cycas revoluta*）：茎干不分枝。一回羽状复叶丛生茎顶，小叶厚革质，坚硬，边缘显著向下卷曲，各地栽培。

2. 银杏科（Ginkgoaceae）

银杏（*Ginkgo biloba*）：大乔木。叶扇形，先端两裂或波状缺刻，具分叉的脉序，为我国著名的孑遗植物，现普遍栽培。

3. 松科（Pinaceae）

(1) 臭冷杉（*Abies nephrolepis*）：幼树皮灰白色；一年生枝密被褐色短柔毛。叶条形，上面中脉凹陷，叶脱落后在枝上留下圆形的叶痕，产于东北和华北。

(2) 冷杉（*A. fabri*）：一年生枝淡褐色。凹槽内有疏生短毛。叶中脉凹陷，边缘反卷，为我国特有树种，分布于四川。

(3) 银杉（*Cathaya argyrophylla*）：叶条形。上面中脉凹陷，叶在短枝上密集近轮状簇生。球花单生于长枝叶腋；种鳞宿存。我国特产，分布于广西和四川。

(4) 云杉（*Picea asperata*）：一年生枝褐黄色或淡黄色，被白粉。叶四棱状条形。球果长多为8～10cm，我国特产，产于四川、甘肃和陕西。

(5) 鱼鳞云杉（鱼鳞松）（*P. jezoensis*）：幼枝皮细鳞状开裂，老树皮呈鳞状块裂。叶条形，扁平，上有两条气孔线，球果片4～6cm，产于东北。

(6) 落叶松（*Larix gmelinii*）：一年生枝淡黄色，短枝顶端有黄色长柔毛。叶条形，在短枝上簇生。种鳞背面有光泽。它为东北林区的主要森林树种。

(7) 红杉（*L. potaninii*）：小枝下垂，当年生小枝红黄色或红褐色，苞鳞长于种鳞。产于甘肃、陕西和四川。

(8) 金钱松（*Pseudolarix amabilis*）：扁平条形，在短枝上簇生，辐射平展成圆盘形。分布于华东、华中和四川等地。

(9) 雪松（*Cedrus deodara*）：大枝不规则轮生，平展；小枝常下垂。针形叶三棱形，坚硬，幼叶常被白粉。分布于西藏西南部，北京以南各大城市栽培观赏。

(10) 红松（*Pinus koraiensis*）：小枝密被褐色或红褐色柔毛。针叶5针一束，叶鞘早落。种鳞先端外曲，鳞脐不显著。产于我国东北。

(11) 华山松（*P. armandii*）：与红松的区别在于它小枝无毛，种鳞先端不反曲或微反曲，分布于陕西、山西、河南、四川、云南等地。

(12) 白皮松 (*P. bungeana*)：老树皮鳞片状，脱毛后显出乳白色花瓣。针叶3针一束，叶鞘早落。分布于河北、山西等地。

(13) 油松 (*P. tabulaeformis*)：一年生枝淡红褐色或淡灰褐色，针叶2针一束，粗硬。鳞脐凸起，有刺。产于东北、华北等地。

(14) 马尾松 (*P. massoniana*)：针叶2针一束，细柔，长10～20cm，鳞脐微凹，无刺。主要分布于我国中部及长江流域以南各省区。

(15) 湿地松 (*P. elliottii*)：针叶2针一束和3针一束并存，长18～30cm，较粗硬，鳞脐瘤状，有短刺。原产于美国东南部，长江流域以南各省区有引种。

(16) 黑松 (*P. thunbergii*)：冬芽银白色。针叶2针一束，长6～12cm。球果有短梗，鳞脐微凹，有短刺。原产于日本、朝鲜，我国辽宁和华东各省区有引种。

(17) 黄山松 (*P. taiwanensis*)：与黑松的区别为，冬牙深褐色，叶较细柔。球果几乎无梗，常宿存树上2～4年。分布于台湾、福建、浙江、安徽、江西、湖南、贵州等地。

4. 杉科 (Taxodiaceae)

(1) 杉木 (*Cunninghamia lanceolata*)：叶条状披针形，边缘有细齿。苞鳞远大于种鳞，边缘有齿；每种鳞具3粒种子。

(2) 落羽杉 (*Taxodium distichum*)：小枝的叶条形，扁平，长1～1.5cm，排成羽状2列。原产于北美，长江流域以南各省栽培。

(3) 池杉 (*T. ascendens*)：小枝直立向上，叶钻形或条形，长0.5～1.0cm，紧贴小枝或条形叶稍展。原产于北美，长江流域以南各省栽培。

(4) 水松 (*Glyptostrobus pensilis*)：常生于沼泽地区，具鳞片，条形叶和条状钻形叶。种鳞扁平，背部上缘具6个三角形尖齿。为我国特有的树种，分布于华南、西南。

(5) 柳杉 (*Cryptomeria fortunei*)：小枝细长，常下垂。叶钻形，长1～1.5cm，先端内弯，螺旋状排列，略成5行。产于浙江天目山、福建、江西等地，长江流域以南各地栽培。

(6) 水杉 (*Metasequoia glyptostroboides*)：叶与种鳞均交互对生；叶条形，排成2列。发育种鳞具5～9粒种子。为我国特有，稀有珍贵孑遗植物，各地普遍栽培。

5. 柏科 (Cupressaceae)

(1) 侧柏 (*Platycladus orientalis*)：生鳞叶的小枝扁平，排成一平面，直展或斜伸。种鳞4对，发育种鳞具1或2粒种子。我国特产，南北各省均有分布。

(2) 柏木 (*Cupressus funebris*)：生鳞叶的小枝扁平，排成一平面，下垂。种鳞4对，发育种鳞具4～6粒种子。分布很广。

(3) 干香柏 (*C. duclouxiana*)：生鳞叶的小枝4棱形，斜展，鳞叶微被白粉。种鳞4～5对，被白粉，产于云南中部和四川西部。

(4) 圆柏 (桧) (*Sabina chinensis*)：叶常二型，鳞片交互对生，刺叶三枚轮生。种鳞合生，肉质。

(5) 刺柏 (台湾) (*Juniperus formosana*)：小枝下垂，叶条状刺形，长1.2～2cm，3枚轮生，上面有两条白色气孔带，中脉微隆起。各地栽培。

(6) 福建柏 (*Fokienia hodginsii*)：生鳞叶的小枝扁平，三出羽状分枝，排成一平面，两面异形。鳞叶大，明显成节；小枝下面的鳞片有白色的气孔带。分布于福建、浙江等省。

6. 罗汉松科（Podocarpaceae）

（1）竹柏（*Podocarpus nagi*）：叶卵状披针形，对生，厚革质，具多数平面形细脉，产于长江流域以南。

（2）罗汉松（*P. macrophyllus*）：叶条状披针形，中脉显著隆起，种子成熟时呈紫色或紫红色，着生于紫红色的肉质种托上，产于江苏、浙江、云南、广西等地。

（3）鸡毛松（*P. imbricatus*）：叶异形，嫩枝或小枝顶端的叶条形，质地柔软，排成两列，形似鸡毛；老枝及结子枝的叶鳞形或钻形，排列紧密。分布于海南、浙江、云南、广西。

（4）陆均松（*Dacrydium pierrei*）：大枝轮生，小枝下垂。叶异形，幼枝和营养枝的叶针形，生殖枝的叶鳞形或钻形，种子坚果状，横卧，产于海南省。

7. 三尖杉科（Cephalotaxaceae）

（1）三尖杉（*Cephalotaxus fortunei*）：叶披针状条形，长4～13cm，先端渐尖成长尖头，2列状。常4～8个胚珠发育成种子。我国特有，分布较广。

（2）粗榧（*C. sinesis*）：叶条形，长2～5cm，先端尖或微凸尖。常2～5个胚珠发育成种子。

8. 红豆杉科（Taxaceae）

（1）红豆杉（*Taxus chinensis*）：小枝互生，叶条形，背面具有2条宽灰绿色或淡黄色气孔带，边缘微反曲，假种皮红色，杯状。分布于甘肃南部至广东、广西和西南地区。

（2）白豆杉（*Pseudotaxus chienii*）：小枝近对生或近轮生，叶背有2条白色气孔带，成熟种子的假种皮白色，杯状。产于浙江、江西、广东和广西。

（3）穗花杉（*Amentotaxus argotaenia*）：叶条状披针形，交互对生，呈两列；叶下面白色气孔带与绿色边带等宽或较宽。雌球花单生，有长梗。

（4）香榧（榧树）（*Torreya grandis*）：叶条形，直伸，先端有凸起的刺状短尖头。雌球花成对生于叶腋，种子全部包于肉质假种皮中。

（5）日本榧（*T. nucifera*）：叶长2～3cm，先端有较长的刺状尖头。原产于日本，各大城市有栽培。

9. 麻黄科（Ephedraceae）

（1）草麻黄（*Ephedra sinica*）：草本状，无直立的木质茎，节间长2.5～5cm，膜质鞘状叶上部2裂，广布于我国西北部和北部。

（2）木贼麻黄（*E. equisetina*）：小灌木，有直立的木质茎，节间较短而细，长2.5～5cm，产于内蒙古、河北、陕西、山西、甘肃和新疆等地。

10. 买麻藤科（Gnetaceae）

（1）买麻藤（*Gnetum montanum*）：木质大藤本，茎节呈膨大关节状。叶对生，矩圆形，长10～25cm，宽4～11cm。雄球花序1～2回三出分枝。主要分布于华南和云南。

（2）小叶买麻藤（*G. parvifolium*）：叶椭圆形，长4～10cm，宽2.5cm，雄球花序不分枝或一次分枝。

第二节　被子植物实习

一、常见科的识别要点与花程式

1. 木兰科（Magnoliaceae）

小枝具环状托叶痕，单叶互生。花单生，常同被；雌雄蕊多数，分离，螺旋排列于伸长的花托上；聚合果。

花程式：$*P_{6\sim15}A_{\infty}\underline{G}_{\infty}$

2. 樟科（Lauraceae）

木本，含芳香油，单叶互生，花部 3 基数，轮状排列；雄蕊 4 轮，第 4 轮常退化；花药瓣裂。核果。

花程式：$*P_{3+3}A_{3+3+3+3}\underline{G}_{(3:1)}$

3. 胡椒科（Piperaceae）

多为藤体，叶具辛辣味，离基 3 出脉，穗状花序或肉穗花序；花无被；浆果。

花程式：$*P_{0}A_{1\sim10}\underline{G}_{(1\sim4:1)}$

4. 莲科（Nelumbonaceae）

水生草本，具根状茎。叶片盾状着生。花大，单生。坚果埋于海绵质的花托中。

花程式：$*K_{4\sim5}C_{\infty}A_{\infty}\underline{G}_{\infty}$

5. 睡莲科（Nymphaeaceae）

水生草本，有根状茎，叶漂浮。花单生，花萼、花瓣与雄蕊逐渐过渡，心皮多数，结合；果浆果状。

花程式：$K_{4\sim6}C_{8\sim\infty}A_{\infty,(0)}\underline{G}_{(3\sim5\sim\infty)}$

6. 毛茛科（Ranunculaceae）

草本，叶分裂或复叶。花部 5 基数；雄蕊和雌蕊多数，离生，螺旋排列于膨大的花托上；聚合瘦果。

花程式：$K_{3\sim\infty}C_{3\sim\infty}A_{\infty}\underline{G}_{\infty\sim1}$

7. 罂粟科（Papaveraceae）

植物体有黄色或白色乳汁。叶常分裂。花辐射对称；雄蕊多数，分离；侧膜胎座。蒴果。

花程式：$*K_{2}C_{4\sim6}A_{\infty,4}G_{(2\sim10:1)}$

8. 水青树科（Tetracentraceae）

乔木。叶缘有腺齿。穗状花序。蓇葖果基部有宿存花柱 4。

花程式：$*K_{4}C_{0}A_{4}\underline{G}_{4}$

9. 金缕梅科（Hamamelidaceae）

木本，具星状毛。单叶互生，多有叶托，子房下位；花柱宿存，蒴果木质。

花程式：$*K_{(4\sim5)}C_{4\sim5,0}A_{\infty,4\sim5}\overline{G}_{(2:2)}$

10. 杜仲科（Eucommiaceae）

乔木，叶互生，有锯齿，叶片内具银白色的弹性丝。翅果。

花程式：♂ $*P_0A_{10}$，♀ $*P_0\underline{G}_{(2:1)}$

11. 榆科（Ulmaceae）

树皮富含纤维。单叶互生，叶基常偏斜，花小，单被，果有翅。

花程式：$*K_{4\sim8}C_0A_{4\sim8}\underline{G}_{(2:1)}$

12. 桑科（Moraceae）

木本，有乳汁。单叶互生，托叶早落。花小，单性，单被，4 基数，聚花果。

花程式：♂ $*K_{4\sim6}C_0A_{4\sim6}$，♀ $*K_{4\sim6}C_0\underline{G}_{(2:1)}$

13. 大麻科（Cannabaceae）

草本，叶常掌状分裂。花单性异株，5 基数，瘦果。

花程式：♂ $*K_5A_5$，♀ $K_5\underline{G}_{(2:1:1)}$

14. 荨麻科（Urticaceae）

草本，茎皮纤维发达，常具刺毛，聚伞花序；花单性，单被，瘦果。

花程式：♂ $*K_{4\sim5}C_0A_{4\sim5}$，♀ $*K_{4\sim5}C_0\underline{G}_{1:1}$

15. 胡桃科（Juglandaceae）

乔木，常具片状髓，羽状复叶，花单性，雄花柔荑花序，坚果核果状或具翅。

花程式：♂ $P_{4\sim6}A_{8\sim10}$，♀ $P_{3\sim5}\overline{G}_{(2:1)}$

16. 壳斗科（山毛榉科）（Fagaceae）

木本。单叶互生，侧脉直达叶缘。雄花柔荑花序；子房下位，坚果外有壳斗。

花程式：$*$ ♂ $K_{(4\sim8)}C_0A_{4\sim20}$，♀ $K_{(4\sim8)}C_0\overline{G}_{(3\sim6:3\sim6)}$

17. 桦木科（Betulaceae）

本木。叶互生，多具重锯齿，复合性的柔荑花序下垂。坚果包于叶状总苞内。

花程式：$*$ ♂ $P_4A_{2\sim20}$，♀ $P_0\overline{G}_{(2:2)}$

18. 石竹科（Caryophyllaceae）

草本。单叶对生，节部膨大，雄蕊常 10 枚，特立中央胎座。蒴果。

花程式：$*K_{4\sim5,(4\sim5)}C_{4\sim5}A_{5\sim10}\underline{G}_{(5\sim2:1)}$

19. 藜科（Chenopodoaceae）

草本，具泡状毛，叶互生。花小，单被；雄蕊对萼，基底胎座。胞果。

花程式：$*K_{5\sim3}C_0A_{5\sim3}\underline{G}_{(2\sim3:1)}$

20. 蓼科（Polygonaceae）

草本，具膜质托叶鞘，花单被，萼片花瓣状，瘦果三棱形或凸镜形。

花程式：$*K_{3\sim6}C_0A_{6\sim9}\underline{G}_{(2\sim4:1)}$

21. 五桠果科（第伦桃科）（Dilleniaceae）

木本，单叶互生，羽脉平行，叶缘有齿，花 5 基数；雄蕊多数。

花程式：$*K_5C_5A_\infty\underline{G}_{\infty(\infty)}$

22. 山茶科（茶科）（Theaceae）

常绿木本。单叶互生，有锯齿，花 5 基数，雄蕊多数；子房上位，中轴胎座。蒴果木质。

花程式：$*K_{4\sim\infty}C_{5,(5)}A\,\underline{G}_{(2\sim8:2\sim8)}$

23. 猕猴桃科（Actinidiaceae）

木质藤本，单叶互生，被粗毛或星状毛，花 5 基数，雄蕊多数，浆果。

花程式：$*K_5C_5A_{(\infty),10}\underline{G}_{(\infty:\infty:\infty)}$

24. 锦葵科（Malvaceae）

茎皮纤维发达。常为掌状叶脉，花 5 基数，有副萼；单体雄蕊，花药一室。蒴果或分果。

花程式：$K_5C_5A_{(\infty)}\underline{G}_{(3\sim\infty:3\sim\infty)}$

25. 椴树科（Tiliaceae）

茎皮纤维丰富，叶多为 3 出脉，聚伞花序，花 5 基数，雄蕊多数，非单体。

花程式：$K_5C_5A_{(\infty)}\underline{G}_{(2\sim\infty:2\sim\infty)}$

26. 堇菜科（Violaceae）

草本。叶互生或基生，有叶托，花两侧对称，5 基数；花瓣有距；侧膜胎座，蒴果。

花程式：$\uparrow K_5C_5A_5\underline{G}_{(3:1)}$

27. 葫芦科（Cucurbitaceae）

草本藤本，有卷须。叶常掌状分裂。花单性；聚药雄蕊；子房下位，侧膜胎座，

花程式：♂ $K_{(5)}C_{(5)}A_{1(2)(3)}$，♀ $K_{(5)}C_{(5)}\overline{G}_{(3:1)}$

28. 杨柳科（Salicaceae）

木本。单叶互生，花单性，异株，柔荑花序；无花被，具蜜腺或花盘，蒴果，种子微小，基部具丝状毛。

花程式：$*$ ♂ $K_0C_0A_{2\sim\infty}$，♀ $K_0C_0\underline{G}_{(2:1)}$

29. 十字花科（Cruciferae）

草本，常有辛辣汁，十字形花冠；4 强雄蕊；侧膜胎座，角果具假隔膜。

花程式：$*K_{2+2}C_{2+2}A_{2+4}\underline{G}_{(2:1)}$

30. 杜鹃花科（Ericaceae）

灌木。单叶互生，花辐射对称；雄蕊着生于花盘上，为花冠裂片的 2 倍，花药孔裂；中轴胎座。蒴果。

花程式：$*\uparrow K_{(5\sim4)}C_{5\sim4,(5\sim4)}A_{10\sim8,5\sim4}\underline{G}$，$\overline{G}_{(2\sim5:2\sim5)}$

31. 柿树科（Ebenaceac）

本木。单叶互生，全缘。花单性，雌雄异株，少同株。浆果具宿存萼。

花程式：$*K_{(3\sim7)}C_{(3\sim7)}A_{3\sim7,6\sim14,0\sim12}G_{(2\sim16:2\sim16)}$

32. 山矾科（Symplocaceae）

木本，具重叠芽，单叶互生，雄蕊常多数，子房下位，核果或浆果，顶部有宿存的花萼。

花程式：$*K_{(3\sim5)\text{常}(5)}C_{(3\sim11)\text{常}(5)}A_{4\sim\infty}G$，$\overline{G}_{(2\sim5:2\sim5)}$

33. 报春花科（Primulaceae）

草本，常具腺点和白粉，合瓣花冠；雄蕊与花冠裂片同数且对生；特立中央胎座，

蒴果。

花程式：$K_{(5)}C_{(5)}A_{(5)}\underline{G}_{(5:1)}$

34. 景天科（Crassulaceae）

草本，叶肉质，聚伞花序，花 5 基数；雄蕊为花瓣的 2 倍，心皮分离，蓇葖果。

花程式：$*K_{4\sim5}C_{4\sim5}A_{4\sim5+4\sim5}\underline{G}_{4\sim5}$

35. 虎耳草科（Saxifragaceae）

多为草本，叶常互生，无托叶，花 4～5 基数，雄蕊生于花瓣上，蒴果。

花程式：$*K_{4\sim5}C_{4\sim5,0}A_{4\sim5+4\sim5}\underline{G}_{(2\sim5:2\sim5)}$

36. 蔷薇科（Rosaceae）

叶互生，常有托叶，花 5 基数，花托凸起或凹陷；花被与雄蕊结合成花筒，形成周位花；子房上位或下位。

花程式：$*K_{(5)}C_{5,0}A_{5\sim\infty}\overline{G}$，$\overline{G}_{\infty\sim1}G_{(2\sim5:2\sim5)}$

37. 含羞草科（Mimosaceae）

常为 2 回羽状复叶，花辐射对称，花瓣镊合状排列；雄蕊多数，花丝长，荚果。

花程式：$*K_{(5)}C_{5}A_{\infty}\underline{G}_{(1:1)}$

38. 苏木科（云实科）（Caesalpiniaceae）

花两侧对称；假蝶形花冠，花瓣上升覆瓦状排列；雄蕊 10，分离，荚果。

花程式：$\uparrow K_{(5)}C_{5}A_{10}\underline{G}_{1:1}$

39. 蝶形花科（Fabaceae，Papilionaceae）

具托叶，花冠蝶形，花瓣下降覆瓦状排列；雄蕊 10，常结合成两体，荚果。

花程式：$\uparrow K_{(5)}C_{5}A_{(9)1,(5)(5),(10),10}\underline{G}_{1:1}$

40. 桃金娘科（Myrtaceae）

常绿木本。单叶全缘，对生，具透明油腺点。雄蕊多数，子房下位，中轴胎座。

花程式：$*K_{(3\sim\infty)}C_{4\sim5}A_{\infty}\overline{G}_{(2\sim5:2\sim5)}$

41. 红树科（Rhizophoraceae）

木本。单叶对生，革质，雄蕊多数，胚有绿色子叶，种子常在母树上发芽。

花程式：$K_{3\sim16}C_{3\sim16}A_{8\sim\infty}\overline{G}_{(2\sim6)}$

42. 桑寄生科（Loranthaceae）

寄生灌木，单叶对生或轮生。具副萼；花被花瓣状；杯状花托；下位子房。

花程式：$P_{4\sim6}A_{6}\overline{G}_{(3\sim4)}$

43. 卫矛科（Celastraceae）

木本。单叶，聚伞花序。子房常为花盘所绕或多少陷入其中。种子具肉质假种皮。

花程式：$*K_{4\sim5}C_{4\sim5}A_{4\sim5}\underline{G}_{(2\sim5:1\sim5:2)}$

44. 冬青科（Aquifoliaceae）

木本，树皮、枝叶有苦味，单叶互生。花小，单性，浆果状核果，萼和柱头宿存。

花程式：♂ $K_{3\sim6}C_{4\sim5}$，♀ $K_{3\sim6}C_{4\sim5}\underline{G}_{(2\sim6)}$

45. 大戟科（Euphorbiaceae）

多含乳汁，有托叶，叶片基部或叶柄顶端有腺体。花单性；子房上位，常 3 室。

蒴果。

花程式：* ♂ $K_{0\sim5}C_{0\sim5}A_{1\sim\infty}$，♀ $K_{0\sim5}C_{0\sim5}\underline{G}_{(3:3:1\sim2)}$

46. 鼠李科（Rhamnaceae）

单叶互生，常有托叶刺或枝刺。花周位，雄蕊与花瓣对生，并常为内卷的花瓣包藏；花盘发达。

花程式：$* K_{5\sim4}C_{5\sim4\sim0}A_{5\sim4}\underline{G}_{(4\sim2)}$

47. 葡萄科（Vitaceae，Ampelidaceae）

木质藤本，有卷须，花序与叶对生；雄蕊与花瓣对生；花盘环形。浆果。

花程式：$* K_{5\sim4}C_{5\sim4}A_{5\sim4}\underline{G}_{(2)}$

48. 无患子科（Sapindaceae）

木本，羽状复叶，花小，单性或杂性；花盘位于雄蕊的外方。种子常有假种皮。

花程式：* ↑ $K_{5\sim4}C_{5\sim4}A_{10\sim8}\underline{G}_{(3)}$

49. 槭树科（Aceraceae）

木本，叶对生，常掌状分裂；花辐射对称，分果具翅。

花程式：$* K_{5\sim4}C_{5\sim4}A_{8,4,10}\underline{G}_{(2:2)}$

50. 漆树科（Anacardiaceae）

含树脂道，常为羽状复叶，具雄蕊内花盘；子房1室，核果。

花程式：$* K_{(5)}C_{5}A_{10\sim5}\underline{G}_{(5\sim1)}$

51. 芸香科（Rutaceae）

植物体含有芳香油，在叶上表现为透明的小点。具雄蕊内下位花盘；外轮雄蕊对瓣。柑果、蓇葖果。

花程式：* ↑ $K_{5\sim4}C_{5\sim4}A_{10\sim8}\underline{G}_{(5\sim4)}$

52. 牻牛儿苗科（Geraniaceae）

草本，有托叶，花基本上为5基数，蒴果有长喙。

花程式：* ↑ $K_{5\sim4}C_{5\sim4}A_{10,5\sim15}\underline{G}_{(5\sim3)}$

53. 五加科（Araliaceae）

多为木本，常有刺。伞形花序，子房下位，常有浆果。

花程式：$* K_{5}C_{5}A_{5}G_{(5\sim2:5\sim2)}$

54. 伞形科（Apiaceae，Umbelliferae）

芳香草本，茎常中空。叶柄鞘状。复伞形花序；子房下位。双悬果。

花程式：$* K_{(5)\sim0}C_{5}A_{5}\overline{G}_{(2:2)}$

55. 龙胆科（Gentianaceae）

草本。单叶对生。花冠裂片旋转状排列，裂片间具皱或裂片基部有腺窝；心皮2。蒴果。

花程式：$* K_{4\sim5,(4\sim5)}C_{(4\sim5)}A_{(4\sim5)}\underline{G}_{(2:1)}$

56. 夹竹桃科（Apocynaceae）

木本，有乳汁，单叶全缘，对生或轮生。花冠喉部常有附属物，蓇葖果。

花程式：$* K_{(5)}C_{(5)}A_{5}\underline{G}_{2:2}$

57. 萝藦科（Asclepiadaceae）

草本，有乳汁，叶对生，花具副花冠。花粉结合成花粉块。雄蕊互相连合，并与雌蕊紧贴成载粉器。

花程式：$* K_{(5)\text{稀}5} C_{(5)\text{稀}5} A_5 G_{2:1}$

58. 茄科（Solanaceae）

草本，叶互生，花5基数，花冠常辐状；花药孔裂，子房2室，位置偏斜。浆果或蒴果。

花程式：$* K_{(5)} C_{(5)} A_5 \underline{G}_{(2:2)}$

59. 旋花科（Convolvulaceae）

草质藤本，有乳汁，花冠漏斗状，在开花前呈旋转折扇状；中轴胎座，蒴果，花萼宿存。

花程式：$* K_{(5)} C_{(5)} A_5 \underline{G}_{(2:2)}$

60. 马鞭草科（Verbenaceae）

小枝四棱，单叶对生。花两侧对称；雄蕊4，2强；子房2心皮合生。核果或蒴果。

花程式：$\uparrow * K_{(4\sim5)} C_{(4\sim5)} A_{4\sim5} \underline{G}_{(2:2)}$

61. 唇形科（Lemiaceae，Labiatae）

芳香草本，茎四棱，单叶对生。轮伞花序；唇形花冠；子房4深裂，花柱生裂隙基底，4小坚果。

花程式：$\uparrow * K_{(5)} C_{(4\sim5)} A_{4,2} \underline{G}_{(2:4)}$

62. 紫草科（Boraginaceae）

多为草本。叶互生。花两性，常蝎尾状花序；花冠喉部常有附属物；雄蕊内藏；心皮2，子房常4深裂。

花程式：$\uparrow * K_{(5)} C_{(5)} A_5 \underline{G}_{(2:4)}$

63. 木樨科（Oleaceae）

木本。叶对生，无托叶。花部4数；雄蕊2；子房上位；2室。

花程式：$\uparrow * K_{(4)\text{稀}3\sim10} C_{(4)\text{稀}(5\sim9)} A_{2\text{稀}3\sim5} \underline{G}_{(2:2)}$

64. 玄参科（Scrophulariaceae）

常草本。叶对生。花冠合瓣，2唇形；雄蕊4，2强；子房2室，中轴胎座。蒴果具萼宿存。

花程式：$\uparrow \text{稀} * K_{4\sim5} C_{4\sim5,(4\sim5)} A_{4,\text{稀}2,5} \underline{G}_{(2:2)}$

65. 桔梗科（Campanulaceae）

多年生草本，具乳汁，单叶对生。花冠钟状，辐射对称；雄蕊靠合；子房下位，常3室，蒴果。

花程式：$* \uparrow K_{5,\text{稀}(3\sim10)} C_{(5)} A_5 \overline{G}\ \text{稀}\ \underline{G}_{(3:3)}$

66. 茜草科（Rubiaceae）

叶对生或轮生，全缘，常具叶柄间托叶，花辐射对称；子房下位，2室。

花程式：$* K_{(4\sim5)} C_{(4\sim5)} A_{4\sim5} \overline{G}_{(2:2)}$

67. 忍冬科（Caprifoliaceae）

木本，叶对生，无托叶，花5基数，花冠裂片覆瓦状排列；子房下位，常3室。

花程式：$* \uparrow K_{(4\sim5)} C_{(4\sim5)} A_{4\sim5} \overline{G}_{(2\sim5:2\sim5)}$

68. 菊科（Asteraceae，Compositae）

多为草本，叶互生，具总苞的头状花序；花冠舌状或筒状；聚药雄蕊，连萼瘦果。

花程式：$* \uparrow K_{0\sim\infty} C_{(5)} A_{(5)} \overline{G}_{(2:1)}$

69. 泽泻科（Alismataceae）

沼泽生草本，花两性，萼片、花瓣区别明显；心皮离生，聚合瘦果。

花程式：$* P_{3+3} A_{\infty\sim6} \underline{G}_{\infty\sim6}$

70. 水鳖科（Hydrocharitaceae）

浮水或沉水植物，花多为单性，心皮合生，子房下位。

花程式：♂ $K_3 C_3 A_{3\sim\infty}$，♀ $K_3 C_3 \overline{G}_{(3\sim6)}$，$P_{3+3} A_{3\sim\infty} \overline{G}_{(3\sim6)}$

71. 槟榔科（Arecaceae）

木本，茎干不分枝，大型叶聚生茎顶，肉穗花序，具佛焰状总苞；花 3 基数。

花程式：$*$ ♂ $P_{3+3} A_{3+3}$，♀ $P_{3+3} \underline{G}_{3,(3)}$，$K_3 C_3 A_{3+3} \underline{G}_{3,(3)}$

72. 天南星科（Araceae）

草本，叶具网状脉，肉穗花序，通常具彩色佛焰苞。

花程式：$P_{0,4\sim6} A_{6\text{至多数}} \underline{G}_{(2,3\sim15)}$

73. 鸭跖草科（Commelinaceae）

草本，叶有明显的叶鞘，花被区分为花萼和花冠，蒴果，种子有棱。

花程式：$* \uparrow K_3 C_3 A_6 \underline{G}_{(3:3\sim1)}$

74. 莎草科（Cyperaceae）

秆常三棱形，实心，无节，叶 3 列，叶鞘闭合，坚果。

花程式：$P_0 A_{1\sim3} G_{(2\sim3)}$　♂ $P_0 A_{1\sim3}$，♀ $P_0 \underline{G}_{(2\sim3)}$

75. 禾本科（Gramineae，Poaceae）

秆圆柱形，有明显的节和节间，节间中空，叶 2 列，叶鞘开裂，颖果。

花程式：$P_{2\sim3} A_{3\sim3+3} G_{(2\sim3:1)}$

76. 姜科（Zingiberaceae）

草本，有香辣味，叶舌明显，能育雄蕊 1 枚，退化雄蕊花瓣状。

花程式：$\uparrow K_3 C_3 A_1 \overline{G}_{(3)}$ 或 $\uparrow P_{3+3} A_1 \overline{G}_{(3)}$

77. 百合科（Liliaceae）

具各种地下茎，花部 3 基数；花被花瓣状，子房上位，中轴胎座。

花程式：$* P_{3+3} A_{3+3} \underline{G}_{(3)}$

78. 石蒜科（Amaryllidaceae）

与百合科的主要区别：伞形花序；具膜质总苞；子房下位。

花程式：$* P_{3+3} A_{3+3} \overline{G}_{(3)}$

79. 薯蓣科（Dioscoreaceae）

缠绕草本，叶具掌状网脉，花单性，蒴果有翅，种子有翅。

花程式：♂ $P_{3+3} A_{6\sim3}$，♀ $P_{3+3} \overline{G}_{(3:3)}$

80. 兰科（Orchidaceae）

花两侧对称，形成唇瓣，雄蕊和雌蕊结合成合蕊柱；花粉黏合成花粉块；子房下位，侧膜胎座。

花程式：$\uparrow P_{3+3} A_{2\sim1} \overline{G}_{(3:1)}$

二、常见被子植物分科检索表

1. 乔木、灌木、半灌木和木质藤本植物
2. 寄生或半寄生的绿色植物
3. 半寄生在其他植物根上；核果顶端有叶状苞片 4 枚………… 檀香科（Santalaceae）
3. 寄生在其他植物茎枝上；核果不具 4 枚叶状苞片 …… 桑寄生科（Loranthaceae）
2. 自养的绿色植物
4. 叶片退化或极端退化或极小
5. 茎枝扁化；叶退化，托叶鞘退化仅剩横线痕状；单被花，簇生，雄蕊 8 枚 ………………………………… 蓼科（Polygonaceae）[竹节蓼属（*Homalocladium*）]
5. 茎枝不扁化，纤细；叶退化成鳞片状，无托叶；两被花，总状或圆锥花序，雄蕊 4～5 枚 ……………………………………………………… 柽柳科（Tamaricaceae）
4. 叶片不退化
6. 荚果；雄蕊分离或二体雄蕊，常蝶形花冠 …………………… 豆科（Leguminosae）[含羞草科（Mimosaceae），芸实科（Caesalpiniaceae），蝶形花科（Fabaceae）]
6. 非荚果
7. 茎秆具结和中空的节间，地上具根状茎；叶分叶片、叶柄、叶鞘，叶片披针形，具平行脉，抱着茎秆的叶鞘常革质 ………………………………… 禾本科（Gramineae）[竹亚科（Bambusoideae）]
7. 非上述性状
8. 花序具佛焰苞
9. 茎直立粗壮不分枝，上端有残存纤维状的不易脱落的老叶鞘；叶丛生茎顶，掌状分裂或羽状分裂 …………………………………………………… 棕榈科（Palmaceae）
9. 攀缘藤本；叶羽状深裂及多孔，叶柄具膜质鞘，叶互生，2 列 …………………………………… 天南星科（Araceae）[龟背竹属（*Monstera*）]
8. 花序不具佛焰苞
10. 花和果生于叶片的主脉上
11. 常绿灌木；叶长达 4cm，基出弧形脉 …………………………………………… 百合科（Liliaceae）[假叶树属（*Ruscus*）]
11. 落叶灌木，叶长达 13cm，羽状脉 ……………………………… 山茱萸科（Cornaceae）[青荚叶属（*Helwingia*）]
10. 花和果生于叶腋内或枝顶
12. 冬芽包于膨大的叶柄基部内
13. 乔木；球形聚花果 1～3 枚，成串生于叶腋……………… 悬铃木科（Platanaceae）
13. 藤本；浆果 ……………………………………………… 猕猴桃科（Actinidiaceae）
12. 叶柄基部不包着冬芽

14. 植物体具卷须，木质藤本或稀蔓状草本
15. 叶柄缠绕代替卷须 ………… 毛茛科（Ranunculaceae）［铁线莲属（*Clematis*）］
15. 卷须非叶柄所代替
16. 卷须和花序与叶交互生，卷须有时变为吸盘；两被花 ……… 葡萄科（Vitaceae）
16. 卷须生于叶柄的两侧；单被花 ……… 百合科（Liliaceae）［菝葜属（*Smilax*）］
14. 植物体无卷须
17. 多为木质藤本；萼片花瓣状，无花瓣，雄蕊多数；瘦果多数集成头状，成熟时花柱伸长呈羽毛状 …………………………………………… 毛茛科（Ranunculaceae）
17. 果实非上述性状
18. 叶对生、轮生或近似对生
19. 叶为各式复叶
20. 乔木；枝圆柱形；花瓣离生，雄蕊 5～9 枚 ……… 七叶树科（Hippocastanaceae）
21. 灌木或乔木；枝四方形；花瓣合生，唇形，雄蕊常 4 枚 ………………………………………… 马鞭草科（Verbenaceae）［牡荆属（*Vitex*）］
20. 叶为三出复叶或羽状复叶
22. 具两翅展开的双翅果 …………………………………………… 槭树科（Aceraceae）
22. 非双翅果，有时为单翅的单翅果
23. 子房下位，药房外向开裂；髓粗大 ……………………………… 忍冬科（Caprifoliaceae）［接骨木属（*Sambucus*）］
23. 子房上位
24. 花瓣离生
25. 花多两性，心皮 3 枚 ……………………………………… 省沽油科（Staphyleaceae）
25. 花常单性，心皮 4～5 枚 ………………………………………… 芸香科（Rutaceae）
24. 花瓣合生，如果离生则雄蕊 2 枚
26. 雄蕊 4 枚，二强雄蕊，花冠漏斗状具 5 个开展的裂片 … 紫葳科（Bignoniaceae）
26. 雄蕊 2 枚，花冠基部合生或少有离生 ……………………… 木樨科（Oleaceae）
19. 叶为单叶，全缘、具齿或深裂
27. 两被花，花瓣合生
28. 子房下位
29. 具托叶 ……………………………………………………………… 茜草科（Rubiaceae）
29. 无托叶 …………………………………………………… 忍冬科（Caprigoliaceae）
28. 子房上位
30. 雄蕊 2 枚，有时具不育雄蕊
31. 无不育雄蕊 ………………………………………………………… 木樨科（Oleaceae）
31. 具不育雄蕊 2～3 枚
32. 落叶乔木或灌木；花萼不整齐，无副花冠 …………… 紫葳科（Bignoniaceae）
32. 附生常绿矮小半灌木；花萼整齐，具副花冠 ………… 苦苣苔科（Gesneriaceae）
30. 雄蕊 4～5 枚

33. 植物体具乳汁
34. 具副花冠和花粉块，花药合生 …………………………… 萝藦科（Asclepiadaceae）
34. 无副花冠和花粉块，花药离生 ………………………… 夹竹桃科（Apocynaceae）
33. 植物体无乳汁
35. 常绿攀缘状灌木或常绿半灌木，后者植物体具有腺点
36. 常绿攀缘状灌木 ……………… 马钱科（Loganiaceae）[蓬莱葛属（*Gardneria*）]
36. 常绿半灌木；具匍匐根状茎，叶、花、果均具腺点 … 紫金牛科（Myrsinaceae）
35. 落叶植物
37. 花辐射对称，花萼和花冠均4裂，雄蕊4枚等长 …… 醉鱼草科（Buddlejaceae）
37. 花常两侧对称，花冠常5裂，雄蕊4～5枚
38. 灌木，幼枝光滑，花萼叶质，雄蕊等长 ………………… 马鞭草科（Verbenaceae）
38. 乔木，幼枝被星状绒毛；花萼革质，雄蕊2长2短
……………………………………………………… 玄参科（Scrophulariaceae）
27. 无被花或单被花，若两被花则花瓣离生
39. 果为两翅展开的双翅果 ……………………………………… 槭树科（Aceraceae）
39. 非双翅果，可以是单翅的翅果
40. 无被花、单被花或花被退化为鳞片而萼片变成花瓣状
41. 具长枝和短枝，短枝密生环纹；叶在长枝上对生而在短枝上互生；花单性，无花被
…………………………………………………… 连香树科（Cercidiphyllaceae）
41. 非上述形性状
42. 无被花，芳香，苞片近三角形，雄蕊1～3枚，合生
…………………………………………………… 金粟兰科（Chloranthaceae）
42. 单被花或退化的两被花
43. 花被片多数，螺旋状排列，花药外向 ………………… 蜡梅科（Calycanthaceae）
43. 花被4或5片，或两被花花冠退化为鳞片状
44. 花被离生
45. 叶分裂或有齿，基出脉；子房1室，雄蕊与花被片同数且对生
……………………………………………………………… 荨麻科（Urticaceae）
45. 叶全缘，羽状脉；子房3室，雄蕊与花被片同数且互生…… 黄杨科（Buxaceae）
44. 花被合生，或花冠退化为鳞片状或缺
46. 雄蕊4～5枚，子房2～4室 ………………………………… 鼠李科（Rhamnaceae）
46. 雄蕊8枚，子房1室 ……………………………………… 瑞香科（Thymelaeaceae）
40. 两被花
47. 子房上位，有时花盘发达而子房藏于花盘内
48. 雄蕊多数，具副萼片4枚………… 蔷薇科（Rosaceae）[鸡麻属（*Rhodotypos*）]
48. 雄蕊4～5枚，稀10枚，无副萼片
49. 核果 ………………………………………………………… 鼠李科（Rhamnaceae）
49. 蒴果，种子具假种皮 …………………………………… 卫矛科（Celastraceae）

47. 子房下位或半下位
50. 具副花冠；叶多具 3～9 条基出脉 ………………… 野牡丹科（Melastomataceae）
50. 无副花冠
51. 花萼肉质肥厚，萼筒 5～7 裂，花瓣 5～7 片生于萼筒内，具皱纹；浆果具肥厚革质果皮 ……………………………………………………… 石榴科（Punicaceae）
51. 花非上述性状
52. 常绿植物
53. 叶常有腺点，全缘；两性花……………………………… 桃金娘科（Myrtaceae）
53. 叶无腺点，有齿；单性花；雌雄异株 …………………… 山茱萸科（Cornaceae）
52. 落叶植物
54. 雄蕊 4 枚，与花瓣互生 ………………………………… 山茱萸科（Cornaceae）
54. 雄蕊 8～10 枚或更多
55. 花单生或簇生叶腋，花梗细长花下垂，雄蕊 8 枚 ……………………………… 柳叶菜科（Onagaceae）[倒挂金钟属（*Fuchsia*）]
55. 花组成花序，花梗短花不下垂，雄蕊 10 枚或更多 … 虎耳草科（Saxifragaceae）
18. 叶互生或簇生枝顶以及短枝上
56. 叶为各种复叶
57. 藤本植物；掌状或三出复叶
58. 叶基对称；浆果 3～12 个轮生 ………………………… 木通科（Lardizabaceae）
58. 叶基不对称；许多浆果组成球状聚合果 ………… 大血藤科（Sargentodoxaceae）
57. 乔木、灌木或蔓木灌木
59. 两被花，花冠合瓣，雄蕊 2 枚 ………………………………… 木樨科（Oleaceae）
59. 两被花、单被花和无被花，花冠离瓣
60. 子房下位
61. 单被花，单性，雌雄同株，雄花为柔荑花序 ………… 胡桃科（Juglandaceae）
61. 两被花，两性花
62. 花托壶状，雄蕊多数着生于花托边缘；梨果 ………………… 蔷薇科（Rosaceae）
62. 花托非壶状，雄蕊与花瓣同数；核果或浆果 ……………… 五加科（Araliaceae）
60. 子房上位，有时花盘发达，包埋着子房
63. 二回三出复叶；花大，单一或数朵顶生或同时腋生，花瓣 5 枚至多数，雄蕊多数，心皮 2～7 枚离生，蓇葖果 ……………………………… 芍药科（Paeoniaceae）
63. 非二回三出复叶
64. 掌状三出复叶；单被花，单性，雌雄异株，子房 3～4 室 ………………………………………………………… 大戟科（Euphorbiaceae）
64. 多为羽状复叶；花常两性
65. 单身复叶或羽状复叶，具透明油点，全体含挥发油；花盘发达，药隔末端常有油点；柑果或蓇葖果 ………………………………………… 芸香科（Rutaceae）
65. 非单身复叶，可以是其他复叶，叶内无透明油点

66. 雄蕊和花被共同着生壶状或杯状花托的边缘，雄蕊多数，基部多少合生
………………………………………………………………………… 蔷薇科（Rosaceae）

66. 雄蕊有定数，4～10 枚，非上述着生方式

67. 花瓣 5 枚，不等大，外面 3 片大，内面 2 片极小，常 2 裂，雄蕊 5 枚，外面 3 枚不育，内面 2 枚与小花瓣对生 ……………………………… 清风藤科（Sabiaceae）

67. 花瓣或花被等大，雄蕊非上述情况

68. 雄蕊数常为花瓣的 2 倍，合生成雄蕊管，顶端 10～12 裂，10～12 个花药着生在裂片间的内面 ……………………………………………………… 楝科（Meliaceae）

68. 雄蕊不形成雄蕊管

69. 常绿灌木……………………………………………………… 小蘖科（Berabridaceae）

69. 落叶乔木，稀灌木

70. 偶数羽状复叶

71. 小叶基部对称；蒴果 ……………………… 楝科（Meliaceae）［香椿属（*Toona*）］

71. 小叶基部歪斜不对称；核果

72. 小叶披针形，顶端渐尖，全缘
……………………………… 漆树科（Anacaridaceae）［黄连木属（*Pistacia*）］

72. 小叶卵形披针状至长椭圆形，顶端较钝，叶缘呈微波状
……………………………… 无患子科（Sapindaceae）［无患子属（*Sapindus*）］

70. 奇数羽状复叶

73. 具托叶和小托叶 …………… 省沽油科（Staphyleaceae）［银鹊树属（*Tapiscia*）］

73. 无托叶

74. 二回羽状复叶；蒴果，肿胀膜质，成熟时 3 瓣裂 …… 无患子科（Sapindaceae）

74. 一回羽状复叶；核果或翅果

75. 树皮常含树脂、乳汁或漆汁；心皮合生，花丝基部光滑
………………………………………………………………… 漆树科（Anacaridiaceae）

75. 树皮不分泌汁但味极苦；心皮多离生，花丝基部有鳞片
…………………………………………………………… 苦木科（Simaroubaceae）

56. 叶为单叶，全缘或各种程度的分裂

76. 雄蕊和花被共同着生在壶状或杯托状花托的边缘…………… 蔷薇科（Rosaceae）

76. 雄蕊和花被非上述着生方式

77. 具副萼，花丝结合成筒状，套在花柱外，花药单室 ……… 锦葵科（Malvaceae）

77. 无副萼，花丝常不结合成筒状，花药 2 室

78. 藤本植物，叶盾状着生；叶若非盾状着生，则花瓣顶端 2 裂
……………………………………………………… 防己科（Menispermaceae）

78. 叶非盾状着生

79. 两性花两侧对称，花瓣 3～5 片，不等大，中央一瓣为龙骨瓣状，雄蕊 8 枚，花丝合生成鞘状，花药顶孔开裂 ……………………………… 远志科（Polygalaceae）

79. 花辐射对称，花药非顶孔开裂

80. 全体有银白色或褐锈色盾状或星状鳞片，尤其叶背明显，常为灌木
…………………………………………………………… 胡颓子科（Elaeagnaceae）

80. 植物体无盾状或星状鳞片

81. 无被花或单被花

82. 无被花，或至少雄花无花被，具苞片或不具苞片

83. 树皮和叶片撕断后有白色细胶丝相连 ………………… 杜仲科（Eucommiaceae）

83. 树皮和叶不具上述特征

84. 柔荑花序，至少雄花为柔荑花序

85. 雌雄同株，花基部无花盘和腺体，坚果或翅果 …………… 桦木科（Betulaceae）

85. 雌雄同株，花基部有杯状花盘或腺体；蒴果 ……………… 杨柳科（Salicaceae）

84. 花序穗状、头状或簇生于叶腋

86. 落叶乔木；花 6～12 朵簇生叶腋处，早春先叶开放，两性花，雄蕊 6～14 枚；翅果
…………………………………………………………… 领春木科（Eupteleaceae）

86. 常绿植物；花序穗状或雌花序头状

87. 乔木或灌木；叶楔状倒卵形 ………………………………… 杨梅科（Myricaceae）

87. 藤本；叶卵状披针形 ………………………………………… 胡椒科（Piperaceae）

82. 单被花

88. 子房上位，多为柔荑花序

89. 坚果生于壳斗上 ……………………………………………… ae）

89. 坚果或翅果，坚果外面被果苞托着或包着 ………………… 桦

88. 子房上位，少为柔荑花序

90. 花被片 1～5 枚，一轮着生

91. 花被合生成管状，4 裂，雄蕊 8～10 枚成二轮着生于花被管上，近无花丝
…………………………………………………………… 瑞香科（Thymelaeaceae）

91. 花被和雄蕊非上述特征

92. 雄蕊与花被同数或为其 2 倍且与之对生

93. 叶基部常偏斜；花单生或簇生成聚伞花序 …………………… 榆科（Ulmaceae）

93. 叶基部对称

94. 乔木、灌木或藤本，多具白色乳汁，花序头状、隐头、柔荑或复聚伞花序；聚花果
…………………………………………………………………… 桑科（Moraceae）

94. 半灌木状的纤维物，无乳汁，总状或圆锥花序；单果
…………………………………… 荨麻科（Urticaceae）［苎麻属（*Boehmeria*）］

92. 雄蕊数与花被无规则的数量关系，且多与之互生

95. 单体雄蕊，心皮 5 枚；蒴果而呈蓇葖果状，成熟前裂开为叶状果瓣，2～4 粒种子着生于果瓣基部的边缘 ………… 梧桐科（Sterculiaceae）［梧桐属（*Firmiana*）］

95. 雄蕊和果实非上述性状

96. 常绿植物

97. 枝常有刺，叶卵形，长 4～8cm ……………………… 大风子科（Flacourtiaceae）

97. 枝无刺，叶长椭圆形

98. 叶长 3～7cm；蒴果 …… 金缕梅科（Hamamelidaceae）［蚊母树属（*Distylium*）］

98. 叶长 10～15cm；核果…………………………… 交让木科（Daphniphyllaceae）

96. 落叶植物

99. 叶掌状 3～7 裂，掌状脉 5～7 条，托叶线形，红色，早落；蒴果集成球形果序，花柱宿存针刺状……… 金缕梅科（Hamamelidaceae）［枫香属（*Liquidambar*）］

99. 叶全缘，稀 3 浅裂；蒴果不集成球状果序

100. 植物常具乳汁；具 2～3 室的蒴果，每室 1 颗种子 …… 大戟科（Euphorbiaceae）

100. 植物体无乳汁；具 1 室的蒴果或浆果，前者有多数种子 ………………………………… 大风子科（Flacourtiaceae）［柞木属（*Xylosma*）］

90. 花被片 6 枚或更多，二轮或多轮着生

101. 藤本植物；具穗状或头状的聚合果 ………………… 五味子科（Schisandraceae）

101. 乔木或灌木

102. 枝条节处具针刺，短枝上的叶簇生 …………………… 小檗科（Berberidaceae）

102. 枝条节上无针刺，叶互生或簇生于枝顶端

103. 雌蕊多心皮合生，花药瓣裂 ……………………………………… 樟科（Lauraceae）

103. 雌蕊多心皮离生，花药非瓣裂

104. 枝具环状托叶痕；心皮多数螺旋状排列于一延长的花托上；蓇葖果聚合成穗状 [illegible]……………………………………………… 木兰科（Magnoliaceae）

[illegible]状托叶痕；心皮 5～21 枚，轮状排列于一隆起的花托上，一轮；蓇葖果排成星状 ………………………………………………………… 八角科（Illciaceae）

81. 两被花，花瓣合生或离生

105. 子房上位

106. 花冠离瓣

107. 花丝连合成管，顶端 5 裂，每 2 裂片间具有 3 个花药，子房有柄 ………………………………………………………… 梧桐科（Sterculiaceae）

107. 非上述性状

108. 树皮叶液具有强烈臭味；圆锥花序顶生，不育花的小花梗伸长，其上被有开展的紫色羽毛状长柔毛 …………… 漆树科（Anacardiaceae）［黄栌属（*Cotinus*）］

108. 树皮和花序不具上述特征

109. 雄蕊 4～5 枚，有时具退化雄蕊

110. 雄蕊与花瓣互生

111. 叶散生细小油点；花单性雌雄异株，雄花成总状花序，每花一枚大型苞花，花 4 数；蒴果………………………… 芸香科（Rutaceae）［日本常山属（*Orixa*）］

111. 叶无细小油点

112. 叶多聚于枝顶；花瓣常向外反卷，侧膜胎座；蒴果 3 瓣裂 ………………………………………………………… 海桐科（Pittosporaceae）

112. 叶散生枝上；果非上述性状

113. 花无发达花盘；浆果状核果 ………………………………… 冬青科（Aquifoliaceae）
113. 花具发达花盘；蒴果或翅果，种子多有假种皮 ………… 卫矛科（Celastraceae）
110. 雄蕊与花瓣对生
114. 植物体常具刺；花瓣大小一致，花瓣着生萼筒内，常短于并小于花萼
…………………………………………………………………………… 鼠李科（Rhamnaceae）
114. 植物体无刺，花瓣大小不一，常内方2片较小 ………… 清风藤科（Sabiaceae）
109. 雄蕊6枚至多数
115. 植物体具乳汁，叶柄顶端具2枚腺体；核果较大，2～5室，每室1种子
…………………………………… 大戟科（Euphorbiaceae）［油桐属（*Aleurites*）］
115. 植物体无乳汁；叶柄顶端无腺体
116. 花具2枚小苞叶，常对生于萼下
117. 穗状或总状花序；萼片和花瓣均4枚，雄蕊8枚 … 旌节花科（Stachyuraceae）
117. 花单生或簇生叶腋；萼片和花瓣多为5枚，雄蕊多数 …… 山茶科（Theaceae）
116. 花无小苞片，但花序轴有时具大型舌状苞片
118. 叶3～5基出脉；花序轴有时具大型舌状苞片，花瓣边缘整齐，基部具腺体1枚
……………………………………………………………………………… 椴树科（Tiliaceae）
118. 叶多羽状脉；花序轴无舌状苞片，花瓣边缘不整齐
119. 常绿乔木；花瓣比萼片稍短或近等长，上部浅裂；核果和蒴果
………………………………………………………………………… 杜英科（Elaeocarpaceae）
119. 落叶植物；花瓣比萼片稍长或长很多；蒴果
120. 圆锥花序顶生和腋生，花瓣有爪，内卷，边缘具齿或波状皱缩
……………………………………………………………… ［紫薇属（*Lagerstroemia*）］
120. 由3～6枚总状花序构成顶生的圆锥花序，花瓣顶端微缺
……………………………………………………………………… 山柳科（Clethraceae）
106. 花冠合瓣
121. 叶、花萼和果实上均有腺点 ……………………………… 紫金牛科（Myrsinaceae）
121. 叶、花萼和果实上均无腺点
122. 常具刺的蔓状灌木；花丝基部有毛环，浆果
………………………………………… 茄科（Solanaceae）［枸杞属（*Lycium*）］
122. 植物体无刺；花丝无毛环
123. 雄蕊与花冠裂片同数或2倍，花药常有芒状附属物。顶端孔裂，花粉常为四分体
…………………………………………………………………………… 杜鹃花科（Ericaceae）
123. 雄蕊非上述性状
124. 花萼和花冠裂片及雄蕊数均为5
125. 花多单生；浆果 …………………………………………… 茄科（Solanaceae）
125. 花常组成大型花序；核果或小坚果 ……………………… 紫草科（Boraginaceae）
124. 花萼和花冠裂片及雄蕊数非均为5
126. 单性花稀杂性花，花萼深裂，结果时增大宿存；浆果 …… 柿树科（Ebenaceae）

126. 两性花稀杂性花，花萼浅裂，宿存但不增大；核果或蒴果
……………………………………………………………… 野茉莉科（Styracaceae）

105. 子房下位或半下位

127. 花冠离瓣，但有时花瓣在蕾期合生，开放时离生且反卷

128. 植物体具茎刺；叶簇生；花萼肉质肥厚具艳色，花瓣着生于萼筒内，有皱纹；浆果具肥厚革质的果皮 ………………………………………… 石榴科（Punicaceae）

128. 植物体常无刺，花非上述性状

129. 花序轴具关节；花瓣与萼片同数，线形或舌形，蕾期结合成管状，开放时分离且反卷 …………………………………………………………… 八角枫科（Alangiaceae）

129. 花序轴无关节；花瓣在蕾期不结合，或与花萼合生成一帽状体

130. 叶常具透明腺点……………………………………………… 桃金娘科（Myrtaceae）

130. 叶无透明腺点

131. 常绿植物

132. 乔木或灌木 ………………………… 虎耳草科（Saxifragaceae）［鼠刺属（*Itea*）］

132. 藤本植物，具气生根 …………… 五加科（Araliaceae）［常春藤属（*Hedera*）］

131. 落叶植物

133. 叶全缘

134. 头状花序顶生或聚伞状总状花序；单性花 ………………… 紫树科（Nyssaceae）

134. 伞房状聚伞花序顶生；两性花 ……………………………… 山茱萸科（Cornaceae）

133. 叶具齿

135. 伞形或头状花序……………………………………………… 五加科（Araliaceae）

135. 多为总状花序，花稀单生或簇生

136. 植物体具星状毛；木质蒴果 ……………………… 金缕梅科（Hamamelidaceae）

136. 植物体无星状毛；浆果多数有宿存的花萼 ………… 虎耳草科（Saxifragaceae）

127. 花冠合瓣

137. 有长枝和短枝；花冠管内面近花药处有一束糙毛，具副萼
……………………………………………………………… 铁青树科（Olacaceae）

137. 无长枝和短枝之分；花非上述特征

138. 雄蕊与花冠裂片同数或2倍，着生于花盘基部，花药顶端孔裂，药隔常有芒状附属物，花粉常为四分体 ……………………………………… 杜鹃花科（Ericaceae）

138. 花药非孔裂，药隔顶端无附属物，花粉不为四分体

139. 植物体常具星状毛或鳞片；雄蕊为花冠裂片的2倍，整齐，或5长5短，花丝基部常合生成筒；核果或蒴果，花萼裂片常脱落………… 野茉莉科（Styracaceae）

139. 植物体具绒毛或柔毛；雄蕊多数，参差不齐，花丝分离或合生成几组，浆果状核果，顶端具宿存的萼裂片 ………………………… 山矾科（Symplocaceae）

1. 一年生或多年生草本植物或草质藤本植物

140. 非绿色寄生或腐生草本植物，有时茎为绿色但也无绿叶

141. 缠绕性草质藤本；花簇生成球状

…………………………… 旋花科（Convolvulaceae）［菟丝子属（*Cuscuta*）］

141. 直立草本植物

142. 寄生于其他植物根上

143. 花单性，单被花，花被片离生 ……………………… 蛇菰科（Balanophoraceae）

143. 花单性，单被花，花被合生…………………………… 列当科（Orobanchaceae）

142. 腐生草本植物

144. 叶成鞘状鳞片生于节上；具大型总状花序，萼片和花瓣合生成壶状

…………………………………… 兰科（Orchidaceae）［天麻属（*Gastrodia*）］

144. 叶为鳞片状互生在茎上；非大型总状花序

145. 小型草本；花单生或 3～8 朵组成偏向一侧的总状花序

…………………………………………………………… 鹿蹄草科（Pyrolaceae）

145. 大型草本；大型总状圆锥花序

………………………………… 兰科（Orchidaceae）［山珊瑚兰属（*Galeola*）］

140. 绿色草本植物

146. 食虫纤细草本，沼生；叶基生，线形或匙形，长 1cm，开花时萎缩消失；花冠合瓣，唇形 …………………………………………… 狸藻科（Lentibulariaceae）

146. 植物体非上述性状

147. 水生植物，有时具两型叶，其中挺水植物具两型叶

148. 漂浮水面的叶状体，无茎叶区别，有根或无根 ………… 浮萍科（Lemnaceae）

148. 具根茎叶的植物

149. 叶盾状着生 ……………………………………………… 睡莲科（Nymplaeaceae）

149. 叶非盾状着生

150. 叶柄中部膨大成海绵状气囊

151. 浮水叶菱状三角形，具齿 ………………………………… 菱科（Trapaceae）

151. 叶宽卵形或卵状心形，全缘 ………………………… 雨久花科（Pontedcriaceae）

150. 叶柄粗细均匀不膨大

152. 花自佛焰苞中抽出

153. 浮水植物；叶倒卵状楔形，簇生 …… 天南星科（Araceae）［大漂属（*Pistia*）］

153. 沉水植物；叶线形或披针形 ……………………… 水鳖科（Hydrocharitariceae）

152. 花序无佛焰苞

154. 叶同型或异型，叶片一至数回分裂或分叉

155. 叶互生

156. 食虫草本；叶 2～3 回羽状分裂 ……………………… 狸藻科（Lentibulariaceae）

156. 非食虫草本；叶 3～4 回细裂

…………………………… 毛茛科（Ranunculaceae）［水毛茛属（*Batrachium*）］

155. 叶对生或轮生

157. 无两型叶，叶 1～2 回二歧分叉 ………………… 金鱼藻科（Ceratophyllaceae）

157. 具两型叶

158. 叶背面具腺点 …………………………………………………… 玄参科（Scrophulariaceae）
158. 叶背面无腺点 ……………………………………………… 小二仙草科（Haloragidaceae）
154. 叶片不分裂
159. 叶片边缘有齿或刺，无柄，具托叶状鞘 ………………… 茨藻科（Najadaceae）
159. 叶片边缘常无刺，有柄，叶柄无托叶状鞘
160. 头状花序 1～4 个，腋生，无总梗
…………………………… 苋科（Amaranthaceae）［莲子草属（*Alternanthera*）］
160. 非头状花序
161. 叶片卵形，圆形或肾形，基部心形
162. 叶柄粗壮，基部具鞘 ……………………………………… 雨久花科（Pontederiaceae）
162. 叶柄细长，基部无鞘，叶圆形或肾形
163. 叶背有海绵状浮飘组织………………………………………… 水鳖科（Hydrocharitaceae）
163. 叶背面无海绵状浮飘组织
164. 弧形脉；大型圆锥或总状花序，花小 ……………………… 泽泻科（Alismataceae）
164. 掌状脉；花单生，花大 ………………………………………… 睡菜科（Menyanthaceae）
161. 叶基部非心形
165. 叶具平行脉，或叶为线形；花芽外面包有托叶鞘，无苞片；花被 4～6 枚
………………………………………………………… 眼子菜科（Potamogetonaceae）
165. 叶具羽状脉，花芽外无托叶鞘
166. 单性花，雄蕊 1 枚 ………………………………………… 水马齿科（Callitrichaceae）
166. 两性花，雄蕊 2～12 枚
167. 叶对生 ………………………………… 胡麻科（Pedaliaceae）［茶菱属（*Trapella*）］
167. 叶互生 ………………………… 柳叶菜科（Onargraceae）［水龙属（*Jussiaea*）］
147. 陆生植物或具单型叶的挺水植物
168. 叶退化为膜质鳞片，刺或缺
169. 肉质草本，叶通常缺或退化，鳞片叶的叶腋生刺 ……… 仙人掌科（Cactaceae）
169. 非肉质草本
170. 叶退化为膜质鳞片，叶状枝线条形或针形，一至数枚簇生于退化叶腋内；具数个纺锤状块根；蔓生草本或草质藤本
………………………………………… 百合科（Liliaceae）［天门冬属（*Asparagus*）］
170. 叶退化仅存膜质叶鞘；茎不分枝，簇生且多湿生
171. 叶鞘闭合；由小穗组成聚伞花序，或小穗单生 …………… 莎草科（Cyperaceae）
171. 叶鞘开裂；由单花组成聚伞花序或圆锥花序 …………… 灯芯草科（Juncaceae）
168. 叶为正常叶
172. 由管状花和舌状花或全由管状花或舌状花组成的头状花序，花序外由一至数层总苞片组成的总苞围绕，花药聚合 ……………………… 菊科（Compositae）
172. 花序和花非序上述性状
173. 荚果或节荚；花多为蝶形花或多具二体雄蕊 ………… 豆科（Leguminosae）

173. 非荚果
174. 角果；花冠十字形，花瓣具爪，四强雄蕊 ……………… 十字花科（Cruciferae）
174. 非角果
175. 双悬果；叶柄基部具鞘抱茎；伞形或复伞形花序　…… 伞形科（Umbelliferae）
175. 非双悬果
176. 具膜质或草质筒状托叶鞘　……………………………… 蓼科（Polygonaceae）
176. 无草质筒状托叶鞘
177. 具卷须的藤本植物
178. 卷须与叶对生，多分叉；子房上位　………………………… 葡萄科（Vitaceae）
178. 卷须与叶柄成 90°角
179. 卷须与叶柄成 90°角；子房下位　……………………… 葫芦科（Cucurbitaceae）
179. 卷须生于叶腋
180. 卷须单一，叶柄顶端有一对腺体……………………… 西番莲科（Passifloraceae）
180. 卷须 2，为腋生聚伞花序之最下面一对花柄发育而成，叶柄无腺体
……………………… 无患子科（Sapindaceae）［倒地铃属（*Cardiospermum*）］
177. 直立或匍匐草本或无卷须的藤本植物
181. 缠绕的草质藤本
182. 叶片盾状着生
183. 枝和叶柄有倒向钩刺，叶三角形，托叶草质圆形穿茎 …… 蓼科（Polygonaceae）
183. 枝和叶柄无刺，叶近圆形，无托叶 ………………… 防己科（Menispermaceae）
182. 叶片非盾状着生
184. 叶互生
185. 植物体常有乳汁
186. 单叶全缘或各种深裂，花蕾扭旋，花冠呈喇叭状 …… 旋花科（Convolvulaceae）
186. 单叶或复叶，不裂，花蕾不扭旋，花冠钟形　……… 桔梗科（Campanulaceae）
185. 植物体无乳汁
187. 单性花
188. 掌状脉；核果　……………………………………… 防己科（Menispermaceae）
188. 弧形状；有时中部以上叶对生或基部 3～4 片叶轮生；蒴果具 3 个棱翅
………………………………………………………… 薯蓣科（Dioscoreaceae）
187. 两性花
189. 叶 3～5 掌状分裂；花两侧对称，蓝紫色，萼片花瓣状，上萼片高盔状，花瓣具长爪……………………………… 毛茛科（Ranunculaceae）［乌头属（*Aconitum*）］
189. 叶和花非上述特征
190. 肉质藤本，叶肉质，茎绿色或紫红色；穗状花序腋生，子房上位
…………………………………………………………… 落葵科（Basellaceae）
190. 非肉质藤本
191. 花单生叶腋，两侧对称；蒴果　…………………… 马兜铃科（Aristolochiaceae）

191. 聚伞花序腋生，花辐射对称；浆果…… 茄科（Solanaceae）［茄属（*Solanum*）］
184. 叶对生
192. 三出复叶或羽状复叶；若为单叶，则雄蕊花丝两侧有长柔毛；叶柄往往变成攀缘器官 ………………………… 毛茛科（Ranunculaceae）［铁线莲属（*Clematis*）］
192. 单叶
193. 植物体无乳汁，茎有棱，倒生钩刺；或茎圆柱形无刺，但揉碎后具恶臭味
194. 叶卵形或肾状五角形，掌状深裂或不裂，叶背面多有黄色腺点；单被花 ……………………………………………………………… 大麻科（Cannabinaceae）
194. 叶卵心形或披针形，全缘，多轮生；以对生为主者茎圆柱形，叶和茎揉碎后具恶臭味 ……………………………………………………………… 茜草科（Rubiaceae）
193. 植物体常具乳汁，茎圆柱形无刺，无恶臭味
195. 叶全缘；花具副花冠；蓇葖果；种子有毛 …………… 萝藦科（Asclepiadaceae）
195. 叶具齿；花无副花冠；浆果；种子无毛 ………………… 桔梗科（Campanulaceae）［金钱豹属（*Campanumoea*）］
181. 直立蔓性或匍匐草本
196. 叶片盾状着生
197. 蔓性或攀缘草本
198. 叶圆形，无托叶；花萼顶部1片萼片基部延伸成长距 ……………………………………………………………… 旱金莲科（Tropaeolaceae）
198. 叶五角心形，托叶大；花萼上方萼片基部有距与花梗合生 ……………………………………………………………… 牻牛儿苗科（Geraniaceae）
197. 直立草本
199. 食虫小草本；叶半月形，半缘密生腺毛，顶端膨大红紫色 ……………………………………………………………… 茅膏菜科（Droseraceae）
199. 叶非上述性状
200. 植株高大，多分枝；叶5～11掌状中裂；蒴果外被软刺 ………………………………… 大戟科（Euphorbiaceae）［蓖麻属（*Ricinus*）］
200. 植株较小，不分枝，或无地上茎
201. 叶全缘，天地上茎；花具佛焰苞 …… 天南星科（Araceae）［芋属（*Colocasia*）］
201. 具地上茎；叶4～9枚浅裂；花无佛焰苞 ………………………… 小蘗科（Berberidaceae）［八角莲属（*Dysosma*）］
196. 叶片非盾状着牛
202. 叶基部有膜质鞘；肉穗花序外包有1枚各种颜色的佛焰苞 ……………………………………………………………… 天南星科（Araceae）
202. 花序外无佛焰苞
203. 由叶鞘相互抱合构成粗大假茎；叶大，椭圆形，羽状脉平行 ……………………………………………………………… 芭蕉科（Musaceae）
203. 植物体非上述特征

204. 掌状复叶，有 3 枚小叶，小叶倒心形；蒴果 ………… 酢浆草科（Oxalidaceae）
204. 叶非上述性状
205. 茎具坚韧的内皮，多为纤维植物
206. 掌状复叶；互生 ………………………………………… 大麻科（Cannabinaceae）
206. 单叶
207. 花具副萼，花丝结合成筒，花药单室 ………………………… 锦葵科（Malvaceae）
207. 花无副萼，花丝不结合成筒，花药 2～4 室
208. 花多单性，单被花
209. 叶基部平截，近圆形或浅心形 ……… 桑科（Moraceae）[水蛇麻属（*Fatoua*）]
209. 叶基部楔形，或不对称 ………………………………… 荨麻科（Urticaceae）
208. 花两性，两被花
210. 叶线形至线状被针形，全缘 ………………………………… 亚麻科（Linaceae）
210. 叶卵形或剑状披针形，有齿
211. 子房 5 室，雄蕊 5 枚与花瓣对生或 15 枚可育雄蕊；蒴果球形，密生糙毛或星状毛 ………………………………………………………… 梧桐科（Sterculiaceae）
211. 子房 3 室少 5 室，若 5 室则叶基两侧各有 1 枚下弯的钻形齿；蒴果多长形，若球形则表面有疣状突起和纵棱 ……………………………… 椴树科（Tiliaceae）
205. 茎不具坚韧的内皮
212. 半寄生的小型草本，根具吸器
213. 多年生；叶互生；子房下位 …… 檀香科（Santalaceae）[百蕊草属（*Thesium*）]
213. 一年生，下部叶对生 ……… 玄参科（Scrophulariaceae）[独脚金属（*Striga*）]
212. 自养草本
214. 叶为各种复叶
215. 叶对生或轮生
216. 有 3～7 枚小叶组成掌状复叶，轮生于茎顶；伞形花序单生于茎顶 ……………………………………………………………………… 人参属（*Panax*）
216. 羽状或三出复叶
217. 羽状复叶；复伞房花序 …… 忍冬科（Caprifoliaceae）[接骨木属（*Sambucus*）]
217. 1～2 回三出复叶；总状或圆锥花序 …………………………… 小檗科（Berberidaceae）[淫羊藿属（*Epimedium*）]
215. 叶互生，簇生或基生
218. 偶数羽状复叶 ……………………………………… 蒺藜科（Zygophyllaceae）
218. 奇数羽状复叶或其他类型复叶
219. 由 3～7 枚小叶组成的掌状复叶；花瓣呈十字形排列，具雌性雄蕊柄；蒴果 ……………………………………………………… 白花菜科（Capparidaceae）
219. 非上述性状
220. 叶具透明腺点；雄蕊 8 或 10 枚，具花盘 …………………… 芸香科（Rutaceae）
220. 叶无透明腺点；雄蕊不定数，多无花盘

221. 花两侧对称，有距
222. 雄蕊 6 枚，成 2 体……………… 罂粟科（Papaveraceae）[紫堇属（*Corydalis*）]
222. 雄蕊多数，非 2 体 ………………………………………… 毛茛科（Ranunculaceae）
221. 花无距
223. 叶基不对称；伞形花序多数组成顶生大型圆锥花丝，花基数 5
………………………………………………… 五加科（Araliaceae）[楤木属（*Aralia*）]
223. 非上述性状，叶基部常对称
224. 小叶 5～9 对，大小相同排列；花药贴合成一圆锥体
………………………………………… 茄科（Solanaceae）[茄属（*Solanum*）]
224. 小叶大小均匀，花药不贴合
225. 具托叶；花托凸起或内凹，雄蕊和花冠均着生在萼筒上，心皮离生，聚合瘦果，瘦果或蓇葖果 …………………………………………………… 蔷薇科（Rosaceae）
225. 非上述特征
226. 单被花；有时萼片呈花瓣状
227. 雄蕊 10 枚，无退化雄蕊，心皮 2 枚 ………………… 虎耳草科（Saxifragaceae）
227. 雄蕊多数，有时具退化雄蕊，心皮多枚 ……………… 毛茛科（Ranunculaceae）
226. 两被花
228. 小叶全缘；花大，直径 6～10cm ……………………… 芍药科（Paeoniaceae）
228. 小叶具齿；花小，直径常小于 6cm ………………… 毛茛科（Ranunculaceae）
214. 叶为单叶，浅裂，深裂或全裂
229. 花生于颖片或稃片内，覆瓦状排列构成小穗，由小穗构成各种花序
230. 茎秆圆柱形，具节，节间中空，叶鞘开裂，具叶舌；多为颖果
………………………………………………………………… 禾本科（Gramineae）
230. 茎秆常三棱形，实心，无节，叶鞘闭合，无叶舌；小坚果
……………………………………………………………… 莎草科（Cyperaceae）
229. 花序和花非上述性状
231. 植物体具乳汁
232. 单性花，无被，杯状聚伞花序，子房有长柄，3 枚心皮
……………………………… 大戟科（Euphorbiaceae）[大戟属（*Euphorbia*）]
232. 两性花，两被花，非状杯聚伞花序，子房有无柄
233. 花冠合生，雄蕊 5 枚
234. 子房上位，雄蕊着生于花冠筒中部；蓇葖果双生 …… 夹竹桃科（Apocynaceae）
234. 子房下位，雄蕊着生花盘边缘；蒴果 ………………… 桔梗科（Campanulaceae）
233. 花冠离生，雄蕊多数，多具有白色乳汁 ……………… 罂粟科（Papaveraceae）
231. 植物体不具乳汁
235. 肉质草本，茎和叶均肉质肥厚
236. 蓇葖果；心皮与花瓣同数或 2 倍…………………………… 景天科（Crassulaceae）
236. 蒴果；心皮，花瓣与雄蕊之间无规则的数量关系

237. 萼片 2 枚，子房 1 室……………………………………………… 马齿苋科（Portulaceae）

237. 花萼 4～5 裂，子房 2～6 室 ………………………………………… 番杏科（Aizoaceae）

235. 非肉质草本或仅茎肉质而叶非肉质多汁

238. 子房上位

239. 单被花，裸花或花被退化为各种形状，以及少数花冠为膜质的两被花

240. 叶线形或条状披针形，平行脉；花被无艳色

241. 两性花，花冠筒状膜质，穗状花序 ……………………… 车前科（Plantaginaceae）

241. 单被花或裸花

242. 两性花，单被花

243. 叶疏生白色长毛；花簇生或单生再排成聚伞花序
………………………………………… 灯芯草科（Juncaceae）[地杨梅属（*Luzula*）]

243. 叶无毛；总状花序 ……………………………………… 水麦冬科（Juncaginaceae）

242. 单性花裸花或单被花

244. 花紧密排列成蜡烛状或棍棒状的穗状花序 ……………… 香蒲科（Typhaceae）

244. 花紧密排列为头状花序

245. 花序生于花葶顶端，雌雄花同序 ………………………… 谷精草科（Eriocaulaceae）

245. 花序生于茎枝顶端，雌雄花分别生于不同的花序上
…………………………………………………………………… 黑三棱科（Sparganiaceae）

240. 叶非线形或长条形，若为线形则具艳色的花被，网状脉或弧状脉

246. 两被花，花冠合生或离生，膜质或鳞片状

247. 叶簇生于基部；穗状花序，花冠合生 ………………… 车前科（Plantaginaceae）

247. 叶互生于枝上；总状花序，花冠离生
……………………………… 大戟科（Euphorbiaceae）[地构叶属（*Speranskia*）]

246. 单被花或裸花

248. 单被花多具艳色，花被合生或离生

249. 穗状、头状或圆锥花序，花被片干膜质；胞果 ……… 苋科（Amaranthaceae）

249. 非上述性状

250. 雄蕊由 2～3 枚或更多枚心皮合生

251. 雄蕊 4 枚，叶有显著的纵脉和横脉……………………… 百部科（Stemonaceae）

251. 雄蕊 6 枚

252. 花两侧对称，其中 1 枚雄蕊较大 …………………… 雨久花科（Pontederiaceae）

252. 花辐射对称，雄蕊大小一致，具鳞茎、球茎或块茎 ……… 百合科（Liliaceae）

250. 雄蕊由单心皮或数个离生或半合生心皮组成

253. 蓇葖果，多心皮离生，花被离生 ……………………… 毛茛科（Ranunculaceae）

253. 瘦果或蒴果，心皮 1 或 5 枚，花被合生

254. 叶互生，披针形 ………… 虎耳草科（Saxifragaceae）[扯根菜属（*Penthorum*）]

254. 叶对生，卵形 ………………………………………… 紫茉莉科（Nyctaginaceae）

248. 裸花，单被花，花被肉质或膜质，无鲜艳色彩

255. 裸花，每花仅具 1 枚小苞片，总状或穗状花序，有时基部有 4 枚白色花瓣状苞片；托叶贴生在叶柄上 ……………………………… 三白草科（Saururaceae）
255. 单被花
256. 雌蕊为单心皮或合生心皮，子房 1 室
257. 花多单性，花丝在芽中内区；瘦果或核果
258. 叶基部平截，近圆形或浅心形 ……… 桑科（Moraceae）［水蛇麻属（*Fatoua*）］
258. 叶基部楔形，或不对称 …………………………………… 荨麻科（Urticaceae）
257. 花多两性，花丝在芽中直立，坚果或胞果
259. 一年生匍匐草本，多分枝，节处多生根；叶对生 ……… 苋科（Amaranthaceae）
259. 直立草本；叶互生 ………………………………………… 藜科（Chenopodiaceae）
256. 雌蕊为离生的多心皮，或由 3～5 枚心皮合生，子房 3～5 室
260. 雌蕊为 8～10 枚离生心皮组织；块根肉质圆柱形 …… 商陆科（Phytolaccaceae）
260. 雌蕊为 3～5 心皮合生，子房 3～5 室
261. 叶对生或轮生 ……………………………………… 粟米草科（Molluginaceae）
261. 叶互生 ……………………………………………………… 大戟科（Euphorbiaceae）
239. 两被花，花被合生或离生
262. 花冠离生
263. 叶具叶鞘或叶基有鞘状膜质边缘；萼片和花瓣均 3 枚，雄雌多 6 枚
264. 叶基有鞘状膜质边缘，叶线形，基生；伞形花序顶生
……………………………………………………………… 花蔺科（Butomaceae）
264. 叶具叶鞘；非伞形花序
265. 叶茎生；雌蕊合生；蒴果 …………………………… 鸭跖草科（Commelinaceae）
265. 叶基生；雄雌由多枚离生心皮组织；瘦果 …………… 泽泻科（Alismataceae）
263. 叶无叶鞘；花基数 5
266. 常绿多年生草本，叶基生；总状花序生花葶上，花 5 基数；蒴果，花柱宿存
……………………………………………………………… 鹿蹄草科（Pyrolaceae）
266. 植物体，花和果非上述特征
267. 花具退化雄雌蕊；蒴果浅裂每果瓣有 1 种子，成熟时果瓣由基部向上反卷，与花柱相连接形成喙 ……………………………… 牻牛儿苗科（Geraniaceae）
267. 果实非上述性状
268. 叶对生或轮生
269. 植物体常具腺点或黑点；雄雌多数，常合生成束 … 金丝桃科（Hypericaceae）
269. 植物体和雄蕊非上述性状
270. 节常膨大；特立中央胎座，花瓣常 2 深裂或浅裂，少不裂
…………………………………………………… 石竹科（Caryophyllaceae）
270. 节不膨大；中轴胎座，花瓣不裂
271. 直立草本；花柱 1 个 ……………………………… 千屈菜科（Lythraceae）
271. 匍匐小草本；花柱 3 个 …………………………… 沟繁缕科（Elatinaceae）

268. 叶互生或簇生

272. 叶多簇生无茎少有茎，具托叶并宿存；花两侧对称，花萼宿存，子房1室，侧膜胎座，种子多数 ………………………………………………… 堇菜科（Violaceae）

272. 非上述特征

273. 聚伞花序顶生，花4～5基数，辐射对称；蓇葖果 …… 景天科（Crassulaceae）

273. 非聚伞花序顶生

274. 花丝分离，花药离生 ………………………………… 毛茛科（Ranunculaceae）

274. 花丝连合鞘状，或花丝上部连合，花药连合围抱着雌蕊

275. 萼片3枚，背后一枚变大，基部延伸成距 ………… 凤仙花科（Balsaminaceae）

275. 萼片5枚，无距，花冠中间1片呈龙骨瓣状…………… 远志科（Polygalaceae）

262. 花冠合生

276. 叶互生或簇生

277. 花冠两侧对称；若辐射对称者，则叶只有1或2片，基生，或花丝具须毛

278. 多年生草本，叶1或2片或数片基生，无地上茎 …… 苦苣苔科（Gesneriaceae）

278. 具地上茎，叶互生或兼基生 ………………………… 玄参科（Scrophulariaceae）

277. 花冠辐射对称

279. 植物体有糙毛；顶生二歧分枝蝎尾聚伞花序，或总状或穗状花序，后者花冠筒喉部有鳞片；核果或小坚果 …………………………… 紫草科（Boraginaceae）

279. 植物体常无糙毛，非蝎尾聚伞花序；浆果或蒴果

280. 花单生于花葶顶端为伞形花序，少单生叶腋；蒴果 … 报春花科（Primulaceae）

280. 花顶生、腋生或腋外生的聚伞花序或丛生花序，有时单生或簇生；浆果，少蒴果，后者其较长的花冠筒 ……………………………………… 茄科（Solanaceae）

276. 叶对生或轮生

281. 花冠辐射对称

282. 雄蕊2枚 ………………………………………………… 玄参科（Scrophulariaceae）

282. 雄蕊4～5枚

283. 花萼裂片、花冠裂片和雄蕊均为4
……………………………… 马钱科（Loganiaceae）[尖帽草属（*Mitrasacme*）]

283. 花萼裂片、花冠裂片和雄蕊均为5 …………………… 报春花科（Primulaceae）

281. 花冠两侧对称

284. 茎常四棱形；果实为4枚，或蒴果包在萼内成熟后裂为4枚带翅小坚果

285. 子房4裂，花柱基生；果实为4枚小坚果 ……………………… 唇形科（Labiatae）

285. 子房不裂，花柱顶生；蒴果包在萼内成熟后裂为4枚带翅小坚果
………………………………………………………………… 马鞭草科（Verbenaceae）

284. 茎常圆柱状；瘦果或蒴果，其蒴果成熟后裂为4枚小坚果

286. 瘦果包于萼内，下垂，棒状，有3枚萼齿呈芒状钩
………………………………………………………………… 透骨草科（Phrymataceae）

286. 蒴果，无3枚芒状的萼齿

287. 叶大，椭圆形，长达15～18cm；叶柄有翅，基部合生成船形，或叶柄无翅，花常单生叶腋，或对生或呈头状，无苞片

288. 具纤弱茎的草本；发育雄蕊2；蒴果镰刀状 ………… 苦苣苔科（Gesneriaceae）

288. 高可达1m的直立草本；发育雄蕊4枚；蒴果四棱状长卵形或长椭圆形 ………………………………… 胡麻科（Pedaliaceae）[胡麻属（*Sesamum*）]

287. 叶常较小，若叶长达15cm者，则花具苞片；花常组成大型花序，若单生叶腋者，则叶较小近无柄

289. 花序常具艳色苞片，小苞片2或退化；花药2室或1室，药室等大或不等大，等高或不等高；蒴果多为长椭圆形，有种钩将种子弹出 … 爵床科（Acanthaceae）

289. 花序无艳色苞片；花药2室，等大或并等高；蒴果内无种钩 ………………………………………………………… 玄参科（Scrophulariaceae）

238. 子房下位或半下位

290. 叶对生或轮生

291. 花冠合生

292. 叶常轮生，少对生，全缘，常具托叶 ……………………… 茜草科（Rubiaceae）

292. 叶对生，具齿或羽状裂，无托叶

293. 聚伞花序，常无苞片 …………………………………………… 败酱科（Valerianaceae）

293. 聚伞花序或间断的穗状花序，有苞片且顶端尖成芒刺荆 ……………………………………………………………… 川续断科（Dipsacaceae）

294. 茎四棱，有糙状毛；叶披针形具3～9条纵脉；头状花序顶生具副花冠 ………………………………………………… 野牡丹科（Melastomataceae）

294. 茎常圆柱形；叶脉网状；非顶生头状花序，无副花

291. 花冠离生、单被花或裸花

295. 两被花，花萼筒状，与子房合生且延伸于外 ………… 柳叶菜科（Onagraceae）

295. 单被花或裸花

296. 植物体细弱，无明显的节，具根状茎；单被花，单生或聚伞花序 ……………………………………………………………… 虎耳草科（Saxifragaceae）

296. 植物体直立，节明显，无根茎状；裸花，穗状、圆锥或头状花序 ……………………………………………………… 金粟兰科（Chloranthaceae）

290. 叶互生或簇生

297. 叶具网状脉或掌状基出脉；无叶鞘

298. 叶片1～2枚基生，心形或肾形，花单生叶腋 ………………………………… 马兜铃科（Aristolochiaceae）[细辛属（*Asarum*）]

298. 叶片多枚；花组成花序

299. 茎节明显且膨大，叶基偏斜；萼片花瓣状 …………… 秋海棠科（Begoniaceae）

299. 茎节常不明显，叶基对称

300. 花萼筒状，与子房合生且延伸于外，雄蕊生于花瓣上 ……………………………………………………………… 柳叶菜科（Onagraceae）

300. 花萼杯状或漏斗状，不向外延伸；常无花瓣 ……… 虎耳草科（Saxifragaceae）
297. 叶具平行脉，常有叶鞘，叶常线形或剑形
301. 花具合蕊柱，内轮花被其中1片成唇瓣，有时基部延伸或成距；种子多而极小 …………………………………………………………………………… 兰科（Orchidaceae）
301. 花不具合蕊柱
302. 发育雄蕊1枚，不育雄蕊花瓣状
303. 总状或圆锥花序顶生，萼片离生，花药1室 …………… 美人蕉科（Cannaceae）
303. 穗状或圆锥花序由根状茎节部抽出，肉质，萼片连合成管状或佛焰苞状，花药2室 ………………………………………………………… 姜科（Zingiberaceae）
302. 发育雄蕊3～6枚
304. 叶常基生而嵌叠状成2列；聚伞花序 ……………………… 鸢尾科（Iridaceae）
304. 叶基生非嵌叠成2列；伞形花序或总状花序
305. 总状花序………………………… 百合科（Liliaceae）[沿阶草属（*Ophiopogon*）]
305. 伞形花序 …………………………………………… 石蒜科（Amaryllidaccac）

三、常见被子植物的识别要点

1. 木兰科（Magnoliaceae）

（1）荷花玉兰（洋玉兰）（*Magnolia grandiflora*）：小枝、叶柄、叶背密被锈褐色绒毛，叶厚草质，边缘微反卷，叶柄无托叶痕；花白色，直径15～20cm。长江流域以南各地栽培观赏。

（2）厚朴（*M. officinalis*）：树皮紫褐色，油润而带辛辣味；叶倒卵状椭圆形，长23～45cm，先端圆或钝尖，侧脉20～30对；花白色。分布于长江流域及华南地区。

（3）凹叶厚朴（*M. biloba*）：叶片革质，狭倒卵形，先端凹缺成2钝圆裂，叶背被长柔毛及白粉。产于我国东部、中南部等。

（4）辛夷（紫玉兰）（*M. lililora*）：灌木，长丛生。叶片倒卵形，萼片3枚，黄绿色；花瓣6枚，外面紫红色，内面白色。原产于湖北，各地均有栽培。

（5）玉兰（*M. denudate*）：叶纸质，倒卵形或倒卵状短圆形，先端宽圆，有突尖，成熟心皮不具喙。主要分布于浙江、江西、湖南，各地均有栽培。

（6）含笑（*Michelia figo*）：常绿灌木，嫩枝、叶及叶柄均密被黄褐色毛，叶倒卵形或倒卵状椭圆形；托叶痕达叶柄顶端，花被片乳黄色，雌蕊群无毛。分布于华南，我国各地均有栽培。

（7）白兰（*M. alba*）：叶椭圆状披针形，托叶痕达叶柄中部以下，花白色，花被片多为12片，华南各地栽培观赏。

（8）黄兰（*M. champaca*）：与白兰近似，但幼嫩枝叶被淡黄色平伏柔毛；托叶痕达叶柄中部以上；花黄色，花被片15～20片。

（9）鹅掌楸（马褂木）（*Liriodendron chinense*）：小枝灰色或灰褐色。叶柄侧通常各具1裂片，形似马褂，下面有白粉或乳头状突起，花淡黄绿色。产于我国长江以南各省区。

（10）木莲（*Manglietia fordiana*）：芽及幼枝有褐色绢毛，叶革质，长椭圆状倒披针形，聚合果卵形，果皮有瘤点。产于浙江、安徽以南。

2. 樟科（Lauraceae）

（1）樟（*Cinnamomum camphora*）：植物体具有樟脑味，叶薄革质，卵形或卵状椭圆形，离基3出脉，脉腋有明显的腺窝。产于长江以南各省。

（2）肉桂（*C. cassia*）：叶厚革质，近对生，椭圆形，长8～19cm，基出3大脉，叶脉在上面凹陷。产于华南各省。

（3）山胡椒（*Lindera glauca*）：叶近革质，宽椭圆形或倒卵形，长4～9cm，宽2～3cm，下面苍白色，生灰色柔毛，伞形花序有3～8朵花。在长江流域及其以南各省广泛分布。

（4）乌药（*L. aggregata*）：常绿灌木，叶革质，椭圆形或卵形，先端尾状渐尖，上面有光泽，下面密生灰白色柔毛；基出3脉。产于长江以南各省区。

（5）刨花润楠（*Machilus pauhoi*）：叶簇生于枝的顶端，硬革质，披针形或矩圆状披针形，长7.5～10cm，宽2～3cm，背面微被白粉，有绢毛小柔毛。产于我国东南部各省。

（6）红楠（*M. thunbergii*）：叶革质，倒卵形或椭圆形，两面无毛，下面有白粉，侧脉7～9对。产于长江以南各省区。

（7）紫楠（*Phoebe sheareri*）：嫩枝叶、叶柄、叶背均密被黄褐色绒毛，叶革质，倒卵形或倒卵状披针形，下面网脉明显，花白色，果梗上部肥大。产于长江以南和西南地区。

（8）滇楠（*P. nanmu*）：叶革质，阔披针形至倒卵形，长5～10cm，宽1.2～4cm，下面被柔毛，花黄色，花被片宿存，直立。

（9）山鸡椒（山苍子）（*Litsea cubeba*）：叶纸质，有豆豉姜味，披针形或矩圆形，长7～11cm，宽1.2～2.4cm，两面无毛，果熟时黑色。产于长江以南各省。

（10）檫木（*Sassafras tsumu*）：叶先端常2～3裂，离基3出脉，下面有白粉；叶柄长4cm，果熟时蓝黑色。产于长江以南山区。

（11）无根藤（*Cassytha filiformis*）：寄生缠绕草本，茎线形，绿色或绿褐色，叶退化成鳞片状，花小，白色。产于我国南部。

3. 胡椒科（Piperaceae）

（1）胡椒（*Piper nigrum*）：木质藤本，叶阔卵形至卵状长圆形，花杂性，苞片杯状。我国华南和西南部有栽培。

（2）蒌叶（*P. betle*）：藤本，叶阔卵形至卵状长圆形，基部心形，花单性异株，穗状花序下垂，浆果与花序轴合生成肉质果穗。我国南部栽培甚广。

（3）草胡椒（*Peperomia pellucida*）：一年生草本，叶互生，膜质，半透明，基部心形。我国东南部有分布。

4. 莲科（Nelumbonaceae）

莲（荷）（*Nelumbo nucifera*）：水生草本，具肥厚根茎（藕），叶盾状圆形，挺出水面，叶柄与花梗粗糙，花淡红、红或白色，常高于叶。我国各地均有栽培。

5. 睡莲科（Nymphaeaceae）

（1）睡莲（*Nymphaea tetragona*）：叶近圆形，基部深心形弯缺，漂浮，花形似莲花，浮于水面。主要分布于我国北部，南方有栽培。

(2) 王莲（*Victoria regia*）：叶圆盘状，四周卷起，漂起水面，花白色，后变红色。原产于南美，我国有栽培。

(3) 芡（芡实）（*Euryale ferox*）：叶大而圆，叶及花茎有刺，果包于多刺之萼内，状如鸡头。我国南北各省分布。

(4) 萍蓬草（*Nuphar pumilum*）：叶长卵形，基部深心形，侧脉数回二叉分支，花黄色。分布于我国北部和东部。

6. 毛茛科（Ranunculaceae）

(1) 毛茛（*Ranunculus japomilum*）：直立草本，茎叶披柔毛，叶 3 深裂，花瓣黄色，聚合瘦果近球形。广布于我国东北至云南、广东。

(2) 茴茴蒜（*R. chinensis*）：植株被淡黄色粗毛，3 出复叶，小叶 2 或 3 深裂，聚合瘦果短圆形，长约 1cm。广布全国各地。

(3) 石龙芮（*R. sceleratus*）：茎叶几无毛，微带肉质，花较小，聚合果长约 7mm。分布几乎遍及全国。

(4) 黄连（*Coptis chinensis*）：多年生草本，根茎黄色，味苦；叶基生，3 全裂，中央裂片具细柄，羽状深裂，侧裂片有不等的 2 深裂，蓇葖果。产于我国中部、南部和西南各省。

(5) 威灵仙（*Clenatis chinensis*）：攀缘性灌木，羽状复叶对生，小叶常为 5，萼片瓣状，白色；花柱宿存，白色羽毛状。

(6) 乌头（*Aconitum carmichaeli*）：草本，块根倒圆锥形，叶 3 全裂，总状花序密被反曲的柔毛；花蓝紫色，上萼片高盔形。分布于长江中下游各省。

(7) 北乌头（草乌）（*A. kusnezoffii*）：与乌头的主要区别在于叶 3 全裂，裂片近羽状深裂，花序无毛。分布于我国北部。

(8) 侧金盏花（*Adonis amurensis*）：草本，叶 3 回羽状全裂，单花顶生；花瓣黄色，聚合瘦果，宿存花柱弯曲。分布于我国东北。

(9) 还亮草（*Delphinium anthriscifolium*）：一年生草本，叶 2～3 回羽状全裂，花蓝紫色，花萼有距。广布我国各地。

(10) 白头翁（*Pulsatilla chinensis*）：全株密被白色柔毛，基生叶，3 全裂；萼片 6 枚，蓝紫色，宿存花柱羽毛状，长 3.5～6.5cm。

(11) 升麻（*Cimicifuga foetida*）：多年生草本，被短柔毛，基生叶和下部茎生叶为 2～3回 3 出近羽状复叶，圆锥花序长达 45cm，密生灰色腺毛和短柔毛。

(12) 打破碗花花（野秋牡丹）（*Anemone hupehensis*）：茎被白色柔毛，3 出复叶，基生叶具长柄，两侧小叶斜卵形；叶背紫红色至苍绿色，聚伞花序，总苞片叶状，2～3 枚。

(13) 天葵（*Semiaquilegia adoxoides*）：块根灰墨色，茎纤细，1 回 3 出复叶，小叶 3 裂，蓇葖果荚果状。

(14) 盾叶唐松草（*Thalictrum ichangense*）：1～3 回 3 出复叶，小叶盾状着生。

7. 罂粟科（Papaveraceae）

(1) 罂粟（*Papaver somniferum*）：一年生草本，茎叶及萼片均被白粉，叶缘具不规则粗齿，茎生叶抱茎，蒴果卵状球形或椭圆形，孔裂。

(2) 虞美人（丽春花）（*P. rhoeas*）：茎、叶被粗毛，羽状深裂，裂片条状披针形，花红色，有黑斑。原产于欧洲，栽培观赏。

(3) 博落回（*Macleaya cordata*）：全株被白粉，含黄色乳汁，茎中空，叶掌状分裂，下面白色，圆锥形花序；萼片 2 枚，白色，无花瓣。产于我国中部和南部。

8. 水青树科（Tetracentraceae）

水青树（*Tetracentron sinense*）：落叶乔木，短枝密生叶痕和芽鳞痕，叶卵形，边缘密生腺齿，穗状花序。产于我国陕西、湖北及西南地区。

9. 金缕梅科（Hamamelidaceae）

(1) 枫香树（*Liquidambar formosana*）：落叶乔木，叶具橄榄气味，掌状 3 裂，掌状脉 3～5 条，叶柄长达 11cm，头状花序，蒴果具宿存花柱和刺状萼齿。产于黄河以南地区。

(2) 檵木（*Loropetalum chinense*）：小枝、花序、萼筒和果均被褐色星状毛，叶革质，卵形，背面密被星状柔毛，侧脉约 5 对。产于长江中下游地区。

(3) 蚊母树（*Distylium racemosum*）：小枝和芽有垢状鳞毛，叶厚革质，椭圆形或倒卵形，顶端钝或稍圆，蒴果密生星状毛。我国南部有分布。

(4) 金缕梅（*Hamamelis mollis*）：落叶木本，小枝有星状毛，叶宽倒卵形。背面密生茸毛，花瓣 4 枚，花色条形，栽培观赏。

(5) 蜡瓣花（*Corylopsis sinensis*）：小枝有柔毛，叶卵形或倒卵形，基部斜心形，边缘有锐齿，背面被星状毛，黄花色，子房被星状毛。

10. 杜仲科（Eucommiaceae）

杜仲（*Eucommia ulmoides*）：乔木，小枝具片髓，叶片内具银白色弹性丝。翅果。为我国中部和西南各省特有树种。

11. 榆科（Ulmaceae）

(1) 白榆（*Ulmus pumila*）：树皮纵裂而粗糙，叶缘常具单锯齿，花先叶开放，翅果近圆形，果核位于翅果中部，熟时黄白色。产于我国北部及华东等地区。

(2) 榔榆（*U. parvifolia*）：树皮呈圆片状脱落，叶革质，窄椭圆形，具单锯齿，花秋季开放。产于长江流域各省。

(3) 榉树（*Zelkova schneideriana*）：一年生枝红褐色，密被白柔毛，叶长椭圆状卵形，上面粗糙，下面生淡灰色毛。产于黄河以南。

(4) 朴树（*Celtis sinensis*）：叶宽卵形至狭卵形，基出 3 脉，侧脉不直达叶缘，核果径 4～5mm，果梗与叶柄近等长。产于黄河以南。

(5) 黑弹树（小叶朴）（*C. bungeana*）：果梗长为叶柄的 2 倍或 2 倍以上，果熟时紫黑色。我国分布较广。

(6) 青檀（*Pteroceltis tatarinowii*）：叶卵形，3 出脉，边缘有锐齿，坚果两侧具翅，熟后木质。主要产于我国东部。

12. 桑科（Moraceae）

(1) 桑（*Morus alba*）：落叶乔木，叶宽卵形，3 出脉，边缘有圆齿状锯齿，下面脉腋有簇毛，柔荑花序；聚花果熟时紫黑色。各地均有栽培。

(2) 鸡桑 (*M. australis*)：叶常3～5裂，尾尖头，花柱细长。广布于华北至西南地区。

(3) 无花果 (*Ficus carica*)：具白色乳汁，小枝有环状托叶痕，叶大，掌状3～5裂，上面粗糙，隐花果径约3cm。各地均有栽培。

(4) 薜荔 (*F. pumila*)：木质藤本，叶异型，营养枝上的叶小而薄；生植株上的叶大，近厚革质，隐花果梨状或倒卵状。广布于华南、华东与西南地区。

(5) 榕树 (*F. microcarpa*)：常绿大乔木，具下垂的气根，叶革质，长4～8cm，侧脉5～6对。广布于我国南部、西南部。

(6) 构树 (*Broussonetia papyrifera*)：叶全缘或不规则缺裂，上面密被短硬毛，粗糙，下面密被长柔毛，雌雄异株，雌花聚成头状花序。

(7) 柘 (*Cudrania tricuspidata*)：巨硬棘刺，叶全缘或2～3裂，雌雄花均为头状花序，成对或单生于叶腋。广布于我国中部、东部。

(8) 见血封喉 (箭毒木) (*Antiaris toxicaria*)：常绿乔木，叶矩圆形，两面粗糙，雌雄同株，雄花着生于盘状花序托上，雌花单生。分布于云南和海南。

13. 大麻科 (Cannabaceae)

(1) 大麻 (*Cannabis sativa*)：一年生草本，叶掌状全裂，雄花为圆锥花序，雌花丛生叶腋，瘦果。各地均有栽培。

(2) 葎草 (*Humulus scandens*)：缠绕草本，有倒钩刺，叶对生，掌状5～7深裂，果序球果状，苞片窄而渐尖。盛产于我国西南部至东南部。

(3) 啤酒花 (忽布) (*H. lupulus*)：与葎草近似，但叶心状卵圆形，不裂或3～5裂；果序苞片薄而大。我国北部有栽培。

14. 荨麻科 (Urticaceae)

(1) 苎麻 (*Boehmeria nivea*)：半灌木，叶广卵形，3出脉，边缘有粗齿，背面白色。我国各省广为栽培。

(2) 蝎子草 (*Girardinia cuspidate*)：茎疏生蛰毛，上部密生短毛，叶片宽卵形，边缘有缺刻状齿。

15. 胡桃科 (Juglandaceae)

(1) 胡桃 (*Juglans regia*)：枝具片髓，羽状复叶，小叶5～9枚，全缘，幼时有波状锯齿，雌花1～3朵成穗状花序；坚果有不规则的皱纹。广为栽培。

(2) 枫杨 (*Pterocarya stenoptera*)：枝具片髓，小叶10～16枚，叶缘有细齿，叶轴有狭翅，坚果具斜上伸展之翅2枚。

(3) 青钱柳 (*Cyclocarya paliurus*)：小叶7～9枚，下面有灰色细小鳞片及盾状腺体，果实有革质水平圆状翅，顶端有4枚宿存花被片及花柱。广布长江以南各省区。

(4) 山核桃 (*Carya cathayensis*)：髓部实心，小叶5～7枚；边缘有细锯齿，背面有黄色腺体。分布于华东地区。

(5) 化香树 (*Platycarya strobilacea*)：枝髓实心，小叶7～23枚，纸质，无柄，边缘有细尖冲锯齿，小坚果扁平，有2枚狭翅。

(6) 黄杞（*Engelhardtia roxburghiana*）：小枝实心，植物体被黄色腺鳞，小叶 6～10 枚，革质，两面有光泽，果实密生腺体，有 3 裂叶状膜质果翅。

16. 壳斗科（Fagaceae）

(1) 水青冈（山毛榉）（*Fagus longipetiolata*）：叶卵形或卵状披针形，幼时下面密被细毛，灰白色，侧脉 9～14 对，壳斗密被褐色柔毛，苞片钻形，下弯或卷曲；每壳斗具 2 枚坚果。产于长江流域以南山区。

(2) 板栗（栗）（*Castanea mollissima*）：叶长椭圆形至长椭圆状披针形，2 列状，下面被灰白色毛，总包外密被分枝的长刺，每壳斗有坚果 2～3 枚，我国特产。

(3) 茅栗（*C. seguinii*）：与板栗的区别在于其叶下面有褐黄色或淡黄色腺鳞，总苞连刺径 3～5cm。

(4) 珍珠栗（*C. henryi*）：叶无毛，每总苞含 1 个坚果。产于华东至华中地区。

(5) 苦槠（*Castanopsis sclerophylla*）：小枝皮孔乳凸，叶厚革质，边缘中部以上有锐锯齿，背面灰绿色，总苞杯状，幼时全包坚果；鳞状苞片排列成 4～6 个同心环，坚果单生。产于长江以南。

(6) 红锥（刺栲）（*C. hystris*）：幼枝、芽及叶背密被锈褐色鳞秕和短绒毛，叶薄革质，全缘或上部有腺齿，壳斗的苞片针刺形。产于长江以南。

(7) 甜槠（*C. eyrei*）：枝条散生凸起皮孔，叶厚革质，卵状披针形至椭圆形，基部偏斜，先端钝尾尖，壳斗具刺。

(8) 灰柯（*Lithocarpus henryi*）：叶厚革质，长椭圆状披针形，长 12～24cm，全缘光滑，壳斗浅盘形，密集成穗状。分布于长江流域和华南地区。

(9) 柯（石柯）（*L. glaber*）：小枝密被灰黄色茸毛，叶长 8～12cm，侧脉 6～8 对，下面具灰白色蜡层，壳斗杯形，包围坚果基部，坚果略具白粉。产于长江以南山地。

(10) 青冈（*Cyclobalanopsis glauca*）：叶倒卵状椭圆形至长椭圆形，中部以上有锯齿，下面灰白色，有短柔毛，壳斗包围坚果 1/3～1/2；苞片合生成 5～8 条同心环带。分布于长江流域及其以南。

(11) 小叶青冈（*C. myrsinaefolia*）：与青冈近似。但叶片较狭小，长 4.5～9cm，宽 1.5～3cm；壳斗同心环带 6～10 条，常有齿裂。

(12) 麻栎（*Quercus acutissima*）：叶长椭圆状被针形，长为宽的 3 倍以上，边缘具芒状锯齿，壳斗包着坚果约 1/2；苞片钻形，反卷。分布于我国各地。

(13) 栓皮栎（*Q. variabilis*）：与麻栎的主要区别在于树皮木栓层厚达 10 多厘米，叶背面密被灰白色毛。主要产于我国东部、北部。

17. 桦木科（Betulaceae）

(1) 亮叶桦（光皮桦）（*Betela luminifera*）：叶卵形或长卵形，两面被毛，长 6～12cm，果序长 5cm 以上，果翅宽于坚果；苞片中裂片长。分布于我国西南、华南和湖北。

(2) 白桦（*Betula platyphylla*）：树皮白色，纸质分层剥落，叶三角状卵形，背面疏生油腺点，果苞侧裂片横出，宽于中裂片。产于我国东北、华北地区。

(3) 江南桤木（*Alnus trabeculosa*）：叶宽卵圆形，叶脉突出，长红棕色，边缘单锯齿，果序长 1.5～2.5cm，果苞木质。分布于我国中部、东部和南部。

(4) 鹅耳枥 (*Carpinus turczaninowii*)：叶卵形至卵状椭圆形，长 3～5cm，下面脉上有长毛，果序常具 5～6 果苞。主要产于我国北部。

(5) 雷公鹅耳枥 (*C. viminea*)：叶卵状短圆形，长 8～13cm，顶端长尾尖，果序长 4～6cm。

(6) 千金榆 (*C. cerdata*)：叶卵形至矩圆状卵形，基部斜心形，果序长 5～12cm，果胎内缘基部具一大而内折的裂片。分布于我国东北、华北地区。

(7) 榛 (*Corylus heterophylla*)：叶片长与宽近相等，基部心形，边缘有不规则重锯齿和小浅裂，总苞钟状，上部浅裂。

(8) 川榛 (*C. heterophyllavar*)：为榛的变种，小枝密生皮孔，总苞裂片有粗齿。

(9) 毛榛 (*C. manshurica*)：总苞管状，在坚果以上缢缩，外面密生黄色刚毛和白色柔毛，顶端浅裂。产于我国东北、华北和西北地区。

18. 石竹科 (Caryophyllaceae)

(1) 石竹 (*Dianthus chinensis*)：叶条状披针形，对生，花下具叶状苞片 4 枚，展开；花瓣顶端有细齿，花有红白各色。栽培。

(2) 香石竹 (康乃馨) (*D. caryophyllus*)：叶长条形，灰绿色，花单生或 2～3 枚多簇生；苞片 4，长达萼的 1/4；常重瓣，芳香。

(3) 美女石竹 (什样锦) (*D. barbatus*)：花多朵密集成聚伞花序；苞片 4，顶端须状，与萼筒等长，花深红色，有白斑。

(4) 瞿麦 (*C. superbus*)：与石竹的区别在于其萼下苞片宽卵形，不开展，花瓣顶端成细丝。广布我国。

(5) 繁缕 (*Stellaria media*)：柔弱草本，茎上有 1 行短柔毛，叶卵形，花瓣 5 枚，白色，2 深裂，雄蕊 10。广布我国。

(6) 太子参 (异叶假繁缕) (*Pseudostellaria heterophylla*)：块根纺锤形，肥厚，下部叶匙形，上部叶卵状披针形，茎端 2 对叶稍密集，花二型，茎上部花大，白色；近地面的花小，花药紫色，无花瓣。

(7) 簇生卷耳 (*Ceratium caespitosum*)：全体被短柔毛，下部叶匙形，中上部叶狭卵形，花梗及花萼密生腺毛，花瓣白色，顶端 2 裂。

(8) 王不留行 (麦蓝菜) (*Vaccaria segetalis*)：全株无毛，叶卵状披针形，花瓣粉红色，顶端有齿，蒴果包于宿存萼内。除华南外，我国广布。

19. 藜科 (Chenopodiaceae)

(1) 甜菜 (*Beta vulgaris*)：根肥厚，纺锤形，含糖 10%～18%，基生叶短圆形，边缘波状，叶面皱缩不平。各地均有栽培。

(2) 厚皮菜 (*B. vulgaris* var. *cicla*)：根部肥大，叶大而肥厚，卵形，有光泽，为我国南方及西南地区常见的蔬菜之一。

(3) 菠菜 (*Spinacia oleracea*)：根红色，叶戟形或卵形，叶柄长而肉质，胞果具刺，为栽培蔬菜。

(4) 藜 (*Chenopodium album*)：叶菱状卵形，背面有粉状物，叶缘有不规则齿或裂。

(5) 土荆芥 (*C. ambrosioides*)：叶披针形，边缘有部整齐的齿，下面具黄色腺点，具强烈的臭味，穗状花序聚成大型圆锥状复花序。

（6）地肤（扫帚菜）（*Kochia scoparia*）：叶条形，全缘，幼叶边缘有白色长柔毛，花1～2朵生于叶腋，稀疏的穗状花序。分布几乎遍及全国。

（7）梭梭（*Haloxylon ammodendron*）：木本，新生枝绿色，有关节，叶鳞片状，对生。分布于沙漠地区。

（8）猪毛菜（*Salaola collina*）：海滨一年生草本，叶肉质，线状圆柱形，顶端有尖刺。

（9）盐角草（*Salicornia europaea*）：一年生草本，枝对生，肉质，具节，叶鳞片状，对生。分布于我国北部和西部。

（10）碱蓬（*Suaeda glauca*）：海滨一年生草本，叶肉质、线形，灰绿色。产于河北、山东两省。

20. 苋科（Amaranthaceae）

（1）苋（*Amaranthus tricolor*）：叶菱状宽卵形，呈绿色或紫红色，花簇生成球形，腋生或顶生成穗状。各地均有栽培。

（2）尾穗苋（*A. caudatus*）：粗壮草本，穗状花序细长下垂，组成顶生圆锥花序。

（3）鸡冠花（*Celosia cristata*）：穗状花序顶生，呈扁平鸡冠状。

（4）青葙（*C. argentea*）：穗状花序顶生，圆柱状或圆锥状，花被片干膜质，光亮，淡红色。分布于我国各地。

（5）牛膝（*Achyranthes bidentata*）：茎四棱，节部膝状膨大，叶对生，穗状花序顶生和腋生，花开后，花向下折贴近总花梗。分布于我国各地。

（6）千日红（*Gomphrena globosa*）：茎、叶被长柔毛，叶对生，头状花序顶生，紫红色或白色，基部有2个叶状总苞。各地均有栽培。

（7）锦绣苋（红绿草）（*Alternanthera bettzickiana*）：矮小草本，叶倒披针形，有红、绿、黄紫等色，多用于布置地毯式花坛。

21. 蓼科（Polygonaceae）

（1）何首乌（*Polygonum multiflorum*）：缠绕草本，具块根；茎中空，叶卵状心形，无毛；托叶鞘圆筒状，膜质。

（2）虎杖（*P. cuspidatum*）：灌木状草本。茎中空，散生红色或紫色斑点，叶卵圆形，雌雄异株。

（3）萹蓄（*P. aviculare*）：平卧小草本，托叶鞘2裂，上部白色透明，花数朵腋生。广布于我国。

（4）水蓼（辣蓼）（*P. hydropiper*）：叶披针形，两面腺点；托叶鞘有缘毛，穗状花序细弱，花疏生，淡绿色或淡红色。

（5）红蓼（*P. orientale*）：茎密生长毛，叶卵形，宽6～12cm，托叶鞘上部草质，下部膜质花序圆锥状。

（6）拳蓼（剪刀蓼）（*P. bistorta*）：叶矩圆状披针形，长10～18cm，叶基下延成狭翅，边缘外卷。

（7）扛板归（*P. perfoliatum*）：叶披针形，茎四棱形，倒生钩刺，叶片三角形，盾状着生，下面叶脉有钩刺。

(8) 酸模叶蓼（班蓼）(*P. lapathifolium*)：叶披针形，上面有黑褐色新月斑点，边缘生粗硬毛。

(9) 蓼蓝 (*P. tinctorium*)：叶片顶端圆钝，灰绿色，干后暗蓝色，托叶鞘具长睫毛。

(10) 大黄 (*Rheum officinale*)：叶基生，叶片长宽近相等，直径 30～60cm，掌状浅裂。分布于陕西、湖北、四川和云南。

(11) 掌叶大黄 (*R. palmatum*)：叶掌状深裂，裂片常再羽状分裂，上面有乳头状小突起。

(12) 酸模 (*Rumex acetosa*)：叶片短圆形，基部箭形，茎生叶抱茎，味酸，雌雄异株。

(13) 羊蹄 (*R. japonicas*)：叶片椭圆形，基部心形，边缘波状皱折，内轮花被边缘有齿。产于长江以南各地。

(14) 荞麦 (*Fagopyrum esculentum*)：茎光滑，常红色，叶卵状三角形，基部心形；托叶鞘斜生。各地均有栽培。

(15) 竹节蓼 (*Muehlenbeckia platycladum*)：枝绿色扁平叶状，多节；叶披针形，有豁缺。

22. 五桠果科 (Dilleniaceae)

大花五桠果 (*Dillenia turbinate*)：常绿乔木，叶倒卵形至倒卵状短圆形，顶端圆钝，花瓣黄色，长 2.5～3.5cm。产于我国南部。

23. 芍药科 (Paeoniaceae)

(1) 牡丹 (*Paenoia sruffuticosa*)：灌木，2 回 3 出复叶，小叶常分裂，花单生，直径 12～20cm，单瓣或重瓣。

(2) 芍药 (*P. lactiflora*)：多年生草本，2 回 3 出复叶，小叶片全缘，花直径 5.5～10cm。分布于华北、东北、西北地区。

24. 山茶科 (Theaceae)

(1) 茶 (*Camellia sinensis*)：常绿灌木，叶革质，上面光亮，侧脉 6～9 对，花白色，有柄；子房有毛，蒴果三角状球形。分布于长江流域及其以南各省。

(2) 山茶 (*C. japonica*)：叶具侧脉 7～8 对，背面网脉显著，花红色，多重瓣，无柄；外轮花丝连成花丝管，果皮薄。各地栽培。

(3) 南山茶（云南油茶）(*C. reticulate*)：近似山茶，但网脉在腹面清楚可见，子房有绒毛，均为重瓣花。

(4) 油茶 (*C. oleifera*)：嫩枝有长毛，叶面光亮，下面中脉有毛，花色白，无柄，果皮厚木质。长江以南各省有栽培。

(5) 格药柃 (*Eurya muricata*)：嫩枝圆柱形，无毛，叶椭圆形，长 5～8.5cm，叶柄长 3～5cm。主要产于长江以南。

(6) 翅柃 (*E. alata*)：全体无毛，嫩枝有四棱，叶长 4～7.5cm，侧脉不显，花药有翅。

(7) 厚皮香 (*Ternstroemia gymnanthera*)：叶倒卵状长圆形，上面光亮，全缘，花

淡黄色，果径 1～1.5cm，2 室。

(8) 木荷（荷树）(*Shima superba*)：大乔木，叶椭圆形，薄革质，边缘有钝齿；花白色，直径 3cm，子房有毛。

25. 猕猴桃科（Actinidiaceae）

(1) 中华猕猴桃（*Actinidia chinesis*）：枝髓白色层片状，叶近圆形，背面密生灰白色星状绒毛，浆果长圆形，密被黄棕色有分支的长柔毛。主要产于长江以南各省区。

(2) 软枣猕猴桃（*A. arguta*）：枝髓褐色层片状，叶宽卵形，背面无毛或脉腋间有簇毛，果实无毛及斑点。分布于我国东北、华北、西南地区及华东各省。

26. 椴树科（Tiliaceae）

(1) 椴（*Tilia tuan*）：叶斜卵形，下面被棕色星状绒毛，中部以上疏生小刺状齿，果有疣瘤。产于我国中部至西南地区。

(2) 黄麻（*Corchorus capsularis*）：草本，叶卵状披针形，边缘有齿，最下面有锯齿延长成钻形裂片。

27. 锦葵科（Malvaceae）

(1) 树棉（*Gossypium arboreum*）：灌木状草本，叶掌状 5～7 深裂，副萼 3 枚，顶端有 3 齿；花瓣黄色，具暗紫色心，种子有长绒毛。广植于黄河以南各省区。

(2) 草棉（*G. herbaceum*）：叶 5 深刻，宽大于长，副萼顶端 5～8 齿；花黄色，中心紫色。我国西北各地有栽培。

(3) 陆地棉（*G. hirsutum*）：叶常 3 裂，副萼有尖齿 7～13；花药密生于等长的短花丝上。我国棉区普遍栽培。

(4) 海岛棉（*G. barbadense*）：叶 3～5 深裂，叶柄散生黑腺点，副萼 5 枚；花药疏生于长短不齐的花丝上。我国南部有栽培。

(5) 大麻槿（洋麻）(*Hibiscus cannabinus*)：草本，茎有刺，下部叶心形，不裂，上部叶 3～7 深裂。我国南北各省有栽培。

(6) 木芙蓉（*H. mutabilis*）：木本，枝叶被星状毛，叶常掌状 3～5 浅裂，花大，粉红色，副萼 10，线形。广布我国各地。

(7) 木槿（*H. syriacus*）：叶 3 裂，基出 3 脉，边缘具不规则锯齿，花粉红或白色，副萼 6～7 枚。

(8) 朱槿（扶桑）(*H. rosa-sinensis*)：叶卵形，边缘有粗齿，花红色，下垂，花瓣不裂；雄蕊管长于花冠。分布于我国南部、西南部。

(9) 吊灯花（*H. schizopetalus*）：似朱槿，但花瓣细裂成流苏状，雄蕊管长而突出。

(10) 红秋葵（*H. coccineus*）：叶 5～7 深裂，几近基部，裂片线状披针形，花大型，红色。

(11) 黄槿（*H. tiliaceus*）：小乔木，叶圆心形，全缘，下面被浅灰色绒毛，花黄色，中央暗紫色。分布于我国南部沿海地区。

(12) 野西瓜苗（*H. trionum*）：草本，茎柔软，全株被白色星状粗毛，下部叶不裂，上部叶 3～5 裂，裂片再羽状分裂。广布于我国。

(13) 蜀葵（*Althaea rosea*）：草本，被星状毛，叶 3～5 浅裂，花大，单生叶腋，自下而上渐次开放，花瓣顶端具缺齿。

（14）肖梵天花（野棉花，刺头婆）（*Urena lobata*）：小灌木，全株被星状毛，叶常3～5浅裂，背面灰白色，花粉红色，果具钩状刺毛。产于长江以南各省区。

（15）锦葵（*Malva sinensis*）：草本，茎被粗毛，叶圆心形或肾形，5～7浅裂，花大，淡紫色。分布于我国各地。

28. 堇菜科（Violaceae）

（1）紫花地丁（*Viola philippica*）：叶基生，矩圆状披针形，基部稍下延至叶柄上部，花淡紫色，距管状，长4～5mm。

（2）三色堇（蝴蝶花）（*V. tricolor*）：多分枝，基生叶近圆心形；茎生叶矩圆状卵形，托叶长，基部羽状深裂成条形，花大，由蓝、黄、白三色组成。

（3）长萼堇菜（*V. inconspicua*）：叶基生，三角状卵形，基部宽心形，上面有乳头状白点，花淡紫色。

（4）蔓茎堇菜（七星莲）（*V. diffusa*）：全体有长柔毛，匍匐枝多数，叶基截形或楔形，稍下延。

29. 葫芦科（Cucurbitaceae）

（1）南瓜（*Cucurbita moschata*）：卷须分3～4叉，叶常5浅裂，两面密被长硬毛，花大，花冠钟状，5中裂，黄色。

（2）黄瓜（*Cucumis sativus*）：卷须不分叉，叶5浅裂，两面柔毛状硬毛，果有小刺状突起物。

（3）甜瓜（香瓜）（*C. melo*）：与黄瓜的区别在于其叶3～7浅裂，叶片近圆形或肾形；果皮光滑，有多个变种或品种，如哈密瓜、菜瓜、白兰瓜等。

（4）葫芦（*Lagenaria siceraria*）：茎生软黏毛，卷须分2叉，叶柄顶端有2腺体，花白色，花冠裂片皱波状，果大，葫芦状。

（5）丝瓜（*Luffa cylindrica*）：卷须2～4分叉，叶常掌状5裂，雄花总状花序，果实长圆柱形，有纵向浅槽或条纹。

（6）棱角丝瓜（*L. acutangula*）：与丝瓜相似，但果实棍棒状，有8～10条纵向的棱和沟。

（7）冬瓜（*Benincasa hispida*）：叶两面密生硬毛，花萼裂片叶状，有锯齿，反折；子房密被长毛。

（8）西瓜（*Citrullus lanatus*）：卷须分2叉，叶近3全裂，裂片羽状深裂。

（9）油渣果（油瓜）（*Hodgsonia macrocarpa*）：木质大藤本，叶3～5深裂，裂片全缘，花冠裂片的流苏长15cm，螺旋状扭曲。产于云南、广西。

（10）苦瓜（凉瓜）（*Momordica charantia*）：卷须不分叉，叶5～7深裂，裂片常再裂，花梗有盾状苞片1，果实有钝瘤体突起。

（11）木鳖（*M. cochinchiniensis*）：粗壮大藤本，叶3～5深裂，边缘有波状小齿，雄花梗顶端生大型苞片；子房密生刺状突起。分布于广东、广西、江西、湖南和四川。

（12）罗汉果（光果木鳖）（*M. grosvenori*）：嫩枝叶密被红色腺毛；卷须分2叉，叶卵形，全缘，瓠果圆形，幼时深棕红色，熟时青色。

(13) 栝楼 (瓜蒌) (*Trichosanthes kirilowii*): 卷须分 2～5 叉, 叶 3～7 浅裂至中裂, 花白色, 萼裂片全缘, 花冠顶端流苏状。

(14) 喷瓜 (*Ecballium elaterium*): 匍匐草本, 无卷须。叶三角状卵形至宽心形, 背面有灰白毛, 果椭圆形, 长 3～5cm, 成熟时能将种子从果柄断落处喷出。我国北部有栽培。

30. 杨柳科 (Salicaceae)

(1) 毛白杨 (*Populus tomentosa*): 叶柄侧扁, 叶片三角状卵形或卵圆形, 幼时下面密被毡毛, 边缘具波状齿牙。分布于我国北部。

(2) 银白杨 (*P. alba*): 树皮灰白色, 长枝上的叶 3～5 浅裂, 短枝上的叶具不规则齿牙, 叶背密被银白色毡毛。

(3) 小叶杨 (*P. simonii*): 叶柄圆柱形, 叶片菱状倒卵形至椭圆形, 中部或中部以上最宽, 下面苍白色。

(4) 垂柳 (*Salix babylonica*): 小枝细软下垂, 叶狭披针形, 长 8～15cm, 边缘有细腺锯齿, 雌花有腺体 1 个。

(5) 旱柳 (*S. matsudana*): 小枝直立, 叶披针形, 长 5～10cm, 下面苍白色。为我国北方的乡土树种。

(6) 紫柳 (*S. rosthornii*): 幼枝紫红色, 叶近对生, 倒披针形, 背面苍白色, 雌花腺体 1 个。产于华南、华中、西南地区及东南各省。

31. 十字花科 (Cruciferae)

(1) 卷心菜 (椰菜) (*Brassica oleracea*): 叶大而厚, 卵圆形, 蓝绿色, 心叶抱合成球, 呈黄白色。

(2) 花椰菜 (菜花) (*B. oleraceae*): 茎端具 1 球状体, 由花序轴、花梗和不育花蕾密集而成。

(3) 芥蓝 (*B. alboglabra*): 叶片厚, 蓝绿色, 基部有耳 1 对, 具长柄, 花纯白色, 较大, 华南各地栽培。

(4) 大白菜 (黄芽白) (*B. pekinensis*): 叶片薄而大; 叶柄宽扁, 边有撕裂状的翅。

(5) 青菜 (小白菜) (*B. chinensis*): 基生叶倒卵形, 叶柄厚, 但无明显的翅; 茎生叶抱茎, 花淡黄色, 长 1.5cm。

(6) 甘蓝 (芥蓝头) (*B. caulorapa*): 植物体具球茎, 叶薄, 蓝绿色, 边缘有不规则齿牙。

(7) 芜菁 (*B. rapa*): 块根球形或扁球形, 下部生须根, 有甜味。基生叶大头羽状分裂或为复叶。

(8) 大头菜 (*B. napobrassica*): 块根纺锤形, 有 1 紫色长颈, 带辛辣叶。基生叶大头羽状分裂。

(9) 芥菜 (*B. juncea*): 茎有分枝。叶薄, 边缘有缺刻或齿, 叶柄有小裂片; 上部叶不抱茎。长角果于种子间略收缩。

(10) 榨菜 (*B. juncea*): 下部叶的叶柄基部肉质膨大, 形成高低不平的卷状, 以四川涪陵栽培最负盛名。

(11) 芸苔(油菜)(*B. campestris*):基生叶大头羽状分裂，侧裂片5对；上部茎生叶基部心形，抱茎，两侧有垂耳。主要分布在长江流域和西北。

(12) 萝卜(*Raphanus sativus*):全体粗糙，具肉质直根，基生叶和下部叶大头羽状分裂，长角果肉质，串珠状。

(13) 菘蓝(*Isatis tinctoria*):主根灰黄色，茎生叶基部箭形，半抱茎，复总状花序，短角果扁平，边缘有翅。

(14) 大青(*I. indigotica*):与菘蓝近似，但叶基部垂耳圆形；短角果顶端圆钝或截形。

(15) 蔊菜(*Rorippa indica*):茎柔弱，近基部分枝。下部叶羽状浅裂，叶缘有不整齐锯齿；花淡黄色，长角果线形，具短柄。

(16) 豆瓣菜(西洋菜)(*Nasturtium officinale*):水生草本，节节生根；羽状复叶，小叶1～4对，有波状齿或全缘。

(17) 独行菜(*Lepidium apetalum*):茎被乳头状短毛，基生叶羽状分裂，茎生叶条形；花瓣丝状，退化，短角果椭圆形，扁平，顶端微凹。

(18) 荠菜(*Capsella bursa-pastoris*):基生叶莲座状，大头羽状分裂；茎生叶狭披针形。短角果倒三角形或倒心形，先端微凹。

(19) 碎米荠(*Cardamine hirsuta*):奇数羽状复叶，基生叶小叶1～3对，茎生叶小叶2～3对；花白色，长角果线形。

(20) 桂竹香(*Cheiranthus cheiri*):叶披针形，全缘。花大，芳香，内萼片基部囊状；花瓣橘黄色或黄色。长角果具4棱。

(21) 紫罗兰(*Matthiola incana*):全株被灰色星状毛。叶矩圆形或倒披针形，全缘。总状花序，花紫红、淡红或白色，直径约2cm。

32. 杜鹃花科(Ericaceae)

(1) 杜香(*Ledum palustre*):小灌木，幼枝密生黄褐色绒毛。叶有强烈香味，矩圆状披针形，边缘略反卷，下面有花褐色厚绒毛。花白色，花瓣分离。分布于我国东北、内蒙古。

(2) 杜鹃(映山红)(*Rhododendron simsii*):小枝、叶、叶柄、蒴果等密被粗毛。夏叶较长，3～5cm。花大，猩红色。果卵圆形，具宿存萼。长江流域以南及西南有分布。

(3) 照山白(*R. micranthum*):幼枝叶背及果密被鳞片。叶厚革质，长2～3.5cm。总状花序聚生枝顶；蒴果熟后5裂。广布于我国东北、华北至西北。

(4) 羊踯躅(*R. molle*):叶长椭圆形至长椭圆状倒披针形，具柔毛，边缘有睫状毛。总状花序，花金黄色。蒴果长2.5cm。广布于长江流域各省。

(5) 岭南杜鹃(*R. mariae*):幼枝、花梗、花萼、果实密生红棕色粗伏毛。叶二型，春叶大，长3.2～8.2cm；夏叶小，长1.2～3.2cm。叶柄密生粗伏毛。产于广东、江西、湖南。

(6) 兴安杜鹃(*R. dauricum*):小枝、叶及果等密被鳞片。叶椭圆形，长1.5～3.5cm，两端圆钝。花先叶开放。分布于我国东北、内蒙古。

(7) 小果南烛(*Lyonia ovalifolia*):叶卵状椭圆形，坚纸质。总状花序腋生，长3～

8cm，花梗偏向一侧而垂下。子房有毛。

（8）吊钟花（*Enkianthus quinqueflorus*）：叶矩圆形或倒卵状矩圆形，革质而光亮，网脉两面隆起强度大，边缘反卷。伞形花序，花淡红色，先叶开放。分布于广东、广西、云南。

（9）滇白珠（*Gaultheria leucocarpa*）：叶卵状长圆形，顶端尾状渐尖，边缘有锯齿。总状花序长5～7cm；花冠绿白色，钟状；花药有芒。

（10）南烛（*Vaccinium bracteatum*）：叶革质，椭圆形至卵形，边缘有坚硬细齿。花冠白色，筒状卵形，苞片大，宿存。我国东部常见。

（11）乌饭树（*V. sprengelii*）：叶厚革质，下面淡黄棕色，边缘有细齿。总状花序；花药有2芒。长江以南各省区常见。

（12）越橘（*V. vitisidaea*）：匍匐半灌木。叶长1～2cm，顶端常微缺，下面散生腺体。总状花序生于去年生的枝端。浆果红色。产于我国东北等地。

33. 柿树科（Ebenaceae）

（1）柿（*Diospyros kaki*）：枝具棕色皮孔。叶椭圆形至倒卵形，叶背及嫩枝被柔毛。花杂性，雄蕊8～16枚。浆果大，宿萼木质肥厚。

（2）君迁子（*D. lotus*）：乔木。叶椭圆形至矩圆形，上面密生脱落性柔毛，下面近白色。浆果径约1.5cm，蓝黑色。主要产于我国东北的南部及华北、华中地区。

（3）瓶兰花（*D. armata*）：灌木，小枝有柔毛，具刺。叶椭圆形或倒卵形至长圆形。果小，球形。庭园栽培观赏。

34. 山矾科（Symplocaceae）

（1）华山矾（*Symplocos chinensis*）：嫩枝叶背及花序密被皱曲柔毛，叶纸质。圆锥花序狭长似总状；雄蕊约45枚。果蓝色，被紧贴的柔毛。分布于长江流域以南。

（2）白檀（*S. paniculata*）：与华山矾的不同在于其圆锥花序开展，花全部具柄，核果无毛。

（3）黄牛奶树（*S. laurina*）：芽、幼枝、花轴、苞片均被灰褐色短柔毛。叶卵形。穗状花序，基部常分枝。核果球形，顶端缢缩，宿存萼裂片直立。分布于我国华东、东南至西南各省区。

（4）老鼠矢（*S. stellaris*）：嫩枝被红褐色长绒毛；小枝髓心中空。叶厚革质，下面灰白色，披针状椭圆形或狭矩圆状椭圆形，长6～20cm。

35. 报春花科（Primulaceae）

（1）报春花（*Primula malacoides*）：具腺体节毛。叶基生，长卵形，边缘有不整齐缺裂。伞形花序2～4轮，花高脚碟状，粉红色或黄青色。

（2）藏报春（*P. sinensis*）：全体被腺状毛。叶缘羽状深裂，两面及叶柄有腺体刚毛。伞形花序1～2。蒴果圆塔形。

（3）四季报春（*P. obconica*）：叶椭圆或近圆形，全缘或有圆波状缺刻或锯齿。伞形花序1轮，蒴果圆形。

（4）矮桃（*Lysimachia clethroides*）：茎直立，被黄褐色卷毛。叶长椭圆形至阔披针形，具黑色腺体。花白色，密生于茎顶粗壮的总状花序上。

（5）过路黄（*L. christinae*）：匍匐草本。叶对生，具黑色条状腺体。黄花色，成对腋生，花瓣有黑色腺体。

（6）点地梅（*Androsace umbellate*）：铺地小草本，全株被多细胞柔毛。叶圆形或卵圆形，边缘有锯齿。伞形花序。

（7）仙客来（*Cyclamen persicum*）：球茎扁球形。叶基生，上面有白斑，下面红色。花单生，花冠反卷。我国温室有栽培。

36. 景天科（Crassulanceae）

（1）垂盆草（*Sedum sarmentosum*）：茎匍匐，叶披针状菱形，3 枚轮生，花黄色。

（2）佛甲草（*S. lineare*）：与垂盆草的区别在于不育枝斜上生叶条形，先端钝。产于长江中、下游。

（3）费菜（土三七）（*S. aizoon*）：茎不分枝，叶互生，长 5～8cm，边缘有不整齐锯齿，花黄色。

（4）瓦松（*Orostachys fimbriatus*）：茎单生。叶条状披针形，初生时密集如莲座，顶端有 1 个半圆形软骨质的附属物，其边缘流苏状。穗状花序塔形。产于我国北部至中部。

（5）落地生根（*Bryophyllum pinnatum*）：叶对生，羽状复叶，小叶 3～5 枚边缘有粗圆齿。花大，淡红或紫红色，下垂。分布于我国南部。

37. 虎耳草科（Saxifrageceae）

（1）虎耳草（*Saxifrage stolonifera*）：全体被毛。肉质，有细长匍匐茎。茎肾形或圆形，背面常紫红色。

（2）落新妇（*Astilbe chinensis*）：多年生草本。叶 2～3 回复叶，小叶边缘有尖重锯齿。圆锥花序，花序密生褐色柔毛；花紫红色。长江中下游至东北广布。

（3）白耳菜（*Parnassia foliosa*）：茎具 4 条棱脊。叶肾状心形，茎半生半抱茎。花瓣 5，边缘丝状分裂。产于华东至云南。

38. 蔷薇科（Rosaceae）

（1）粉花绣线菊（*Spiraea japonica*）：灌木，无托叶。叶片矩圆状披针形，边缘有尖重锯齿，上面皱纹，下面有灰白色。伞房花序，花红色，产于长江流域各省区。

（2）三裂绣线菊（*S. trilobata*）：叶近圆形，先端 3 列，3～5 基出脉，边缘中上部有锯齿。花白色。分布于我国东北、华北。

（3）中华绣线菊（铁黑汉条）（*S. chinensis*）：嫩枝被黄色绒毛。叶菱状卵形，上面有短柔毛，下面被黄色绒毛，边缘有缺刻状齿。

（4）野珠兰（*Stephanandra chinensis*）：灌木。叶卵形，边缘浅裂并有重锯齿，锯齿直达尾状的先端。圆锥花序顶生，花白色。产于长江流域。

（5）白鹃梅（金瓜果）（*Exochorda racemosa*）：叶椭圆形至椭圆状倒卵形，全缘，长 3～6cm，下面带白色。总状花序，心皮结合。蒴果。产于江苏、浙江、江西。

（6）珍珠梅（*Sorbaria sorbifolia*）：奇数羽状复叶，小叶 13～23 枚，边缘具重锯齿。花白色，雄蕊 40～50 枚，长于花瓣。栽培观赏。

（7）玫瑰（*Rosa rugosa*）：茎多被刺毛。奇数羽状复叶，小叶 7～9 枚叶面皱缩。花玫瑰红色，产于华北，各地均有栽培。

(8) 月季（*R. chinensis*）：小叶 3～5 枚，托叶有腺毛。萼片有羽状裂片；花大型，常单生。各地均有栽培。

(9) 多花蔷薇（*R. multiflora*）：枝蔓生。小叶 5～9 枚。伞房花序呈圆柱形，花白色，我国广布。

(10) 金樱子（*R. laevigata*）：攀缘灌木。小叶 3 枚，光亮，花白色，单生，花梗和萼筒密布刺。聚合果红色，下垂。

(11) 掌叶覆盆子（*Rubus chingii*）：幼枝被白粉，疏生倒刺。叶掌状 5 深裂，边缘有重锯齿。聚合果红色，下垂。

(12) 茅莓（*R. parvifolius*）：有刺小灌木，小叶 3，先端迟钝，边缘有锯齿，背面有密毛。聚合果红色。分布于我国各地。

(13) 悬钩子（*R. palmatus*）：叶三角状卵形，3～5 深裂。小枝、叶柄中脉疏生皮刺。聚合果黄色。

(14) 龙牙草（仙鹤草）（*Agrimonia pilosa*）：草本。羽状复叶，小叶大小间杂。花黄色。

(15) 草莓（*Fragaria ananassa*）：植株被柔毛，具匍匐枝。基生 3 出复叶。聚合果卵球形，鲜红色，各地均有栽培。

(16) 蛇莓（*Duchesnea indica*）：匍匐草本。3 枚小叶复叶；托叶卵状披针形，有时 3 裂。果暗红色。广布于我国。

(17) 委陵菜（*Potentilla chinensis*）：草本。奇数羽状复叶，小叶羽状深裂，下面密生白色绵毛。分布于我国东北、华北、西北和西南。

(18) 地榆（*Sanguisorba officinalis*）：草本。小叶 3～11 枚。花序密穗状，花萼紫红色，无花瓣。分布于我国东北、华北、华南和西南。

(19) 苹果（*Malus pumila*）：落叶乔木，幼枝叶被柔毛。叶椭圆形，边缘有钝锯齿。梨果扁球形，两端凹，萼宿存。我国北部至西南有栽培。

(20) 花红（林檎）（*M. asiatica*）：叶片卵形或椭圆形，顶端骤尖，边缘有极细锯齿。果扁圆形，黄色，染浓红色，黄河长江流域一带普遍栽培。

(21) 垂丝海棠（*M. halliama*）：边缘有钝锯齿，叶面光亮，常带紫晕。花梗细弱下垂。果倒卵形，直径 6～8mm。广为栽培。

(22) 沙梨（*Pyrus pyrifolia*）：乔木。叶卵形或卵状长椭圆形，先端长尖，边缘有芒刺状锯齿。梨果近球，褐色，果肉稍硬。产于长江流域和珠江流域。

(23) 白梨（*P. bretschneideri*）：与沙梨的区别在于其叶基宽楔形，果皮黄白色，果肉软而多汁。我国北方常见栽培。

(24) 枇杷（*Eriobotrya japonica*）：小枝、叶被绣色绒毛。叶长椭圆形至倒卵形，叶面皱缩，侧脉直达锯齿顶端。果黄色或橘黄色。主要产于长江流域。

(25) 山楂（*Crataegus pinnatifida*）：小乔木，带有刺。叶边缘具重锯齿。果红色，直径约 1.5cm。产于我国北部。

(26) 木瓜（*Chaenomeles sinensis*）：小乔木。叶缘锐齿端，叶柄两侧和托叶边缘均有腺体。花淡红色。果黄色，芳香，长 10～25cm。产于华北至华南。

(27) 李 (*Prunus salicina*)：叶椭圆状倒卵形，叶柄顶端有2～3个腺体。花常3朵簇生。核果卵球形，有光泽，被蜡粉。

(28) 桃 (*Amygdalus persica*)：腋芽3个。叶椭圆状披针形，叶柄有腺体。核果有沟，密被毡毛；核有凹痕。主要产于长江流域。

(29) 杏 (*Armeniaca vulgaris*)：叶卵圆形，先端骤渐尖。花单生。果杏黄色，被柔毛，核平滑。

(30) 梅 (*A. mume*)：叶卵形，长尾尖。果熟时呈黄色，被短柔毛，核有蜂窝状孔穴。

(31) 樱桃 (*Cerasus pseudocerasus*)：叶片宽卵形，托叶常3～4裂，早落。伞房花序。核果无沟，红色。

(32) 山樱花 (*C. serrulata*)：与樱桃的区别在于其托叶披针形；果黑色，较小。

(33) 郁李 (*C. japonica*)：叶卵形，先端长尾尖，基部圆形。果球形，光滑而有光泽。分布于华东、华中、华南。

39. 含羞草科 (Mimosaceae)

(1) 合欢（马缨花）(*Albizia julibrissin*)：乔木。二回偶数羽状复叶，小叶镰刀状长方形，中脉偏斜。头状花序，花丝细长，淡红色。产于我国东北至华南及西南部。

(2) 含羞草 (*Mimosa pudica*)：有刺半灌木。二回羽状复叶，触动时小叶折合。头状花序，淡红色，华南、西南和华东有分布。

(3) 台湾相思 (*Acacia confusa*)：乔木。叶片退化，叶柄扁化成叶状，具3～7条平行脉。头状花序，金黄色。华南常见。

40. 苏木科 (Caesalpiniaceae)

(1) 云实 (*Caesalpinia sepiaria*)：蔓生灌木，有散生钩刺。二回羽状复叶。花黄色。荚果沿腹缝线有狭翅。产于长江以南各省区。

(2) 紫荆 (*Cercis chinensis*)：单叶，圆心形。花紫色，簇生于老干上，先叶开花。荚果沿腹缝线有狭翅。各地均有栽培。

(3) 洋紫荆（羊蹄甲）(*Bauhinia variegata*)：乔木。单叶，先端2裂，裂片圆，叶脉11～13条。花粉红色，发育雄蕊5枚。分布于福建、广州、广西和云南。

(4) 皂荚 (*Gleditsia sinensis*)：乔木，刺圆锥形，常分支。一回羽状复叶，常簇生。总状花序细长。荚果直而扁平。

(5) 决明 (*Cassia tora*)：一年生草本。羽状复叶，小叶3对，叶轴2小叶间有腺体。花黄色，能育雄蕊7枚。

(6) 凤凰木 (*Delonix regia*)：大乔木。二回羽状复叶，羽片10～24枚；托叶羽状分裂。花大，鲜红色。我国南部有栽培。

(7) 苏木 (*Caesalpinia sappan*)：树干疏生小刺。二回羽状复叶，羽叶9～13对，小叶10～15对。花黄色。分布于我国南部和西南部。

41. 蝶形花科 (Fabaceae)

(1) 大豆 (*Glycine max*)：一年生草本，茎密生褐色长硬毛。小叶3枚，两面生白色长柔毛。花白色或淡紫色。荚果密被黄色硬毛。主要产于我国东北，各地均有栽培。

(2) 落花生（*Arachis hypogaea*）：根部有多根。小叶 4 枚，花黄色，雄蕊 9 枚，合生。荚果于地下发育成熟。

(3) 豌豆（*Pisum sativum*）：攀缘草本，被白霜。羽状复叶，叶轴顶端具分支的卷须；托叶大于小叶。花白色带红。

(4) 蚕豆（*Vicia faba*）：茎有棱。小叶 2～6 枚，顶端小叶中央有不发达的狭线形卷曲。托叶大，花白色带红。

(5) 豇豆（豆角）（*Vigna sinensis*）：缠绕草本。小叶 3，顶生小叶菱状卵形，侧生小叶菱状卵形，侧生小叶斜卵形。花淡紫色。荚果长条形，下垂，肉质且柔软。

(6) 扁豆（*Dilichos lablab*）：缠绕草本。茎常呈淡紫色或淡绿色。小叶 3 枚，侧生小叶较大，斜卵形。花紫色或白色；子房基部有腺体。

(7) 绿豆（*Phaseolus radiatus*）：茎直立，被淡褐色长硬毛。小叶 3 枚。总状花序；花黄色，子房密被长硬毛。种子绿色。

(8) 赤豆（红豆）（*Phaseolus angularis*）：与绿豆近似，但侧生小叶有时浅 3 裂；子房无毛，种子赤红色。

(9) 菜豆（四季豆）（*P. vulgaris*）：缠绕草本，被短柔毛。小叶 3 枚。花白色或淡紫色。荚果略肿胀，宽约 1cm。

(10) 木豆（*Cajanus cajan*）：小灌木，被毛。小叶 3 枚，披针形至狭椭圆形。花黄色。荚果长 4～7cm，种子间凹陷成斜槽。

(11) 豆薯（沙葛）（*Pachyrhizus erosus*）：藤本，具纺锤状肉质根。小叶 3 枚，边缘有锯齿或浅裂。花蓝色或白色。荚果扁平，种子间缢缩。分布我国南部各省区。

(12) 田菁（*Sesbania cannabina*）：灌木状草本。羽状复叶，小叶 20～60 枚，两面密生褐色小腺点。花黄色，荚果极长而狭。

(13) 猪屎豆（*Crotalaria mucronata*）：半灌木状草本，茎枝具浅沟纹，掌状 3 枚小叶，小叶倒卵形，先端或微凹。花黄色。我国南方栽培做绿肥。

(14) 紫苜蓿（*Medicago sativa*）：多年生草木。小叶 3 枚，长 1～2cm，上部边缘有锯齿，两面有白色长柔毛。花紫色。荚果旋卷。

(15) 草本樨（*Melilotus suaveolens*）：一年生草木。小叶 3 枚，边缘有疏细齿。花黄色。荚果有网脉。种子 1 粒。分布于我国北部、西南和华东。

(16) 白车轴草（*Trifolium repens*）：匍匐草本，指状 3 枚小叶，有细锯齿，托叶抱茎，头状花序，生于匍匐茎，荚果包于长约 1cm 的萼内。我国东北、河北、华北和西南有引种。

(17) 木蓝（*Indigofera tinctoria*）：小灌木，被白色丁字毛。小叶 9～13 枚。花黄色，长 4～5mm。果圆柱形，有丁字毛。

(18) 甘草（*Glycyrrhiza uralensis*）：草本，根和根状茎粗壮。全株被白色柔毛和刺毛状腺体。小叶 7～17 枚。花蓝紫色。荚果弯曲呈镰状或环状。分布于我国东北、华北和西北。

(19) 黄耆（*Astragalus membranaceus*）：高大草本，主根棒状。奇数羽状复叶，小叶 17～27 枚，两面有白色长柔毛。花白色，子房有长柔毛。分布于我国东北、华北和西北。

(20) 香花崖豆藤（*Millettia dielsiana*）：攀缘灌木，幼枝和花序被金黄色绒毛，小叶5枚，花紫色，旗瓣外面白色，密生锈色毛。

(21) 苦参（*Sophora flavescens*）：灌木，根黄色，小叶15～29枚，下面密生平伏柔毛，花淡黄色，雄蕊分离。

(22) 槐（*S. japonica*）：乔木，奇数羽毛复叶，叶柄基部膨大，小叶9～15枚，下面密生平伏柔毛，花淡黄色，荚果串珠状。

(23) 锦鸡儿（*Caragana sinica*）：灌木，小枝有棱；托叶和宿存的叶轴刺状，小叶4枚，单花色，黄红色。产于我国北部和东部。

(24) 香豌豆（*Lathyrus odoratus*）：一年生草本，茎具翅，小叶2枚，叶轴有翅膀，顶端有3～5卷须。我国各地栽培。

(25) 紫藤（*Wisteria sinensis*）：木质藤木，小叶7～13枚，卵状披针形；总状花下垂，长15～30cm，荚果密被绒毛。

(26) 紫云英（*Astragalus sinicus*）：一至二年生草本，径直立或匍匐，多分枝，小叶7～23枚；伞形花序腋生，花紫红色或白色，种子肾形。长江流域广泛栽培，用作化肥。

(27) 刺槐（洋槐）（*Robinia pseudoacacia*）：乔木，小枝具托叶刺，小叶7～11枚，椭圆形或矩圆形，总状花序下垂，花白色，极芳香，荚果沿腹缝有狭翅。

(28) 紫檀（*Pterocarpus indicus*）：乔木，小叶7～9枚枚，互生，矩圆形，先端尖，宽4～5cm，花黄色，荚果扁圆形，周围有广翅。我国南部有栽培。

(29) 花榈木（*Ormosia henryi*）：小乔木，幼枝、叶背和花序密被灰黄色柔毛，小叶5～9枚，花黄白色，分布于我国中部、东南、西南各地。

(30) 黄檀（*Dalbergia hupeana*）：乔木，小叶9～11枚，互生，矩圆形，先端钝，微缺。花冠淡紫色或白色；雄蕊（5，5）二体。广布于我国中部和南部。

42. 桃金娘科（Myrtaceae）

(1) 桉（大叶桉）（*Eucalyptus robusta*）：树皮宿存，纵裂。叶卵状披针形，厚革质。伞形花序，花序梗常扁平。

(2) 窿缘桉（*E. exserta*）：树皮光滑纵裂。叶狭披针形。花序梗柱形；花盖圆锥形，长为萼筒的2倍。

(3) 细叶桉（*E. tereticornis*）：树皮光滑脱落，仅基部宿存粗糙。成熟叶为条状狭披针形。果半球形至陀螺形，直径8～10mm。

(4) 赤桉（*E. camaldulensis*）：与细叶桉的区别在于其为小枝，淡红色，下垂；花盖顶部收缩呈长喙状。

(5) 柠檬桉（*E. citriodora*）：树皮光滑，灰白色至淡红灰色，脱落。叶披针形，具强烈的柠檬味。幼苗及萌枝的叶盾着生，密被腺毛。

(6) 蓝桉（*E. globulus*）：树皮灰色，脱落，干基宿存粗厚树皮。幼苗及萌枝的叶对生，蓝绿色，被白粉；成长叶披针形。花蕾与果实均呈瘤状突起。桉属原产于澳大利亚地区，我国长江以南各省均有引种。

(7) 蒲桃（*Syzygium jambos*）：叶对生，长椭圆状披针形，边脉明显。花白色，雄蕊多数，长于花瓣。浆果核果状，黄绿色。产于我国南部。

(8) 桃金娘（岗稔）(*Rhodomyrtus tomentosa*)：小灌木，幼枝、叶背密被短柔毛。叶椭圆形、离基三出脉。花 1～3 朵成聚伞花序，紫红色。浆果。

(9) 番石榴 (*Psidium guajava*)：树皮片状剥落，小枝四棱。叶矩圆形，羽状在上面凹入，背入凹起。花白色，浆果，直径 4～5cm。

(10) 白千层 (*Melaleuca leucadendron*)：树皮厚而多层，海绵质。灰白色，薄片剥落。叶长椭圆，有平行脉 3～7 条。

43. 红树科 (Rhizophoraceae)

秋茄树 (*Kandelia candel*)：灌木或小乔木。叶革质对生，长圆形至倒卵形，先端钝。萼裂片长达 1cm，花瓣顶端细裂成丝状。分布于海南、广东、广西、福建、台湾等省的沙滩上，是红树科分布较广的一种。

44. 桑寄生科 (Loranthaceae)

(1) 广寄生 (*Taxillus chinensis*)：寄生木。叶对生或近对生，卵形，顶端圆或钝。花褐色，4 数，幼果密生小瘤体。分布于福建、广东和广西。

(2) 毛叶桑寄生 (*Loranthus levinei*)：半寄生小灌木，全部密被红褐色星状短毛。叶厚革质，浆果被毛。分布于长江流域以南各地。

45. 槲寄生科 (Viscaceae)

槲寄生 (*Viscum coloratum*)：半寄生小灌木。茎略肉质，2～3 回叉状分枝。叶倒披针形，肥厚肉质，对生于枝顶。分布于我国东北、华北和华中等地区。

46. 卫矛科 (Celastraceae)

(1) 卫矛 (*Euonymus alatus*)：灌木，小枝四棱，棱上有 2～4 列木栓质宽翅。叶对生。蒴果 4 深裂。长江中下游至我国东北广布。

(2) 白杜（丝绵木）(*E. maackii*)：小乔木。叶宽卵形至椭圆状卵形，叶柄长 2～3.5cm。聚伞花序有 3～7 花，花淡绿色，花药紫色。蒴果粉红色。

(3) 南蛇藤 (*Celastrus orbiculatus*)：藤状灌木，小枝具皮孔。叶互生，近圆形至广卵形，边缘有锯齿。花杂性，黄绿色。蒴果黄色。

(4) 雷公藤 (*Tripterygium wilfordii*)：木质藤本，小枝 4～6 棱，密生瘤状皮孔及锈色短绒毛。单叶互生。花黄色，果有 3 翅。

47. 冬青科 (Aquifoliaceae)

(1) 冬青 (*Ilex chinensis*)：乔木，树皮灰色或淡灰色。叶长椭圆形，上面深绿色而有光泽。花淡紫色，4 枚。

(2) 毛冬青 (*I. pubescens*)：灌木，分枝近 4 棱形，密被粗毛。叶纸质，长卵形，宽 1～2.5cm，密生短毛。花粉红或白色。分布于我国南部各省区。

(3) 铁冬青 (*I. rotunda*)：乔木，小枝红褐色。叶椭圆形或卵形。伞形花序具柄，花白绿色。果熟时红色。产于长江流域以南。

(4) 称星树（岗梅）(*I. asprella*)：灌木，枝具白色皮孔。叶卵形，顶端长，渐尖。花单生，花梗长 2～2.5cm，纤细，果熟时延长至 3cm。产于华东及华南地区。

(5) 枸骨 (*I. cornuta*)：叶硬革质，矩圆状四方形，顶端扩大，有硬尖刺 3 枚，基部两侧各 1～2 枚。分布于长江中下游各省。

48. 大戟科（Euphorbiaceae）

（1）油桐（*Vernicia fordii*）：落叶乔木。叶卵圆形，全缘，稀 3 裂，掌状脉，叶柄顶端有 2 扁平的红色腺体，花色略带红。分布于秦岭、长江流域以南。

（2）木油桐（千年桐）（*V. montana*）：叶阔卵形，常 3～5 裂，裂隙底部有腺体，叶柄顶端具有 2 枚杯状有柄腺体。果皮有皱纹。主要产于珠江流域。

（3）乌桕（*Sapium sebiferum*）：乔木。叶菱形或菱状卵形，先端尾端长渐尖。穗状花序顶生，花黄绿色。种子黑色，外被白蜡。为我国南方重要的工业油料植物。

（4）蓖麻（*Ricinus communis*）：灌木状草本。叶掌状 7～9 深裂。雄蕊多数，花丝多分支。蒴果外被软刺。我国大部分地区有栽培。

（5）橡胶树（*Hevea brasiliensis*）：大乔木，含有乳白胶。3 出复叶，叶柄长，顶端有 2 腺体。雌雄同序。蒴果大，3 裂。

（6）泽漆（*Euphorbia helioscopia*）：草本。叶倒卵形或匙形；茎顶端具 5 片轮生的叶状苞，较茎叶大。杯状花序，总苞 4 腺体。

（7）大戟（*E. pekinensis* Rupr.）茎被白色短柔毛，叶长圆形至披针形，宽 5～13mm，花序基部苞叶近肾形。蒴果表面具疣状突起。分布于我国各地。

（8）一品红（*E. pulcherrima*）：灌木。叶卵状椭圆形至披针形，下部叶全缘或波状或浅裂，上部叶较狭。全缘，开花时朱红色。我国各地均有栽培。

（9）木薯（*Manihot esculenta*）：亚灌木，具肉质块根。叶掌状 3～7 深裂至全裂或波状或浅裂，叶柄长约 30cm。我国南部有栽培。

（10）巴豆（*Croton tiglium*）：小乔木，幼枝及叶被稀疏的星状毛。叶卵形至矩圆状卵形，叶片基部有 2 腺体，3 出脉。蒴果矩圆形，长 2cm。

（11）白背叶（*Mallotus apelta*）：灌木，密被星状毛。叶宽卵形，不裂或 3 浅裂，两面被星状毛及棕色腺体，下面灰白色。雌雄异株，子房被软刺及星状毛。

49. 鼠李科（Rhamnaceae）

（1）枣（*Ziziphus jujuba*）：乔木，托叶刺 1 直 1 反曲。叶卵形至卵状披针形，边缘有细齿。花小，黄绿色。核果，果核两端尖。

（2）酸枣（*Z. jujuba*）：为枣的变种，刺较多，果近球形，核两端钝。产于我国华北，中南各省也有。

（3）北枳椇（拐枣）（*Hovenia dulcis*）：落叶乔木。叶宽卵形，基出 3 脉。聚伞花序，核果，熟时果序梗人肉质，扭曲。

（4）冻绿（*Rhamnus utilis*）：小枝红褐色。顶端针刺状。叶互生或束生于短枝端，上面中脉下凹。花单性，4 数。核果黑色。产于我国西南、西北及中部各省区。

（5）多花勾儿茶（*Berchemia floribunda*）：攀缘灌木，幼枝黄绿生。叶卵形至椭圆形，侧脉 8～12 对，下面灰白色。宽圆锥花序顶生。

50. 葡萄科（Vitaceae）

（1）葡萄（*Vitis vinifera*）：木质藤木，树皮呈片状剥落，髓褐色。叶 3～5 枚近中裂，边缘有粗齿。花瓣黏合成帽状脱落；圆锥花序。

(2) 蛇葡萄（*Ampelopsis brevipedunculata*）：小枝具皮孔，髓白色。叶常 3 浅裂，边缘有粗齿。花瓣开展；聚伞花序。

(3) 地锦（爬山虎）（*Parthenocissus tricuspidata*）：卷须短，多分支，顶端形成吸盘。叶常 3 裂，边缘有粗齿；苗及下部枝上的叶为 3 枚小叶。花瓣顶端反折。

51. 无患子科（Spapindaceae）

(1) 无患子（*Sapindus mukorossi*）：乔木，芽叠生。偶数羽状复叶，小叶椭圆状披针形，网脉显著。浆果。

(2) 龙眼（桂圆）（*Dimocarpus longan*）：幼枝生锈色柔毛。小叶 2～6 对，全缘。果实初有疣状突起，后变平滑；种子具白色、肉质、多汁的假种皮。分布于我国华南、西南。

(3) 荔枝（*Litchi chinensis* Sonn.）：与龙眼相似，但叶小革质，光亮，侧脉不明显。果皮暗红色，有瘤状突起。

(4) 文冠果（*Xanthoceras sorbifolia*）：小枝紫色。小叶 9～19 枚，膜质，狭椭圆形至披针形，有锐齿。蒴果，果皮厚木栓质。特产于我国北部。

52. 槭树科（Aceraceae）

(1) 地锦槭（五角枫）（*Acer mono*）：单叶对生，掌状 5 裂，基部心形。伞房花序，花黄绿色。果翅较果核长 1.5～2 倍，两小果张开呈钝角。

(2) 元宝槭（*A. truncatum*）：于地锦槭相近，但叶基常截型；果翅与果核近等长，两小果张开近直角。

(3) 三角槭（*A. buergerianum*）：叶先端 3 裂，3 出脉，下面被白粉。两翅平行接触。

(4) 鸡爪槭（*A. palmatum*）：叶掌状 5～7 深裂，裂片边缘具紧贴的锐锯齿。花紫色。翅果幼时紫红色，成熟棕黄色，果翅张开呈钝角。

(5) 岑叶槭（复叶槭）（*A. negundo*）：奇数羽状复叶，小叶 3～7 枚，边缘有粗锯齿或缺刻。果翅张开呈锐角。

(6) 金钱槭（*Dipteronia sinensis*）：奇数羽状复叶，小叶 7～11 枚，边缘有梳齿。花白色。种子周围具圆翅，嫩时红色。

53. 漆树科（Anacardiaceae）

(1) 漆（*Toxicodendron vernicifluum*）：大乔木。奇数羽状复叶，互生，小叶 9～15 枚，全缘，两面脉上有毛。圆锥花序；果序下垂；核果，中果皮蜡质。我国特产。

(2) 盐肤木（*Rhus chinensis*）：小乔木。小叶 7～13 枚，边缘有粗齿，下面密被灰褐色毛，叶轴有狭翅。圆锥花序顶生，密被灰色毛。我国各地均有分布，为五倍子蚜虫的寄主植物。

(3) 杧果（*Mangifera indica*）：单叶，聚生枝顶，长椭圆形至披针形，长 10～20cm，侧脉两面凸起。核果 6～20cm。华南各地有栽培。

(4) 黄栌（*Cotinus coggygria*）：落叶灌木或小乔木。叶近圆形，叶柄细长，入秋鲜红色。果序上多数不育花梗伸长，呈羽毛状。分布于我国西南和华北。

(5) 黄连木（*Pistacia chinensis*）：乔木。偶数羽状复叶，小叶 10～14 枚，先端长渐尖，基部歪斜。核果，初为黄色，成熟时呈红色或蓝紫色。

54. 芸香科（Rutaceae）

（1）野花椒（*Zanthoxylum simulans*）：有灌木刺。奇数羽状复叶，小叶 5～9 枚，密生小油点，上面常有刚毛状小刺；叶轴有狭翅。果实表面有瘤状突起。

（2）竹叶花椒（*Z. armatum*）：枝刺基部宽扁，小叶 3～5 枚，油点散生于叶缘，叶轴具宽翅。果紫红色，油点多且凸起。分布于我国东南至西南。

（3）橙（甜橙）（*Citrus sinensis*）：小叶呈压扁状的棱角，刺少或无。叶圆形，基部叶翅狭。花白色，长 1.2～1.5cm。果近球形，果皮粗厚，不易剥离。秦岭以南各地有栽培。

（4）柑橘（*C. reticulata*）：有刺或无刺。叶翅极狭或仅有痕迹，花白色，长约 1cm。柑果扁圆形；果皮疏松，易剥离。

（5）柚（*C. maxima*）：幼嫩部分密被柔毛，有刺。叶宽卵形或椭圆形，基部有倒心形的宽翅。花较大。果径在 10cm 以上，中果皮极厚。

（6）柠檬（*C. limon*）：枝干上具硬刺，叶翅明显。花直径约 3cm，果顶呈乳头状突尖，果皮难剥离。

（7）佛手（*C. medica*）：枝具硬刺。叶片先端凹缺，无叶翅及关节。雄蕊 30 枚以上。果实上部分裂如拳或张开如指。

（8）酸橙（*C. aurantium*）：枝刺长而粗壮。叶狭长或倒心形，果皮粗糙，难剥离；果肉味酸，带苦味。

（9）代代花（*C. aurantium* var. *amara*）：为酸橙的变种。花白色，有浓香。果橙红色，留在树上翌年夏季又变为污绿色。故又名“回青橙”。

（10）金橘（*Fortunella margarita*）：灌木，常无刺。叶片长圆形，叶翅狭，柑果椭圆形，金黄色，果皮味甜，果肉味酸。

（11）黄檗（黄柏）（*Phellodendron amurense*）：乔木，内皮黄色，味苦。具叶柄下芽。奇数羽状复叶对生，小叶边缘有一排油腺点。雌雄异株，雄蕊长于花瓣。产于我国东北、华北地区。

（12）枳（枸橘）（*Poncirus trifoliata*）：枝刺多而尖锐。3 枚小叶复叶，总叶柄具狭翅。花、果具有香气，果橙黄色，被毛。我国各地均有栽培。

（13）吴茱萸（*Evodia rutaecarpa*）：小乔木。羽状复叶，小叶 5～11 枚，具粗大油腺点，下面密被长柔毛。花淡黄白色，雄蕊 5 枚。产于长江流域及其以南各省区。

（14）黄皮（*Clausena lansium*）：小乔木，幼枝具瘤状突起的腺体。奇数羽状复叶，小叶向叶轴基部渐变小，叶缘微波状。浆果黄褐色，有柔毛。分布于我国南部。

55. 牻牛儿苗科（Geraniaceae）

（1）牻牛儿苗（*Erodium stephanianum*）：一年生草本。叶对生，2 回羽状深裂至全裂。裂片基部下延。花蓝紫色，发育雄蕊 5 枚。蒴果具螺旋卷曲的长喙。分布于长江以北和云南西部。

（2）尼泊尔老鹳草（*Geranium nepalense*）：茎细弱而平卧。叶掌状 3～5 深裂，边缘具粗齿裂。花紫红色，雄蕊全部发育。蒴果喙较短。产于华中、华东及西南等地区。

（3）天竺葵（*Pelargonium hortorum*）：茎肉质，基部木质；具有鱼腥气味。叶互生，圆肾形，波状浅裂，上面有一暗红色环纹。花萼有距。我国各地均有栽培。

56. 五加科（Araliaceae）

（1）人参（*Panax ginseng*）：多年生草本，主根肥大肉质，圆柱状，常分叉。掌状复叶3～6枚轮生茎顶，小叶3～5枚。伞形花序顶生，为淡黄绿色。果红色。主要产于我国东北，现多为栽培。

（2）三七（田七）（*P. pseudoginseng* var. *notoginseng*）：肉质根1条，粗壮。掌状复叶3～4枚轮生茎顶，小叶3～7枚，边缘有重锯齿，齿端有齿毛。多栽培于云南、广西。

（3）五加（*Acanthopanax gracilistylus*）：攀缘灌木，具倒钩的皮刺。掌状复叶，小叶5枚，倒卵状披针形。花黄绿色。果紫黑色。

（4）刺五加（*A. senticosus*）：小枝密生细刺毛或刺，小叶常为5枚，边缘有锐尖重锯齿，上面被毛，花紫黄色。产于长江流域及其以北地区。

（5）楤木（*Aralia chinensis*）：小枝被黄棕色绒毛，疏生短刺。2～3回羽状复叶，羽片有小叶5～11枚，上面粗糙，下面被黄色毛。伞形花序组成大型圆锥花序。分布较广。

（6）辽东楤木（*A. elata*）：与楤木的区别在于其叶背呈灰绿色，叶轴和羽片轴通常有翅；伞形花序组成伞房状复花序。产于我国东北。

57. 伞形科（Umbelliferae）

（1）胡萝卜（*Daucus carota* var. *sativa*）：草本，肉质圆锥根红色或黄色。茎被粗毛。叶2～3回羽状全裂。复伞形花序，总苞片羽状分裂。我国各地栽培。

（2）白芷（*Angelica dahurica*）：主根粗大。叶2～3回羽状全裂，裂片宽2～4cm，叶轴有翅；茎上部叶筒化成叶鞘。小总苞片14～16枚，花白色。

（3）当归（*A. sinensis*）：主茎肥大肉质。茎紫红色。叶2～3回出羽毛全裂，裂片长1～2cm茎上部叶筒化呈羽状分裂。伞辐9～16条，小总苞片2～4枚。

（4）隔山香（*Ostericum citriodorum*）：主根黄色。茎基部有叶鞘残留纤维。叶2回羽状分裂，中脉软骨质。果有柠檬香味。

（5）北柴胡（*Bupleurum chinense*）：基部叶早枯，中部叶倒披针形或宽条披针形，平行脉7～9条，下面具粉霜。花鲜黄色。

（6）前胡（白花前胡）（*Peucedanum praeruptorum*）：茎基具叶鞘纤维。叶2～3回3出羽状分裂，裂片不规则羽状分裂；茎生叶2回羽状分裂。无总苞，小总苞片7条。分布于华东、华中和四川。

（7）防风（*Saposhnikovia divaricata*）：茎基具纤维状的叶柄残基；茎二歧分枝。基生叶1～2回羽状全裂，裂片条形；顶生叶筒化成叶鞘。无总苞片，小苞片4～5枚。分布于我国东北、华北、陕北和甘肃。

（8）川芎（*Ligusticum chuanxiong*）：根茎呈不规则的结节状拳形团块；茎基部的节膨大成盘状。2～3回羽状复叶，小叶羽状全裂或深裂。总苞片和小总苞片条形。分布于云南、四川、贵州等省。

（9）茴香（*Foeniculum vulgare*）：全株被粉霜，具强烈香气。叶3～4回羽状细裂，小裂片丝状。总苞和小总苞缺。我国各地均有栽培。

（10）芫荽（*Coriandrum sativum*）：植株具强烈香气。基生叶1～2回羽状全裂，裂片卵形，边缘全裂或具缺刻；茎生叶2～3回羽状深裂，裂片狭线形。我国各地均有栽培。

58. 龙胆科（Gentianaceae）

（1）龙胆（*Gentiana scabra*）：多年生。叶卵形或卵状披针形，主脉3～5条，叶缘及叶脉粗糙。花蓝紫色，长4～5cm。种子有翅。我国东北至东部各省均有分布。

（2）秦艽（大叶龙胆）（*G. macrophylla*）：茎基部有宿存的残叶纤维。基生叶较大，茎生叶3～4对，披针形，基部连合。花蓝紫色。

（3）条叶龙胆（*G. manshurica*）：下部的叶鳞片状，中上部的叶披针形至条形，边缘反卷。花蓝紫色，1～2朵顶生，种子两端具翅。

（4）三花龙胆（*G. triflora*）：与条叶龙胆近似，但叶缘不反卷，花3～5朵簇生，种子边缘有翅。

（5）獐芽菜（*Swertia bimaculata*）：茎四棱形。叶矩圆形至卵状披针形，3出脉。花淡绿色，花冠裂片具紫色小斑点，中部有2个黄色大斑点。

59. 夹竹桃科（Apocynaceae）

（1）长春花（*Catharanthus roseus*）：直立草本，全体光滑无毛。叶倒卵状矩圆形，先端圆。花冠高脚碟形，红色；花盘由2片舌状腺体组成。蓇葖果。我国华东、西南、中南各省区有栽培。

（2）萝芙木（*Rauvolfia verticillata*）：灌木，小枝疏生皮孔，叶3～4枚轮生，长椭圆状披针形。花白色。核果离生，熟时紫黑色。分布于我国台湾、华南和西南各省区。

（3）蛇根木（印度萝芙木）（*R. serpentina*）：与萝芙木的区别在于叶稍狭；花萼和花冠筒均为红色，花冠裂片白色；核果合生至中部。分布于云南、广东和广西。

（4）夹竹桃（*Nerium indicum*）：大灌木，含汁液。叶3～4片轮生，下部的对生，披针形，革质，侧脉密生而平行。花红色，副花冠顶端撕裂。

（5）黄花夹竹桃（*Thevetia peruviana*）：小枝下垂。叶互生，条状披针形或长条形，光亮。花冠黄色，副花冠鳞片状。核果。分布于我国南部。

（6）罗布麻（*Apocynum venetum*）：半灌木。叶对生，长圆状披针形，边缘具细齿。花冠圆筒状钟形，两面具颗粒状突起，红色。2枚蓇葖果箸状圆筒形，下垂。分布于我国西北、华北、华东和东部各省区。

（7）络石（*Trachelospermum jasminoides*）：木质藤本。叶对生，椭圆形。花白色，萼裂片反卷；花冠高脚碟状，冠筒中部膨大。广布于我国南北各地。

（8）鸡蛋花（*Plumeria rubra*）：小乔木，小枝肥厚而肉质。叶互生，大型，聚生枝顶，侧脉近平行。花冠白花黄心。分布于我国南部。

（9）黄蝉（*Allemanda neriifolia*）：灌木。叶3～5枚轮生，侧脉下面凸起。花冠黄色，漏斗状。蒴果外被长刺。

60. 萝藦科（Asclepiadaceae）

（1）杠柳（*Periploca sepium*）：蔓生灌木，全株无毛。叶卵状长圆形，膜质。花紫红色，花冠裂片中间加厚，反折；副花冠裂片异型。我国大部分地区有分布。

（2）牛皮消（*Cynanchum auriculatum*）：蔓性半灌木。叶宽卵形至卵状长圆形，基部心形。花冠白色；副花冠2轮，浅杯状。分布于我国大部分地区。

(3) 柳叶白前 (*C. stauntonii*)：半灌木，无毛。叶狭披针形。花冠紫红色，内面被长柔毛；副花冠裂片盾状，隆肿。产于长江以南各省区。

(4) 徐长卿 (*C. paniculatum*)：多年生草本。叶披针形至线形，边缘有睫毛。花黄绿色；副花冠裂片基部增厚，顶端钝。

(5) 地梢瓜 (*C. thesioides*) 半灌木，叶条形，长 3～5cm，宽 0.2～0.5cm，花绿白色；副花冠杯状，裂片刺刀形。分布于我国东北、华北、西北各省区。

(6) 娃儿藤 (*Tylophora ovata*)：攀缘灌木，叶卵形，两面被毛，花冠淡黄或黄绿色，两面微被毛；副花冠裂片顶端高于花药之半；花粉块圆球形，平展，蓇葖果无毛。产于云南、广东、广西、湖南和台湾等省区。

(7) 马利筋 (*Asclepias curassavica*)：直立草本，叶披针形，花冠紫红色，裂片反折；副花冠 5 裂，黄色，蓇葖果刺刀形。我国各地均有栽培。

(8) 球兰 (*Hoya carnosa*)：藤本，叶卵形至卵状矩圆形，肉质，花白色，副花冠外角边缘反折而成孔隙。分布于我国南部。

(9) 豹皮花 (*Stapelia pulchella*)：肉质植物，茎丝生亮绿，钝四棱形，棱具粗厚软刺，无叶，花冠五星状。

(10) 蓝叶藤 (*Marsdenia tinctoria*)：叶蓝绿色，矩圆形或卵状矩圆形。花序 3～7cm，花冠黄白色，喉部具刷毛，副花冠裂片长圆形。分布于我国南部。

(11) 通光散 (*M. tenacissima*)：木质藤本，茎密被柔毛。叶宽卵形，长宽 15～18cm，基部深心形，花黄紫色，副花冠裂隆起。分布于云南、贵州。

61. 茄科 (Solanaceae)

(1) 茄 (*Solanum melongena*)：草本至半灌木，全株被星状毛。叶大，边缘浅波状或深波状圆裂，能孕花单生，紫色；子房顶和花柱基部被毛，浆果大型。我国各地均有栽培。

(2) 马铃薯 (*S. tuberosum*)：草本，有地下块茎，奇数羽状复叶，小叶 6～8 对，大小相同，花序顶生，后侧生，各地广泛栽培。

(3) 龙葵 (*S. nigrum*)：一年生草本，多分枝。叶卵形，全缘或有不规则的波状齿。花 4～10 朵组成短的蝎尾状花序，腋外生，花冠白色，5 浅裂。浆果黑色。我国广布。

(4) 辣椒 (*Capsicum annuum*)：一年生草本，灌木状。单叶全缘，下面脉腋有簇毛。花单生，白色，花萼杯状。浆果无汁，有空腔，俯垂；果皮肉质，味辣。

(5) 番茄 (*Lycopersicon esculentum*)：全株被黏质腺毛。羽状复叶，小叶大小不等。花黄色，花药靠合成圆锥状，纵裂，浆果。

(6) 烟草 (*Nicotiana tabacum*)：高大草本，全体被腺毛。叶宽大，长卵圆形，基部渐狭而半抱茎。花淡红色。

(7) 曼陀罗 (*Datura stramonium*)：亚灌木，茎常二歧分枝。叶缘常撕裂状。花冠漏斗状，下部淡绿色，上部白色，长 6～10cm，蒴果密被硬针刺。

(8) 洋金花 (*D. metel*)：与曼陀罗近似，但叶全缘或波状浅裂；花冠长 14～17cm；蒴果刺疏而短。我国各地均产。

(9) 木本曼陀罗 (*D. arborea*)：灌木。花俯垂，花冠 24～29cm。蒴果无刺。

(10) 枸杞 (*Lycium chinense*)：灌木，具棘刺。叶互生或簇生于短枝上，花淡紫色。浆果红色。

(11) 宁夏枸杞（中宁枸杞）(*L. barbarum*)：叶基部下延成柄。花淡红色或紫红色，花萼常2中裂，花冠裂片无缘毛。

(12) 颠茄 (*Atropa belladonna*)：草本，嫩枝被腺毛。叶互生或大小2叶双生，全缘。花冠管状钟形，淡紫褐色。浆果熟时紫黑色。汁液紫色。

(13) 天仙子 (*Hyoscyamus niger*)：全株被黏质腺毛和柔毛。基生叶丛生，茎叶互生，羽状分裂。花黄绿色，单生，蒴果藏于宿萼内。分布于我国北部和西南部。

(14) 夜香树 (*Cestrum nocturnum*)：灌木，枝条长而下垂。叶片长圆状披针形或狭长圆形。花冠狭长管状，绿白色，晚间极香。我国南部有栽培。

(15) 酸浆（红姑娘）(*Physalis alkekengi*)：草本。下部叶互生，上部叶假对生，全缘或不规则缺刻。花冠辐状，白色。果熟时膨大的宿萼变红色，包被果实。

(16) 碧冬茄（矮牵牛）(*Petunia hybrida*)：一年生草本，全株被腺毛。叶卵形，互生或上部对生，花单生，白色或蓝紫色，漏斗状，发育雄蕊4。我国各大城市栽培。

62. 旋花科 (Convolvulaceae)

(1) 番薯（甘薯）(*Ipomoea batatas*)：匍匐草本，地下具块根。叶全缘或3～5裂。萼片顶端骤然成芒尖状。

(2) 蕹菜（空心菜）(*I. aquatica*)：蔓性草本，陆生或水生，茎中空，叶椭圆状卵形或长三角形，花白色或紫色，为长江以南著名的叶类蔬菜。

(3) 牵牛 (*Pharbitis nil*)：藤本，全株被粗硬毛。叶卵状心形，常3裂，萼裂片条状披针形，先端尾尖，花白色、蓝紫色或紫红色。

(4) 马蹄金 (*Dichondra repens*)：匍匐草本，叶圆形或肾形，长5～10mm，基部心形，花黄色，单生叶腋。分布于长江流域及其以南。

(5) 月光花 (*Calonyction aculeatum*)：藤本，茎具软刺或近光滑，叶卵状心形，全缘或有角，花大，白色，夜间开放。广为栽培。

(6) 茑萝松（羽叶茑萝）(*Quamoclit pennata*)：茎柔弱缠绕，叶片羽状全裂，线形；托叶与叶片同形。花冠高脚碟状，深红色，蒴果卵圆形。

(7) 土丁桂（银丝草）(*Evolvulus alsinoides*)：纤细草本，全株被毛，叶卵形或椭圆形，密被毛，花小，淡蓝色或白色，花梗纤细，远长于叶。分布于热带、亚热带地区。

63. 菟丝子科 (Cuscutaceae)

菟丝子 (*Cuscuta chinensis*)：无叶寄生草本，茎纤细呈毛发状，黄色，花白色，蒴果全为宿存的花冠所包围，成熟时整齐周裂。

64. 紫草科 (Boraginaceae)

(1) 斑种草 (*Bothriospermum chinense*)：叶披针形、倒披针形或长圆形，叶缘皱波状。花淡黄色，花冠喉部有鳞片，小坚果肾形，腹部有横的凹穴。分布于华北等地。

(2) 柔弱斑种草 (*B. tenellum*)：与斑种草的区别在于叶卵状披针形或椭圆形，边缘不呈皱波状，小坚果腹面凹陷呈纵椭圆形，表面有瘤状突起。分布较广。

(3) 厚壳树 (*Ehretia thyrsiflora*)：落叶乔木，叶椭圆形或狭倒卵形，花白色，冠筒长约1mm，子房不裂，花柱顶生。核果橘红色。分布较广。

（4）紫草（*Lithospermum erythrorhizon*）：多年生草本，主根圆锥形。花白色，喉部具顶端微凹的鳞片，小坚果卵形，灰白色，光滑。广布我国各地。

（5）勿忘草（*Myosotis silvatica*）：植株被弯曲的长柔毛，叶条状披针形或倒披针形，蝎尾状花序，花冠蓝色，喉部黄色，具5个附属物。我国各地均有栽培观赏。

（6）鹤虱（*Lappula myosotis*）：植株被细糙毛，叶倒披针状条形，花淡蓝色，小坚果有小瘤状突起，沿棱有2～3行锚状刺。分布于我国东北和华北等地。

（7）大尾摇（*Heliotropium indicum*）：植株被开展的硬毛，叶卵形，蝎尾状聚伞花序细长，果2裂，每裂片分裂成2小坚果。

（8）聚合草（*Symphytum officinale*）：植株被硬毛，叶基下延成翅，叶无柄，螺状聚伞花序；花冠筒状，喉部具5枚线形鳞片。为栽培牧草。

（9）南美天芥菜（香水草）（*Heliotropium arborescens*）：亚灌木状草本。叶片长圆状披针形，叶面皱缩，边缘微波状，花蓝紫色，果核果状，干燥时开裂成4个单种子。

65. 马鞭草科（Verbenaceae）

（1）马鞭草（*Verbena officinalis*）：草本，茎四棱，叶羽状深裂。穗状花序顶生或生于上部腋，长16～30cm，花蓝紫色。

（2）柚木（*Tectona grandis*）：大乔木，小枝四棱幼嫩枝叶密被星状毛，叶长15～70cm，广东、广西、云南、台湾等地有栽培。

（3）海州常山（*Clerodendrum trichotomum*）：灌木，枝内白色中髓有淡黄色薄片横隔，叶宽卵形或三角状卵形，背面散生金黄色腺点；花萼紫红色，果期变紫红色；花冠筒长约2.5cm。分布较广。

（4）大青（*C. cyrtophyllum*）：灌木。叶椭圆状披针形，全缘，花萼粉红色，果期变紫红色；花冠白色，冠筒长约1cm。

（5）黄荆（五指柑）（*Vitex negundo*）：小乔木，密生灰白色绒毛，掌状复叶，小叶常5，下面密生灰白色绒毛。圆锥花序顶生，花冠淡紫色。分布于我国各地。

（6）杜虹花（*Callicarpa formosana*）：灌木；小枝、叶背、花梗和萼片密被黄褐色星状毛。叶卵状椭圆形，上面有糙毛，下面生金黄色透明腺点，基部楔形或钝圆，具短柄，蓝紫色。产于我国东南各省。

（7）红紫珠（*C. rubella*）：花与杜虹花近似，但叶稍大，近无柄，基部心形或近耳形；果紫红色。

（8）马缨丹（*Lantana camara*）：有刺灌木，叶表面具粗糙的皱纹和短柔毛，边缘有齿，头状花序具黄、橙、粉、红等各色小花，核果。

66. 唇形科（Labiatae）

（1）薄荷（*Mentha haplocalyx*）：多年生草本，具根状茎。茎、叶背被柔毛及腺点，叶卵形或长圆形，轮伞花序腋生；花冠4裂，呈辐射对称。我国各地均有分布。

（2）留兰香（*M. spicata*）：与薄荷的区别在于其植株呈亮绿色，叶披针形，边缘有稍整齐的锯齿，轮伞花序组成顶生假穗状花序。

（3）藿香（*Agastache rugosa*）：叶心状卵形至长圆状卵形，缘有粗齿，轮伞花序组成密集的圆筒形穗状花序，顶生，花冠下唇3裂，中裂片特大。

(4) 广藿香（*Pogostemon cablin*）：茎、叶和花密被短柔毛，叶圆形或宽卵形，轮伞花组成假穗状花序，生茎顶和上部叶腋；花紫色。我国南方广泛栽培。

(5) 罗勒（*Ocimum basilicum*）：一年生草本，茎带紫色，叶卵形至卵状长圆形，轮伞花序6花，组成顶生总状花序；花冠上唇4裂。

(6) 黄芩（*Scutellaria baicalensis*）：根肥大，圆柱形。叶披针形，全缘，下面被无数黑色腺点。轮伞花序2花，成顶生总状花序；花冠上唇头盔状。分布于我国北方各省区。

(7) 半枝莲（*S. barbata*）：叶三角状卵形，两面沿脉上有毛。花草生于茎或分枝上部叶腋，花梗于花后下垂。多分布于长江以南各省区。

(8) 夏枯草（*Prunella vulgaris*）：全株被白色粗毛。叶椭圆状披针形。轮伞花序成紧密的顶生穗状花序。花紫色或白色，苞片心形。

(9) 益母草（*Leonurus artemisia*）：叶异型，基部叶近圆形，浅裂；中部叶3全裂，裂片再分裂；上部叶条形。花冠上唇全缘，下唇3裂。我国南北有分布。

(10) 丹参（*Salvia miltiorrhiza*）：根肉质肥厚，外红内白。羽状复叶，小叶3～5枚，卵形或椭圆状卵形，两面被毛。花冠上唇直立而拱曲；花丝与药隔有关节相连。分布于辽宁、华北、陕西、华中等地。

(11) 一串红（*S. splendens*）：叶卵形。轮伞花序2～6花，组成顶生总状花序；花萼、花冠鲜红色，花冠较萼早落。

(12) 紫苏（*Perilla frutescens*）：叶卵形，两面紫色或仅背面紫色，边缘有粗齿。轮伞花序2～6花，组成顶生总状花序，茎、叶柄、花序密被长柔毛。

(13) 裂叶荆芥（*Schizonepeta tenuifolia*）：叶指状3裂，偶多裂，裂片狭披针形。假穗状花序顶生；花冠青紫色，下唇中裂片顶端微凹。

(14) 紫背金盘（白毛夏枯草）（*Ajuga nipponensis*）：茎常从基部分枝；花时无基生叶；全体被疏柔毛。花冠假单唇形。小坚果合生面达果轴的3/5。分布于长江以南各省区。

(15) 五彩苏（*Coleus scutellarioides*）：叶卵形，边缘有粗齿，上面间有黄、白、红等色斑或形成皱缩。圆锥花序顶生。花小。我国各地均有栽培。

(16) 香薷（*Elsholtzia ciliata*）：叶常卵形，疏被小硬毛，下面布橙色腺点。假穗状花序偏于一侧；前2萼具较长，齿端针芒状。分布于我国各地。

(17) 活血丹（*Glechoma longituba*）：具匍匐茎。叶心形或近肾形，下面常带紫色；叶柄长为叶片的1～2倍。苞片刺芒状。我国各地均有分布。

67. 木樨科（Oleaceae）

(1) 白蜡树（*Fraxinus chinensis*）：乔木。奇数羽状复叶，小叶5～9枚，椭圆形。花萼钟状，不规则4裂；无花冠。翅果。

(2) 小叶梣（*F. bungeana*）：小叶5～7枚，卵形或卵圆形。花瓣4，分离。分布于我国华北、东北。

(3) 水曲柳（*F. mandschurica*）：小枝略呈四棱。小叶7～11枚，下面沿脉和小叶基部密生黄褐色绒毛；叶轴有狭翅。翅果扭曲。分布于我国东北、华北。

(4) 女贞（*Ligustrum lucidum*）：单叶，卵形至卵状披针形，革质，无毛。花白色。

核果紫蓝色。产于长江以南各省区。

(5) 小蜡（山指甲）(*L. sinense*)：灌木，枝条密生短柔毛。叶薄革质，椭圆形，下面有短柔毛。圆锥花序长 4～10cm，花白色；雄蕊超出花冠裂片。分布于长江以南各省区。

(6) 连翘（*Forsythia suspensa*）：小枝中空。单叶或为 3 小叶，叶片卵形，边缘有齿。花单生，黄色，早春开放。蒴果。

(7) 金钟花（*F. viridissima*）：与连翘的区别在于其小枝具片髓；单叶，长圆形；花 1～3 朵簇生。主要分布于长江流域。

(8) 茉莉花（*Jasminum sambac*）：藤状灌木。叶膜质，宽卵形或椭圆形，背面脉腋有簇毛。聚伞花序，花常 3 朵，白色，芳香。

(9) 迎春花（*J. nudiflorum*）：小枝四棱，常弯曲，小叶 3 枚，有缘毛，花淡黄色，先叶开放。主要产于我国北部和东部。

(10) 木樨榄（油橄榄）(*Olea europaea*)：小乔木。叶狭椭圆形或披针形，下面密被银色鳞片，花白色，芳香。核果椭圆形至近球形。原产于地中海，我国引种。

(11) 流苏树（*Chionanthus retusus*）：乔木，单叶全缘，革质，顶端钝或微凹，雌雄异株，花冠白色，裂片线形而长。分布于甘肃、陕西、山西、河北以南。

(12) 暴马丁香（*Syringa reticulata*）：小乔木，叶卵形至宽卵形，膜质，下面侧脉隆起，花白色，雄蕊长为花冠管的 2 倍。分布于我国东北、华北、西北。

(13) 扭肚藤（*Jasminum elongatum*）：缠绕灌木，幼枝有毛，叶膜质，卵形。花冠白色，高脚碟状，顶端 8 裂。分布于我国南部。

68. 玄参科 (Scrophulariaceae)

(1) 毛泡桐（*Paulownia tomentosa*）：乔木。叶卵状心形，全缘或 3～5 裂，下面密被白色树枝状毛或腺毛。花紫色。幼果密被黏质腺毛。

(2) 白花泡桐（*P. fortunei*）：叶长卵状心形，下面被白色星状毛，花白色或淡紫色。蒴果长圆形，果皮厚，木质。产于我国中部和南部。

(3) 地黄（*Rehmannia glutinosa*）：草本，全体密被白色长腺毛，根肉质，黄色。叶基生，倒卵形至长圆形，边缘有齿，花紫红色，长约 4cm，分布于长江以北及黄山。

(4) 玄参（*Scrophularia ningpoensis*）：草本，支根纺锤状，方茎，上部叶有时互生。齿反卷，圆锥花序被腺毛；花褐紫色。

(5) 毛地黄（*Digitalis purpurea*）：全体被灰白色短柔毛和腺毛。茎叶互生，叶柄有狭翅。花紫红色，内面具斑点。蒴果被腺毛。栽培。

(6) 爬岩红（*Veronicastrum axillare*）：茎倾卧，顶端着地生根，全株无毛，叶互生，披针形至长卵形。穗状花序 1～3cm；花冠紫色或紫红色。产于我国东部。

(7) 毛叶腹水草（*V. villosulum*）：与爬岩红的区别在于全株密被多细胞长柔毛。花序近球形，长不超过 2cm。分布于安徽、浙江、福建、江西。

(8) 北水苦荬（*Veronica anagallis-aquatica*）：草本，常无毛。上部叶半抱茎，总状花序腋生，花梗弯曲上升；花萼 4 深裂，蒴果卵圆形。分布于我国各地。

(9) 金鱼草（*Antirrhinum majus*）：上部叶对生，下部叶互生，披针形。总状花序顶生，花基部膨大成囊状。庭院栽培。

（10）荷包花（*Calceolaria crenatiflora*）：叶近基生，宽卵形，顶生聚伞花序；花黄色，下唇膨大成荷包状，密布各种色斑。栽培观赏。

（11）爆仗竹（*Russelia equisetiformis*）：木贼状灌木，叶退化为鳞片，枝轮生，花鲜红色，花冠细长管状，顶端5圆裂。

（12）美丽桐（*Wightia speciosissima*）：小枝有皮孔；嫩枝、叶背及花序被星状毛。叶矩圆形，长15～30cm，花冠粉红色，下唇较短并反卷，蒴果。

（13）阴行草（*Siphonostegia chinensis*）：一年生草本，全体密被锈色短毛，叶片2回羽状全裂，裂片宽1～2mm，花成对生于茎上部。萼筒长，具10条生脉。

69. 桔梗科（Campanulaceae）

（1）党参（*Codonopsis pilosula*）：缠绕草本，根圆柱形，叶互生或对生，两面有毛。花淡黄绿色。萼裂片圆状披针形。主要产于我国东北、华北等省区。

（2）羊乳（*C. lanceolata*）：与党参的不同在于分枝顶端的叶子3～4枚轮生；萼裂片卵状三角形；根倒卵状纺锤形。

（3）桔梗（*Platycodon grandiflorus*）：直立草本，根肥大肉质，淡黄色至褐色。叶常3枚轮生，边缘有尖齿，下面被白粉，花蓝紫色，花丝基部膨大而彼此相连。分布广。

（4）轮叶沙参（*Adenophora tetraphylla*）：根胡萝卜形，具横纹。叶4～6枚轮生。圆锥花序大型，分枝轮生；花蓝色。分布广。

（5）杏叶沙参（*A. hunanensis*）：叶互生，基生叶圆肾形，有长柄，茎生叶卵形或长椭圆形，无柄，花下垂，花丝下部广，有毛。

（6）半边莲（*Lobelia chinensis*）：平卧小草本，叶狭披针形或条形，宽2～5mm。花粉红色，近单唇形。分布于长江流域及华南各省。

（7）山梗菜（*L. sessilifolia*）：直立草本。叶披针形至条状披针形，无柄。花蓝紫色。近2唇形，边缘密生柔毛。分布较广。

（8）风铃草（*Campanula medium*）：全株被粗毛。叶宽披针形，无柄。总状花序，花冠裂片反卷。有紫、粉红、白色等。栽培观赏。

70. 茜草科（Rubiaceae）

（1）栀子（*Gardenia jasminoides*）：灌木。叶对生或3叶轮生，托叶鞘状。花白色，花冠裂片旋转状排列。果具5～9翅状直棱。

（2）钩藤（*Uncaria rhynchophylla*）：光滑藤本，小枝四棱；不育花梗变为弯钩状。叶椭圆形，上面光亮，下面略粉白色，头状花序。分布于我国东部和南部。

（3）香果树（*Emmenopterys henryi*）：大乔木。叶宽卵形至椭圆形，有长柄，一些花的萼裂片中有1枚扩大成叶状，白色而宿存于果上。果红色，有直线棱。

（4）茜草（*Rubia cordifolia*）：蔓生草本，根黄红色。茎方形，有倒刺。叶4枚轮生，卵状心形，上面粗糙，下面脉上和叶柄倒生小刺。聚伞花序圆锥状，花黄白色。

（5）白花蛇舌草（*Hedyotis diffusa*）：披散草本。叶对生，无柄，条形；托叶鞘状，花白色，单生或成对生于叶腋。分布于我国东南至西南。

（6）咖啡（小粒咖啡）（*Coffea arabica*）：灌木。叶薄革质，矩圆形或披针形，边缘波状。聚伞花序簇生叶腋，核果。

(7) 金鸡纳树（*Cinchona ledgeriana*）：乔木，幼枝四棱，被褐色短柔毛。叶矩圆状披针形或椭圆形。花白色，有强烈气味，5 数。蒴果。我国云南、台湾有引种。

(8) 巴戟天（*Morinda officinalis*）：藤本，根肉质，多收缩成串珠状。叶长椭圆形，下面脉腋有短束毛。头状花序伞形排列。聚合果红色。分布于广东、广西。

(9) 蛇根草（*Ophiorrhiza mungos*）：草本，根茎蔓延地下，茎叶淡紫红色，椭圆状披针形或卵形，聚伞花序顶生花淡红色。蒴果倒三角形。产于我国华东、华中、西南和华南等地。

(10) 白马骨（*Serissa serissoides*）：多枝灌木。叶常聚生枝端，长 1～3cm，侧脉 3～4 对；托叶顶端刺毛状。花白色，簇生枝顶。分布于我国中部和南部。

(11) 六月雪（*S. japonica*）：与白马骨极为相似，但叶更小；萼裂片长约为花冠筒的 1/2。庭园栽培。

(12) 鸡矢藤（*Paederia scandens*）：草质藤本。叶纸质，无毛，揉碎有鸡屎味；托叶三角形。花序分枝为蝎尾状聚伞花序。广布于长江流域及其以南。

(13) 猪殃殃（*Galium aparine* var. *tenerum*）：草质藤本，茎四棱，棱、叶缘及叶背中脉有倒生刺毛。叶 4～8 轮生，1 脉。果双头形，密生钩毛。

(14) 龙船花（*Ixora chinensis*）：常绿灌木。花红或橙红色，密集成伞房花序。浆果紫红色。我国南方广泛栽培。

71. 忍冬科（Caprifoliaceae）

(1) 忍冬（金银花）（*Lonicera japonica*）：木质藤木。叶卵形。花双生于叶腋，白色，后转黄色，二唇形。

(2) 荚蒾（*Viburnum dilatatum*）：灌木。叶倒宽卵形至椭圆形，下面近基部两侧有少数腺体和无数细小腺点，边缘具小齿。花序复伞形状，花白色。

(3) 珊瑚树（*V. odoratissimum*）：叶革质而厚，椭圆形，侧脉 4～5 对，下面脉腋有簇毛。圆锥花序广金字塔形，花白色。核果，先红后黑。我国南方栽培做庭园树。

(4) 香荚蒾（*V. farreri*）：与珊瑚树近似，叶 4～7cm，侧脉 5～7 对。花先叶开放。果鲜红色。常见于我国北方庭园。

(5) 绣球荚蒾（木绣球）（*V. macrocephalum*）：叶卵形至卵状椭圆形，被星状毛。花序顶生，为白色、大型的中性花组成，呈大球状。栽培。

(6) 接骨木（*Sambucus williamsii*）：大灌木，小枝具黄褐色髓心。奇数羽状复叶，叶缘有齿。圆锥花序顶生。浆果状核果。

(7) 接骨草（走马风）（*S. chinensis*）：草本至半灌木，髓心白色。小叶 5～9 枚，披针形。伞房花序顶生，花间杂有由不孕花变成的黄色环状腺体。产于长江以南。

(8) 锦带花（*Weigela florida*）：灌木。叶椭圆形至卵状长圆形，两面被毛。花 1～4 朵成聚伞形花序，花冠鲜紫玫瑰色，长 3～4cm。蒴果。分布于我国东北、华北等地区。

(9) 糯米条（*Abelia chinensis*）：灌木，幼枝被毛。叶卵形。花序顶升或腋生，分枝上部叶变小而多数花序集合成 1 花簇，花白色至粉红色。

72. 菊科（Asteraceae，Compositae）

(1) 艾（*Artemisia argyi*）：茎被白色蛛网丝状毛。叶 1～2 回羽状深裂或全裂，裂片有粗齿或羽状缺刻，上面被蛛丝状毛及白色腺点，下面被茸毛。上部叶3裂或全裂。花序为复总状，密被蛛丝状毛。

(2) 茵陈蒿（*A. capillaris*）：半灌木。茎生叶2回羽状全裂，裂片丝状，有白色细柔毛。总苞球形，长1.5～2mm。

(3) 黑沙蒿（*A. ordosica*）：叶黄绿色，多少肉质，1回羽状全裂，裂片2～3对，狭线形。总苞卵圆形，长3～4mm。分布于我国北部和西北部。

(4) 牡蒿（*A. japonica*）：基部叶匙形，有条形假托叶；中部叶楔形，顶端有齿或近掌状分裂。总苞直径1.5～2mm。

(5) 奇蒿（刘寄奴）（*A. anomala*）：叶矩圆状或卵状披针形，基部渐狭成柄，边缘有密锯齿，上面被微糙毛。总苞边缘宽膜质，带白色。广布于我国中部至南部。

(6) 白术（*Atractylodes macrocephala*）：茎略呈拳状。叶有长柄，常为3深裂，裂片边缘有贴伏的细刺齿。花紫红色。分布于浙江、江西、湖南、湖北、陕西等省区。

(7) 苍术（*A. lancea*）：根茎长块状。叶卵状披针形至椭圆形，边缘有刺状齿；下部叶常3裂。叶状苞片羽状深裂，裂片刺状。花白色或稍带红色。

(8) 红花（*Carthamus tinctorius*）：一年生。叶长椭圆形或卵状披针形，基部抱茎，边缘具刺齿。上部叶苞片状围绕头状花序。花橘红色。

(9) 矢车菊（*Centaurea cyanus*）：幼时被白色绵毛。基生叶全缘或羽状深裂，中、上部叶条形。总苞片边缘篦齿状。花冠近舌状，常7裂。各地均有栽培。

(10) 菊花（*Dendranthema morifolium*）：叶卵形至披针形，边缘有粗大锯齿或深裂，外层总苞片绿色，边缘膜质；假舌状花各色，管状花黄色。瘦果不育。栽培品种极多。

(11) 野菊（*D. indicum*）：茎基部常铺展。叶羽状深裂，上面有腺体。头状花序排成伞房状，总苞片边缘宽膜质。瘦果无冠毛。除新疆外，广布我国各地。

(12) 向日葵（*Helianthus annuus*）：粗壮草本，茎被粗硬刚毛。叶宽卵形，两面被糙毛。头状花序直径10～30cm，舌状花黄色，管状花棕色或紫色。

(13) 菊芋（*H. tuberosus*）：具块茎。下部叶对生，上部叶互生，卵形至卵状椭圆形，叶柄有狭翅。假舌状花、管状花均为黄色。

(14) 千里光（*Senecio scandens*）：藤本。叶长三角形，边缘有齿或深裂。头状花序排成复总状的伞房花序，小花异型。广布于我国西北部至西南部、中部、东南部。

(15) 苍耳（*Xanthium sibiricum*）：粗壮草本。叶三角状耳形，边缘有缺刻和不规则粗齿。雌雄同株，总苞结成囊状，外面具钩刺。

(16) 雪莲花（*Saussurea involucrata*）：茎极粗壮。叶密集，边缘有尖齿。头状花序10～20个在茎端密集成球状，无梗，外围以13～17枚膜质苞叶。分布于新疆。

(17) 莴苣（*Lactuca sativa*）：有乳汁，茎肉质。叶倒卵形，基部戟形，抱茎。花序排成圆锥状，花黄色。我国各地均有栽培。

(18) 蒲公英（*Taraxacum mongolicum*）：有乳汁。叶基生，矩圆状倒披针形，逆向羽状分裂，顶裂片大。花葶被蛛丝状毛，舌状花黄色。瘦果全部有刺状突起。分布较广。

(19) 橡胶草（*T. kok-saghyz*）：根圆锥状，折断后可见橡胶丝。叶狭倒卵形。总苞顶端有钩状下弯的小角；花黄色。我国北部有栽培。

(20) 艾纳香 (*Blumea balsamifera*): 半灌木，密被黄灰褐绵毛。叶矩圆状披针形或矩圆状卵形，叶柄每边常有 2～3 个小裂片。总苞片条形，花黄色。分布于我国南部。

(21) 除虫菊 (*Pyrethrum cinerariifolium*): 全株浅银灰色。叶有腺点，羽状分裂，裂片羽状或掌状裂，叶轴有翅。小花异形。

(22) 豨莶 (*Siegesbeckia orientalis*): 叶三角状卵形或卵状披针形，下面有腺点，基部下延成翅柄，边缘具不规则粗齿。总苞片背面被头状有柄腺毛。广布秦岭和长江以南各地。

(23) 蓟 (大蓟) (*Cirsium japonicum*): 茎被灰黄色长毛。叶羽状深裂，边缘具刺，茎叶抱茎。头状花序单生，具柄，苞下有退化的叶 1～2 枚。我国大部分地区有分布。

(24) 大丽花 (*Dahlia pinnata*): 具纺锤状块根。叶对生，1～3 回羽状全裂。头状花序直径 6～12cm；花各色。

(25) 非洲菊 (扶郎花) (*Gerbera jamesonii*): 叶基生，长椭圆状披针形，羽状浅裂或深裂，下面有长毛；菊长柄。花序单生；舌状花常红色，条状披针形。栽培。

(26) 雏菊 (*Bellis perennis*): 叶基生，匙形或宽倒披针形，边缘有波状齿。花序单生；假舌状花 1 层，开展，白色带浅红色。

(27) 万寿菊 (*Tagetes erecta*): 茎具纵细条棱。叶羽状全裂。花序梗顶端膨大呈棍棒状。

(28) 鼠麹草 (*Gnaphalium affine*): 茎簇生，全株密被白色绵毛。叶宽 4～12mm。花序聚成伞房状，总苞生 3 层，金黄色，外围雌花丝状。

(29) 瓜叶菊 (*Pericallis hybrida*): 叶似黄瓜叶，心状卵形或心状三角形，掌状脉，基部鞘状。于冬末春初开花，花各式。

(30) 金光菊 (*Rudbeckia laciniata*): 中部叶 3～5 深裂。头状花序大，假舌状花金黄色。

(31) 百日菊 (*Zinnia elegans*): 植株被粗毛和长硬毛。叶对生，心状卵形或椭圆形，基部抱茎。头状花序单生，花序梗中空；花缘舌片倒卵形，管状花黄色。

73. 泽泻科 (Alismataceae)

(1) 欧洲慈姑 (*Sagittaria sagittifolia*): 多年生草本，有纤匐枝，枝端膨大成球茎。叶箭形，沉水叶狭带形。花单生，雄蕊及心皮均多数。

(2) 东方泽泻 (*Alisma orientale*): 沼泽生，具球茎。叶卵形或椭圆形，基部心形或楔形，叶柄基鞘状。顶生圆锥花序；花两性，雄蕊 6 枚，心皮多数，轮生。

74. 睡鳖科 (Hydrocharitaceae)

(1) 黑藻 (*Hydrilla verticillata*): 沉水草本。叶 4～8 枚轮生，条形或条状长圆形；膜质，两面均有红褐色小斑点。雌雄异株，花小，单生，雄蕊 3 枚，果实线形。

(2) 水鳖 (白萍) (*Hydrocharis dubia*): 漂浮植物，有匍匐茎。叶圆形，基部心形，背面略带紫红色，近叶柄处有泡状贮气组织。花单性异株，内轮花被片白色，果肉质。

(3) 苦草 (*Vallisneria natans*): 沉水草本，无茎。叶长条形，长可达 2m，上面有棕褐色条纹和斑点。受精后，雌花花柄螺旋状旋卷，将子房拖水中结果。

75. 槟榔科 (Arecaceae)

(1) 棕榈 (*Trachycarpus fortunei*): 茎具残存的老叶柄基及叶鞘纤维。叶掌状深裂至中部以下，裂片条形，硬直，先端浅 2 裂，叶柄有锯齿。花单性。

（2）蒲葵（*Livistona chinensis*）：叶大，掌状分裂至中部，裂片条形，先端 2 裂，下垂；叶柄两侧有下弯的刺。肉穗圆锥花序长达 1m，花两性，黄绿色。

（3）椰子（*Cocos nucifera*）：茎有环状裂痕。叶羽状全裂，裂片条状披针形，基部明显向外折叠，雌雄同序。核果大型，中果皮厚而纤维质。

（4）油棕（*Elaeis guineensis*）：树干有宿存的叶基，叶羽状全裂，叶柄两侧有扁平的短刺，雌雄同株，雌花序密集成圆头状，每花下具一长刺的苞片，核果熟时黄褐色。

（5）槟榔（*Areca catechu*）：树干具环状中痕，叶羽状全裂，裂片两面光滑，先端不规则齿裂。雌雄同序；果短圆形，红色。

（6）假槟榔（*Archontophoenix alexandrae*）：与槟榔近似，但叶裂片顶端常全缘，背面有灰白色鳞秕状被覆物。

（7）王棕（大王椰子）（*Roystonea regia*）：茎具环状叶痕，幼时茎基部膨大，老时茎中部膨大。羽状裂片通常 4 裂排列。

（8）鱼尾葵（*Caryota ochlandra*）：茎单生。叶 2 回羽状全裂，顶裂片扇形，有不规则缺齿；侧裂片菱形而似鱼尾。花序长约 3m。

（9）矮棕竹（*Rhapis humilis*）：常绿丛生灌木，具节，上部具褐色叶鞘。叶掌状 10～18深裂，裂片条状披针形，顶端阔，有缺齿。

（10）单叶省藤（*Calamus simplicifolius*）：大藤本。叶羽状全裂，裂片 1～4 成束着生于叶轴上；叶轴有钩刺，顶端延伸成 60cm 长的具刺纤鞭。叶柄和叶鞘有长刺。产于广东、广西地区。

76. 天南星科（Araceae）

（1）菖蒲（*Acorus calamus*）：沼泽生，根茎粗大。叶剑形，2 列，基部互抱。佛焰苞叶状而不包着花序。花两性，花被片 6，黄绿色。

（2）半夏（*Pinellia ternata*）：块茎球形。叶基生，一年生叶为单叶，2～3 年生为 3 小叶复叶。花单生，佛焰苞上部紫红色。浆果红色。

（3）天南星（*Arisaema heterophyllum*）：块茎扁球形。叶 1 枚，小叶 13～20 枚，鸟足状排列，中间 1 片较其相邻者为小。附属体向上渐细呈尾状。我国大部分地区均有分布。

（4）把伞南星（*A. erubescens*）：叶 1 枚，小叶 7～20 枚，轮生于叶柄两端，小叶先端细丝状。附属体棍棒状。广布于黄河流域以南。

（5）芋（*Colocasia esculenta*）：块茎卵形。常具多数小球茎。叶盾状着生，卵形，基部 2 裂，侧脉 4～6 对。我国南方广泛栽培。

（6）魔芋（*Amorphophallus rivieri*）：块茎扁球形。叶 1 枚，及 3 小叶，小叶二歧分叉，裂片再羽状深裂，叶轴有狭翅，叶柄具暗紫色或白色斑纹。

（7）大薸（水浮萍）（*Pistia stratiotes*）：漂浮草本。叶莲座状，倒卵状楔形，顶端钝圆而呈微波状。佛焰苞白色。长江以南常见。

（8）龟背竹（*Monstera deliciosa*）：大藤本，具气根。嫩叶心形，常蜷缩；成熟叶羽状深裂，各叶脉间有椭圆形穿孔。

(9) 广东万年青（*Aglaonema modestum*）：叶暗绿色，卵形，边缘波状，叶柄基具阔鞘。我国南北各省有栽培。

(10) 马蹄莲（*Zantedeschia aethiopica*）：叶基生，卵形，鲜绿色，基部心形或截形。佛焰苞白色，上部展开呈漏斗状。肉穗花序鲜黄色。

77. 鸭跖草科（Commelinaceae）

(1) 鸭跖草（*Commelina communis*）：茎下部匍匐。叶披针形。佛焰苞有柄，心状卵形，边缘对合折叠。花瓣 3，分离，蓝色。

(2) 水竹叶（*Murdannia triquetra*）：水生或沼泽生。叶条状披针形，似竹叶，基部鞘状包茎。花蓝紫色，发育雄蕊 3，退化雄蕊顶端戟状。产于我国华东、中南和西南。

(3) 紫鸭跖草（紫竹梅）（*Setcreasea purpurea*）：全株紫色。叶长圆形，边缘有长纤毛。花玫瑰紫色，花瓣基部微合生。我国各地均有栽培。

(4) 紫背万年青（*Rhoeo discolor*）：茎粗短。叶阔剑形，下面紫色。花序腋生，为 2 枚紫色蚌壳状苞片所藏。我国各地均有栽培。

78. 莎草科（Cyperaceae）

(1) 藨草（*Scirpus triqueter*）：植株散生。叶鞘膜质，仅最上部 1 个叶鞘具叶片。苞片 1，为秆的延长。花序假侧生。分布于广东以外的各地。

(2) 荆三棱（*S. yagara*）：叶秆生，条形。叶状苞片 3～4 枚，长侧枝聚伞花序简单；下位刚毛 6。分布于我国东北、华东和西南。

(3) 香附子（*Cyperus rotundus*）：根茎匍匐生，多数为长圆形，黑褐色的块茎。叶狭条形，鞘棕色。叶状苞片 2～3 枚，和长短不同的数个伞梗相杂，每伞梗生 5～9 个线形小穗。

(4) 风车草（*C. alternifolius*）：秆粗壮，丛生。下部具叶鞘。秆顶有多数苞片呈密集螺旋状排列，形成伞状。鳞片 2 列。我国各地均有栽培。

(5) 短叶茳芏（咸水草）（*C. malaccensis* var. *brevifolius*）：根茎木质。秆基具长叶鞘，鞘端有短叶或无。叶状苞 3 枚，短于花序；穗序花序轴无翅，小穗轴有窄翅。

(6) 油莎草（*C. esculentus*）：地下具匍匐枝和淡黄褐色的块茎。节间明显。叶狭线形，下面中肋凸起。小穗轴具宽翅。

(7) 乌拉草（*Carex meyeriana*）：秆紧密丛生，纤细，坚硬。叶细线形，边缘外卷，粗糙。雄小穗顶生，圆筒形；雌小穗侧生，近球形。果囊密生乳状突起。分布于我国东北。

(8) 舌叶薹草（*C. ligulata*）：秆粗壮，上部生叶，下部生褐红色无叶的鞘；叶鞘口部有明显的锈色叶舌，分布较广。

(9) 弯囊苔草（*C. displata*）：叶革质，宽 10～16mm。苞片叶状。无苞鞘。果囊卵状椭圆形，呈镰状弯曲。

(10) 荸荠（*Heleocharis dulcis*）：水生草本，匍匐根茎先端膨大成球茎，秆丛生，圆柱形，有多数横隔膜；无叶。

(11) 水虱草（*Fimbristylis miliaceae*）：秆扁四棱形。叶条形，叶鞘侧扁，背面呈锐龙骨突状。苞片 2～4 枚，刚毛状；小穗近球形。分布很广。

(12) 短叶水蜈蚣 (*Kyllinga brevifolia*)：匍匐根茎被褐色鳞片，秆成列散生，上面2～3叶鞘具叶片。苞片3，后期反折；花序近球形。

(13) 短穗石龙刍 (*Lepirona mucronata* var. *compressa*)：秆成列密丛生，扁圆柱形，内具横隔膜。无叶，鞘褐色，苞片钻状，为秆的延长。产于广东。

79. 禾本科 (Gramineae)

竹亚科 (Bambusoideae)

(1) 阔叶箬竹 (*Indocalamus latifolius*)：秆高约1m，径约5mm。秆箨背部被棕色刺毛。每节1分枝。叶片宽大，下面灰白色。分布于华东、华中、陕西以及秦岭。

(2) 孝顺竹 (*Bambusa multiplex*)：秆高2～7m，粗5～25mm，枝条多数簇生于1节；叶5～10枚生于1分枝上，叶片宽5～20mm。分布于我国华南、西南地区。

(3) 变种孝顺竹 (*B. multiplex* var. *nana*)：叶长2.5～7.5cm，宽5～8mm，通常10余枚生于1小枝上，形似羽状复叶。

(4) 佛肚竹 (*B. ventricosa*)：秆异型，畸形秆节间膨大呈瓶状，秆幼时深绿色，老后橄榄黄色。广东特产，各地均有栽培。

(5) 麻竹 (*Dendrocalamus latiflorus*)：秆茎可达30cm，枝条常仅生于秆之上部，箨叶小而外折，每小枝具叶7～10枚，叶宽4～7cm以上；叶鞘上部贴深黄棕色细毛。分布于我国华南至西南地区。

(6) 毛竹 (*Phyllostachys heterocycla*)：乔木状，新秆有毛茸与白粉；秆环平，箨环隆起，箨鞘背面密生棕紫色小刺毛及棕黑色晕斑，箨耳小，有缘毛。

(7) 桂竹 (*P. bambusoides*)：与毛竹近似，但新秆无毛及白粉；秆环微隆。

(8) 茶竿竹 (*Pseudosasa amabilis*)：秆大型，节间长达48cm，有白粉，箨鞘密被棕色刺毛，叶片质厚坚韧。产于我国南部。

禾亚科 (Agrostidoideae)

(9) 稻 (*Oryza sativa*)：栽培作物，叶舌2深裂；叶片条状披针形，圆锥花序，小穗两侧压扁，颖极退化；2片退化外稃锥刺状，雄蕊6枚。

(10) 芦苇 (*Phragmites australis*)：高大草本；叶宽1～3.5cm，圆锥花序大型，小穗含4～7小花，仅第1花为雄性，其余为两性，孕性外稃的基盘具丝柔毛。

(11) 普通小麦 (*Triticum aestivum*)：秆长，具6～7节，叶条状披针形。穗状花序，小穗含3～9小花，颖革质，5～9脉，上部具脊；外稃厚纸质，颖果腹面有深纵沟。

(12) 大麦 (*Hordeum vulgare*)：有叶耳，叶片扁平，穗状花具3小穗，颖线形，无脉，颖片、外稃具长芒，果熟时稃片不易脱落。

(13) 青稞（裸麦）(*H. vulgar* var. *nudum*)：为大麦的变种，颖果熟后易于脱出稃体，不黏着。我国西部常有栽培。

(14) 燕麦 (*Avena sativa*)：秆具2～4节，叶宽约1cm，圆锥花序，小穗含1～2小花，小穗轴近无毛，不易断落，颖草质，长约2cm，外稃无毛。我国华北、东北、西北常见栽培。

(15) 野燕麦 (*A. fatua*)：小穗含2～3花，小穗轴密被毛，易断落；外稃有毛，为田间杂草。广布我国各地。

(16) 长芒草（*Stipa bungeana*）：秆密丛生，叶片纵卷成针状，圆锥花序，小穗含 1 小朵花，芒 2 回膝曲，扭转。分布于内蒙古、华北和西北地区。

(17) 粱（小米、粟、谷子）（*Setaria italica*）：叶片条状披针形，上面粗糙；叶舌具纤毛，柱状圆锥花序下垂；小穗基部有刚毛状小枝 1～3 条。为我国北方栽培的杂粮。

(18) 高粱（*Sorghum bicolor*）：高大草本，秆实心，基部具支柱根，叶宽带状，小穗成对生于穗轴各节，有柄小穗雄性，无柄小穗两性。我国北方各省广泛栽培。

(19) 玉蜀黍（玉米）（*Zea mays*）：秆实心，基部具支柱根，叶带状披针形，雄性圆锥花序顶生；雌性肉穗花序腋生，鞘状苞片多数。

(20) 稷（黍）（*Panicum miliaceum*）：节密生髭毛，叶条状披针形，圆锥花序成熟后下垂，第二外稃革质且与小穗等长，成熟后呈乳白色或褐色，边缘卷抱内稃。我国西北、华北有栽培。

(21) 菰（茭笋、茭白）（*Zizania latifolia*）：挺水草本，叶宽 1～2.5cm，圆锥花序长 30～60cm，小穗含 1 花，秆基常有真菌寄生，变得肥大而柔嫩，即“茭白”。长江以南低洼地种植最多。

(22) 大米草（*Spartina anglica*）：叶舌为一圈密生的纤毛；叶片有致密的纵肋，总状花序 3～6，呈总状排状；小穗有 1 花，颖及外稃均被短柔毛。我国海滨有引种。

(23) 薏苡（*Coix lacryma-jobi*）：秆高大，叶宽 1.5～3cm，总状花序，腋生成束，雌小穗外包骨质念珠状总苞。分布于我国各地。

(24) 柠檬草（香茅）（*Cymbopogon citratus*）：成大丛，具柠檬香气，叶灰白色，粗糙，总状花序双生；无柄小穗两性，无芒。产于我国南部。

(25) 羊茅（*Festuca ovina*）：呈矮密丛生，叶片内卷呈针状，圆锥花序紧缩成穗状，小穗含 3～6 花；内、外颖不等长，外稃具短芒。广布我国北方和西南山地。

(26) 鹅观草（*Roegneria kamoji*）：叶鞘外侧边缘常具纤毛，叶片扁平，穗状花序长 7～20cm，下垂。颖及外稃具宽膜质边缘；外稃有长芒。我国各地有分布。

(27) 披碱草（*Elymus dahuricus*）：叶宽 5～9mm。穗状花序长 14～18cm。外稃背和基盘短小糙毛，芒长 1～2cm。

(28) 稗（*Echinochloa crusgalli*）：叶线形，叶脉宽而色白。花序塔形，带紫色，小穗密集排列于穗轴的一侧。第一外稃有 5～7cm。分布于我国各地。

80. 姜科（Zingiberaceae）

(1) 姜（*Zingiber officinale*）：根茎肉质，有指状分茎，具有辛辣味。叶披针形，宽 2cm。花冠黄绿色，唇瓣有紫色条纹和淡黄色斑点。分布较广。

(2) 蘘荷（*Z. mioga*）：与姜接近，但叶宽 3～6cm，叶舌 2 裂，花冠白色，唇瓣淡黄色。分布于我国东南部。

(3) 砂仁（阳春砂仁）（*Amomum villosum*）：具匍匐茎。叶顶端有尾状细尖头。总花梗长 4～6cm。花白色，唇瓣顶端具突出、2 裂反卷的小尖头，果紫红色，外具柔刺。分布于我国南部。

(4) 山姜（*Alpinia japonica*）：叶背密被短柔毛，叶舌小，2 裂。总状花序顶生，花成对于密被绒毛的花序轴上，果橙红色，被短柔毛。产于福建、江西、浙江、安徽等地。

81. 百合科（Liliaceae）

（1）百合（*Lilium brownii* var. *virdulum*）：鳞茎粗约5cm。叶倒披针形至倒卵形，叶腋无珠芽。花被漏斗状，白色，外面带淡紫色。我国各地均有栽培。

（2）卷丹（*L. lancifolium*）：叶腋常具珠芽；花被片橙红色，反卷，内面具紫黑色斑点。广布于我国各地。

（3）山丹（*L. pumilum*）：叶条形，宽1～3mm，有1条明显的脉。花鲜红或紫红色，花被片反卷，无斑点或有少数斑点。产于我国东北、华北和西北地区。

（4）渥丹（*L. concolor*）：叶条形，宽2～7mm，边缘有小突起。花直立，红色，无斑点。分布于陕西、河南、河北和山东。

（5）川贝母（*Fritillaria cirrhosa*）：鳞茎粗1～1.5cm。叶条形，常对生，先端多少卷曲。花单生茎顶，黄绿色至黄色，具脉纹和紫色方格纹。产于云南、四川、西藏等省区。

（6）浙贝母（*F. thunbergii*）：鳞片1.5～4cm，由2～3枚肥厚鳞瓣组成。上部叶顶段卷须状。总状花序，花内面有紫色方格斑点。产于浙江、江苏、安徽。

（7）平贝母（*F. ussuriensis*）：叶端顶卷须状。单花顶生，花被外面褐紫色，内面紫色，具黄色方格斑纹。分布于我国东北。

（8）洋葱（*Allium cepa*）：鳞茎大，扁球形。叶基形，圆筒形，中空。伞形花序球形。花葶中空；内轮花丝无齿。我国各地均有栽培。

（9）葱（*A. fistulosum*）：鳞茎仅比地上部分略粗，外皮白色或淡红褐色。叶及花葶中空。花丝长于花被片，内轮花丝无齿。

（10）蒜（*A. sativum*）：鳞茎由多个或单个肉质，瓣状的小鳞茎组成。叶扁平条形，背有脊隆。总苞具长喙，伞状花序具花和珠芽。

（11）韭（*A. tuberosum*）：具根茎。鳞茎狭圆锥形，鳞被纤维状。叶条形，扁形。花白色或微带红。花丝基部合生，长为花被的4/5。

（12）天门冬（*Asparagus cochinchinensis*）：茎攀缘，肉质块根长圆形或纺锤形。叶状枝线形，常3枚簇生。主茎上的鳞片叶变为下弯的短刺。我国各地均有分布。

（13）石刁柏（*A. officinalis*）：茎直立，分枝柔弱，上部在后期常俯垂。叶状枝扁圆形，纤细，3～6枚成簇。栽培。

（14）黄精（*Polygonatum sibiricum*）：根茎结节膨大，有节。叶条状披针形，4～6枚轮生，先端卷曲或弯曲成钩。花乳白色或淡黄色，长9～12mm。产于我国东北、华北、华东地区。

（15）多花黄精（*P. cyrtonema*）：根状茎常连珠状或结节状成块。叶互生，椭圆形。花序有花2～7朵；花丝上稍膨大呈囊状突起。产于河南以南至长江流域各省。

（16）黄花菜（*Hemerocallis citrina*）：叶基生，2列，条形，长70～90cm，背面呈龙骨状突起。花大，长8～16cm，黄色。

（17）小黄花菜（*H. minor*）：叶长30～50cm；花长7～9cm。分布于我国北部各省区。

（18）萱草（*H. fulva*）：似黄花菜，但花橘红色，无香味，花被片边缘波状皱折。

(19) 菝葜 (*Smilax china*)：藤本，根茎横走，茎具硬刺，有卷须。叶宽椭圆形。浆果熟时红色。

(20) 藜芦 (*Veratrum nigrum*)：茎基具纤维状的叶鞘。叶椭圆形至矩圆状披针形，宽 4～18cm，无柄。花黑紫色。分布于我国北部。

(21) 知母 (*Anemarrhena asphodeloides*)：根茎被黄褐色纤维。叶基生，条形，宽 3～6mm。花 2～3 朵一簇散生于花轴上，淡红色至白色，雄蕊 3 枚。产于我国东北、华北、陕西等地。

(22) 麦冬 (*Ophiopogon japonicus*)：具纺锤形的小块根和细长的匍匐茎。叶基生成密丛，宽 1.5～3.5mm。花葶较叶短得多，花小，稍下垂。分布于我国华北、中南、西南等地。

(23) 山麦冬 (*Liriope spicata*)：肉质块根小而少，叶丛生，宽 4～6mm，具脉。小花直立，淡紫色或淡蓝色，子房上位。

(24) 郁金香 (*Tulipa gesneriana*)：鳞茎皮纸质。叶 3～4 枚，宽披针形，粉白色，单花顶上，大而艳丽，柱头增大成鸡冠状。我国有引种。

(25) 风信子（洋水仙）(*Hyacinthus orientalis*)：鳞茎宽约 3cm。基生叶质厚，带状。花葶肉质，中空。花冠裂片反卷，早春花开。

(26) 万年青 (*Rohdea japonica*)：叶基生，矩圆形至倒披针形，宽 2.5～7cm，中脉明显浮凸。花密集成短的肉穗花序，花被片肉质。浆果红色。我国各地均有栽培。

(27) 玉簪 (*Hosta plantaginea*)：叶基生。具长柄，卵形至心状卵形，弧形叶脉。花大，白色，漏斗状，晚间开放。

(28) 百子莲 (*Agapanthus africanus*)：叶基生，长舌状，伞形花序，花 10～50 朵，开放时鲜蓝色。

82. 石蒜科 (Amaryllidaceae)

(1) 石蒜（龙爪花）(*Lycoris radiata*)：鳞茎宽椭圆形。秋季先叶开花，伞形花序有花 4～6 朵；花被片边缘皱缩，雌雄蕊长于花被。花后生带状叶片。

(2) 忽地笑 (*L. aurea*)：鳞茎肥大，叶长条形，上面黄绿色，有光泽，叶脉及叶片基部带紫红色，花被黄色或橙色，边缘稍皱曲。

(3) 水仙 (*Narcissus tazetta*)：鳞茎卵圆形。叶直立而扁平。花葶中空，扁平，与叶同时抽出。花白色，内有鲜黄色杯状副花冠。

(4) 君子兰 (*Clivia miniata*)：叶宽带状，基部互抱成假鳞茎。花葶扁平，肉质。花黄红色，花被稍长于雄蕊。

(5) 朱顶兰（花朱顶红）(*Hippeastrum vittatum*)：鳞茎球形。叶带状，常于花后抽出。花葶中空，外被白粉。花大，红色，喉部具不明显的副花冠。

(6) 文殊兰 (*Crinum asiaticum* var. *sinicum*)：鳞片长柱形。叶宽带状披针形，宽 7～12cm。花序具 10～24 朵花。花被白色，长达 10cm。

(7) 晚香玉 (*Polianthes tuberosa*)：根茎块茎状，基生叶长条形，茎生叶短小，穗状花序，花成对着生，白色，晚上花香特浓。

(8) 葱莲 (*Zephyranthes candida*)：鳞茎具明显的颈部，叶狭线形，椭圆，花单生于花葶顶端，白色，外面带淡红；苞片佛焰苞状，2 裂。

83. 薯蓣科（Dioscoreaceae）

（1）薯蓣（山药）（*Dioscorea opposita*）：块茎略呈圆柱状，叶常对生，三角状卵形，基部耳状膨大，叶腋生珠芽，蒴果被白粉。

（2）日本薯蓣（*D. japonica*）：与薯蓣近似，但叶片呈长椭圆状狭三角形，基部心形；蒴果表面无白粉。分布于华东、华中及其以南。

（3）参薯（大薯）（*D. alata*）：块茎表面棕色或黑色，茎基部四菱形，有翅，叶常卵状心形，顶端尾状；有珠芽，种子四周具翅。

（4）穿龙薯蓣（*D. nipponica*）：具根状茎，叶互生，掌状心形，边缘做不等大的三角形分裂，雄花无梗，种子四周有不等宽的翅，长约 2 倍于宽。产于华东、河南及其以北各省区。

（5）黄山药（*D. panthaica*）：根状茎圆柱状，叶三角状心形，花黄色，雄蕊 6 枚，花药外向，果翅表面密被紫褐色斑点。分布于云南、贵州、四川、湖南。

（6）黄独（*D. bulbifera*）：块茎表面长满细长须根，叶宽心形卵状，叶腋有紫棕色珠芽，雄蕊 6 枚，果翅表面密被紫色小斑点。

（7）薯莨（*D. cirrhosa*）：块茎表面棕黑色，断面新鲜时红色，茎基部有翅，叶革质，果翅长 2～3cm。

84. 兰科（Orchidaceae）

（1）扇脉杓兰（*Cypripedium japonicum*）：茎和花葶密被长柔毛，叶长 2 枚，菱圆形或横椭圆形，具扇形脉，花单生，唇瓣囊状。分布于浙江、安徽、湖北、陕西、四川、贵州、湖南等省区。

（2）广布红门兰（*Orchis chusua*）；块茎长圆形，肉质，叶常 2～3 片，花序具 1～10 余朵花，花紫色，唇瓣基部有距；子房极度扭曲。分布于我国东北、西北和西南等地。

（3）白及（*Bletilla striata*）：球茎具荸荠似的环纹，叶披针形至长椭圆形，花红紫色，唇瓣 3 裂。分布于长江流域至我国南部和西南各省。

（4）石斛（*Dendrobium nobile*）：附生兰。茎丛生，黄绿色，节间明显，叶顶端有凹缺，花直径 5～10cm，白色，微带紫红，唇瓣全缘。分布于我国华南、西南和台湾等地。

（5）建兰（*Cymbidium ensifolium*）：叶带形，宽 1～1.7cm，边缘具不明显钝齿，总状花序有花 3～7 朵，花浅黄绿色，唇瓣明显 3 裂，各地均有栽培。

（6）墨兰（*C. sinense*）：叶宽 2～3.5cm，深绿色而有光泽，全缘，花葶常高出叶，具 10 余花，冬末春初开放。栽培。

（7）春兰（*C. goeringii*）：叶宽 6～10mm，具细齿，花葶远比叶短；花单生，淡黄绿色，唇瓣乳白色，有紫红色斑点。广为栽培。

（8）蕙兰（*C. faberi*）：叶宽约 1cm，具明显透明的脉，边缘有细齿，花多数，唇瓣中裂片具透明乳突状毛。我国各地广泛栽培。

（9）天麻（*Gastrodia elata*）：腐生兰。块茎肉质，表面有环纹。茎黄褐色，节上具鞘状鳞片，萼片与花瓣合成斜歪筒。分布于我国东北、西南、华东等地。

第六章 植物标本的采集、制作、保存与运输

采集植物标本，首先是了解植物资源，作为农林牧生产建设的参考资料；其次是结合植物教学，指导学生进行采集实习，使学生学习识别植物、采集标本、制作标本的方法；最后把采到的植物或植株的一部分制成各类标本，保存备用。

植物标本是植物学教学和科研所必需的。在教学中，它可以加强直观性，克服季节和区域限制，从而取得好的教学效果；在科学研究方面，特别在植物分类的研究、植物资源的考察和植物群落的调查等工作中，植物标本的采集与制作是从事植物学教学和科研必不可少的基本知识和技能技巧。

第一节 植物标本的采集

一、藻类植物的采集

藻类植物在自然界中分布较为广泛，全国各地均有，大多数生活在水里，其中以海水中最多。此外，在潮湿的岩石上、墙壁和树干上及土壤表面等都有藻类的分布。这里分别介绍淡水藻、海生藻等常见藻类的采集。

（一）淡水藻类植物的采集

生长在淡水中的藻类植物种类很多，现将常见的蓝藻门和绿藻门的采集方法做一简单介绍。

1. 蓝藻门（Cyanophyta）

（1）色球藻属（*Chroococcus*）：浮游生活于湖泊、池塘、水沟等地。夏季大量繁殖，便于采集。采集时，用较密的浮游生物网在水里以“8”字形拖拉的方式缓慢捞取。

（2）颤藻属（*Oscillatoria*）：多生于污水中或潮湿的地面上及浅水中，雨季树干上也有。大量繁殖时，在水面形成一层厚的胶状物，呈蓝黑色，一片片浮于水面。一年四季均可采到，不必培养。

（3）念球藻属（*Nostoc*）：多生于流动的水沟中、湿土上或阴湿的石头上。念球藻是由许多丝状体埋于胶质中构成的胶质球。每年7～9月大量繁殖，便于采集。采后可干制保存。实验用时，提前一天放入水中浸泡，即可恢复原状。也可保存在5%的福尔马林溶液中。

2. 绿藻门（Chlorophyta）

（1）衣藻属（*Chlamydomonas*）：常生于有机质较丰富的水沟中或临时积水中，往往

成纯群，其大量繁殖时期，可使水面呈草绿色。冬季养鱼缸内也常有衣藻生活。

采集衣藻可用较细密的浮游网。将采到的衣藻放在培养缸里，置于向阳处，但不要直射阳光，稍等片刻，即可见培养缸向阳面的水面和缸壁交接处有绿色的衣藻纯群。实验用时，可随时从缸中取出。

(2) 水绵属（*Spirogyra*）：水绵是淡水中分布较为普遍的绿藻。植物体是由长筒状细胞连成的丝状体。有的漂浮于水面，有的沉于水底，分布较为普遍，在各个地区的池塘、湖泊、水沟都有水绵的分布，一般生活在较洁净的水域中，一年四季（除结冰期外）均可采到新鲜标本。4～5 月份为水绵生长的旺盛期，6 月、10 月这两个月为水绵的接合生殖时期，多为枯黄色，浮于水面。水绵碧绿滑腻，常成团浮于水面，采集时可根据这些特征作初步鉴定。

采集时，若水浅，可直接用手捞取；若水深，则用浮游生物网或铁丝钩进行捞取，然后将捞取的水绵标本装在大口瓶子里带回驻地进行整理。可做成腊叶标本，也可制成浸制标本。

水绵可以进行人工培养。方法是：将生长老化一点的水绵放在蒸馏水中，适当放 点肥料，每天用吸水球吹入氧气，一周后便生长出新的丝状体。培养时最好选用敞口瓶，瓶内注水不超过容积 2/3，温度为 20℃～25℃，避免阳光直射。

（二）海生藻类的采集

1. 浮游藻类的采集

海生浮游藻类与淡水藻类相同。将采到的标本放入准备好的塑料桶或广口瓶内，然后灌入海水，装水不宜太满，以不超过其容积的 2/3 为宜，否则会因空气不足，造成藻体死亡。

2. 定生藻类植物的采集

采集海藻最理想的场所就是靠近海滨的沿岸上，因海产藻种多分布在海洋沿岸，往往附着在 10m 以上浅水中，海藻（绿藻、褐藻及红藻）在不同水层中的分布是有一定规律的。在海水的最表层可以找到绿藻，而较深处为褐藻，在更深处为红藻。退潮后自满潮线向海水方向走一直走到海水中，愈向下水层愈深，就可以看到海藻的分布情况，分别采集不同的藻种。

采集时间最好是每年的 6～7 月，这个时期定生藻类的种类最多，生长最旺盛。其次就是潮水起伏最大时最容易采集，此时能在海滩上采到多种因潮水涨落被冲到岸上的藻类。

对于固着于水中岩石上或附着于其他植物体上的藻类，为保持固着器及生殖器官的完整，要设法用小刀从基部连同基质一起挖出。对于生长在较深海水中的藻类，如海蒿子、鼠尾藻、蔓藻等，可乘船用一根长绳或在一根长竹竿的尖端拴上多个铁钩进行采集。采到的藻类应妥善保管好，小的放在广口瓶里，大的可用湿布包裹好，放进采集桶里，并做好详细的野外记录，供日后查阅。

采集海藻标本，应注意潮汐时间，在阴历每月三十、初一、初二、初三及十五、十六、十七，潮退得最低，便于采集。但各地区气候不一样，应根据当地的潮汐情况而定。在退潮后进行采集，要注意安全，最好以小组为单位进行。

二、菌类（Fungi）和地衣（Lichens）植物的采集

（一）菌类植物的采集

菌类植物的分布十分广泛，几乎遍及地球的各个角落。在水中、土壤、岩缝等处均可见到，在生物体的内外也可生存。本节介绍大型菌类植物的采集方法。

野外采集时所遇到的菌类，大多数属于真菌门担子菌纲，这类真菌个体较大，便于采集，大型真菌以夏季多雨的七月、八月出现最多，故采集菌类标本应在此时进行。它们一般生长在旷野荒芜的地方，腐木上、树上和森林里，山谷和河边也是适宜它们生长的环境。采集方法应视菌类的质地和生长基质而异。通常，对生长在地中的蘑菇属（*Agaricus*）、香（斗）菇属（*Lentinus*）、多孔菌属（*Polyporales*）等，菌丝在土壤中扎得很深，最好带土挖出，轻轻去掉泥土，如有可能，应尽量多保留一些菌丝；对生长在树干或朽木上的菌类，如灵芝属（*Ganoderma*）、银耳目（Trcmellales）的菌类可用刀连同部分树皮剥下来；对长在木桩或较大树枝上的菌类，如猢狲眼可用刀剔取或用小锯连同一部分木材锯下来。此外，在采集的时候还要注意记录其生长环境。

有些菌类植物很柔软，容易损坏，采集时要特别小心，菌盖面、菌盖边上的附属物菌环、菌褶、菌柄、菌托等特征，都是鉴定种类的依据。这类菌采集以后，要放在用纱纸做成的漏斗里，菌盖在上、菌柄向下，单个放置，然后放入编号标签，再将漏斗两端拧起来，这样可以保持子实体各部分的完整。采到的标本最好当天处理好，多数菌类适合做成干制标本，部分菌类可做成浸制标本。

应特别注意：采集菌类标本，切不可误食，有的菌是有毒的，如毒伞属（*Amanita*）的豹斑毒伞（*Amanita pantherina*）（一般有毒的蘑菇颜色鲜艳），此菌毒性大，误食后出现恶心、呕吐、腹泻。严重时，谵语、昏迷、出血，抢救不及时可致人死亡。

（二）地衣植物的采集

地衣生长在裸露的岩石、森林、草原、沼泽地、陈旧的瓦石表面。地衣植物有的以假根或脐伸入基质中，很难剥离，采集不太容易，采集时必须连基质一起取下：树生的可连树皮一同剥下；石生的可用锤子轻轻敲打下一块石片；土生的可用刀或小铲连同一部分土壤铲起放入饭盒或塑料袋中，以免散碎。

有些地衣植物在晴天干燥时易失水变脆，很易破碎。采集前，可用水将地衣喷湿，待变软时再采集，或者在阴天雨后或早晨进行采集。

三、苔藓植物（Bryophyta）的采集

（一）苔类的采集

苔类喜欢生长在阴湿的土地、草地、沼泽地、岩石和树干上，也可生长在树枝上，有的种类也可以漂浮于水面或完全沉于水中。在每年的七月、八月多雨季节生长茂盛，常可采到生有雌雄器托胞芽杯的材料。在采集时，注意在同一环境下，采取不同的雌、雄植株。长在地面上的可用小铲带土铲下，放在牛皮纸袋里，最好装在饭盒或其他容器里。如果有地下茎或地上匍匐茎的，主茎一定要采下来。对于长在树干、树枝、伐根和倒木上

的，要连树枝、树皮一起采下来。采集时，须小心，勿伤假根，为便于鉴定，尽量挖取带有孤蒴的植株。

（二）藓类的采集

藓类常生长在阴湿的环境中，在路旁阴坡及墙壁上或旧房顶上、森林、草原的火烧迹地上都有它的存在，尤其在氮肥丰富的阴湿土壤上生长最盛，可采到新鲜的材料。标本采集以后，分别用软纸包好，放在塑料盒或饭盒里。带回驻地后，孢子囊没有成熟的可进行人工培养。葫芦藓不要用标本夹压制，让其自然干燥，以保存自然状态。

（三）葫芦藓的培养

葫芦藓可以用盆栽的方法培养，但是在产生原丝体和芽体时，它们被土粒遮盖和黏附，不易观察。这里主要介绍培养基培养的方法。

将采到的数十个成熟的孢子囊在白纸上碾碎，撒在准备好的培养皿内的培养基上，加盖放在20℃条件下培养。2～3周内可见到大量的原丝体出现。若要观察芽体和茎叶体时，可继续培养。芽体的培养温度应保持在25℃左右，半月内就可产生芽体。降低温度芽体产生的时间会延长。随着芽体的产生，茎叶和假根逐步形成，而原丝体却逐渐萎缩。

茎叶出现后要继续培养，即可产生雌雄生殖器官。此时温度不宜过高，适宜温度为15℃左右，一个月后即可产生雌雄生殖器官。

孢子体的产生则要较高的温度，一般在夏季室温条件下，受精后三个月左右孢子体可以生长成熟。在春、夏室温条件下受精后10天左右，胚在颈卵器内高达1.5mm左右。原丝体在生长过程中需要较强的直射光照，其他各时期易放在散射光照条件下培养。

四、蕨类植物（Pteridophyta）的采集

蕨类植物在全球约有12000种，其中绝大多数为草本植物。在我国生长的约有2600种，分布很广，除海洋和沙漠外，在平原、山林、草地、岩隙、溪沟、沼泽和水中都有他们的踪迹，热带或亚热带地区为其分布中心。

采集蕨类标本必须采全株，因为孢子囊群、孢子囊、孢子和地下部分以及营养叶等，均为重要的分类特征，否则不易鉴别。

（一）石松纲植物的采集

用铲或掘根器慢慢将根及根托一并采下，并保存好大量的孢子叶球。

（二）木贼纲植物的采集

若采集生殖枝的标本，要在早春季节采集，如果找到标本的孢子叶尚未成熟，可深挖，将地下茎较长的一段带土掘回，放在花盆内进行土培，加塑料罩。在一定的时间内，可继续生活，待孢子囊逐渐成熟。营养枝在夏秋季都可采到。采集此类标本时，必须注意雌雄枝，并带有根状茎。

（三）真蕨纲植物的采集

采集孢子体大的蕨类植物时，要选择叶片略小的采集，或采叶片的一部分（但要带叶的尖端，中脉和一侧的一段，叶柄的基部和部分根茎）。同时，必须采到具有孢子囊群和孢子的标本。对于孢子体小的，要采整个植株（注意孢子囊）。

在压制蕨类植物标本时，要留几片叶背向上的叶片，便于观察叶的正反面。若根太

粗，可用快刀切去一部分，进行压制。

五、裸子植物（Gymnospermae）的采集

裸子植物采集方法与木本植物的采集方法类似，必须采集具有枝、叶、花或球果齐全的枝条制作腊叶标本。

（一）银杏纲（Ginkgopsida）植物的采集

采集此类标本应注意：①长短枝要采全；②掌握好采集时间，花期在 4～5 月，种子在 9～10 月；③雌雄枝要采全，叶片要完整。

由于银杏的种子外种皮厚，肉质，容易腐烂，适宜于做浸制标本，不适宜做腊叶标本。若采集到银杏的种子，做成浸制标本不易腐烂，且能保持标本原形原色，适用于教学和陈列。

（二）松柏纲植物的采集

采集本纲植物：①对于雌雄同株的，应选择具有大小孢子叶球齐全的枝条；雌雄异株的，应在同时、同地、同一环境下或在不同时期分别采集带有大、小孢子叶球的异形标本，要选择一年生的枝条做；②注意长、短枝；③注意采集时间，花期 4～5 月，球果期 9～10月；④采集松科植物要注意针叶的针数，如油松 2 针一束，白皮松 3 针一束，华山松 5 针一束；⑤用高枝剪或枝剪进行采集。

（三）买麻藤纲植物的采集

对小型种类，采集时应连根系一起挖出（根系较长的，一定要用掘根器深挖）采集整个植株。因本科植物多数是雌雄异株，采集时分别采带有大、小孢子叶球的枝条。注意采集时间，花期为 5～6 月，果期为 8～9 月。

压制标本，应将植株与果实分别进行压制，果实易碎，可以风干。上台纸时，再将果实和植株粘在一起，但要注意果实着生的位置。

（四）苏铁纲植物的采集

采集本纲植物：①应选择较小的叶片作为压制的标本；②分别采集带有大、小孢子叶；③掌握采集时间，花期为 7～8 月（本纲植物花太大，可选择花的一部分，但要有代表性）；④应注意鳞叶及营养叶；⑤应附有活体照片，如有条件可配合录像。

六、被子植物的采集

（一）草本植物的采集

首先要选好植株。植株形态要美观，各个器官（根、茎、叶、花或果）要齐全，叶片要整齐，植株高度，叶片大小要适中，有的草本植物还必须带有根系。

下面分别介绍不同类型植物的采集方法。

1. 大、小不同植物的采集

草本植物在形态上差别很大，大型植株可达 1～2m，小型植株仅有几厘米。不足 40cm 高的小型草本植物应连同根系采取整个植株，如蓼科（Polygonaceae）的圆穗蓼（*Polygonum macrophyllum*）。若遇更小的植物，如禾本科（Gramineae）的莎禾

(*Coleanthus subtilis*)、菊科（Compositae）的莎菀（*Arctogeron gramineum*）等，更是如此。

采集只有几厘米高的小植物标本时一定要多采几株，采后应及时压在标本夹中，以免丢失。若遇较大植物，如禾本科的臭草（*Melica scabrosa*）、狗尾草（*Setaria viridis*）等株型较高，一般在30～70cm，注意是否有基叶和不同的叶型及不定根，若有应一并采取，压在标本夹内。

2. 肉质多汁植物标本的采集

肉质多汁植物的采集比较容易，一般株型较矮，只须用根掘器连根同系一起挖出，但压制标本却很困难。

3. 鳞茎、块茎、块根或根状茎等植物的采集

在野外采集标本，常采到一年生或多年生的草本植物。它们常具有鳞茎、块茎、块根和根状茎。采集这类植物标本时，一定要用掘根器深挖地下部分，然后轻轻去掉泥土，保存好植株形态，装入采集桶或塑料袋中，带回驻地进行整形。整形时将茎状根切去1/2或2/3的厚度，再把标本放在标本夹里进行压制。为使以后能鉴定及辨认此植物的内部构造，须附有此类植物的详细材料及活体照片。

4. 特殊植物的采集

植物界千姿百态，纷繁复杂，有的植物和一般植物不一样，表现出独有的特性。如含羞草科（Mimosaceae）的含羞草（*Mimosa pudica*）敏感性很强，稍有触动，叶片即刻闭合下垂。这种植物非常难采，要采到理想的标本，须掌握好时间和方法。实践证明，采集时间最好在每天早晨或雾天，此时空气湿度大，温度低，适合采集。选好植株后，用厚的杂志等书本迅速将其整个植株夹住，使叶片不易合拢，然后将根挖出，压制一天后换纸整形。

有些植物，花冠质地较薄，只开放数小时即萎蔫甚至变成黏块。如鸢尾科（Iridaceae)、凤仙花科（Balsaminaceae)、旋花科（Convolvulaceae）等植物的花，花冠质地薄，花期短（早晨开放，中午闭合），对这类植物采集时间最好安排在上午9时以前，要选择刚刚开放的鲜花，每株至少2～3朵。此类植物，须附有特别压制的花冠标本。新鲜的花冠须切开，铺于精细的薄纸上，轻轻压制，使其速干。

另一类是卷须植物，此类植物数量也很多且有叶卷须和茎卷须之分。如葫芦科的葫芦属（*Lagenaria*)、丝瓜属（*Luffa*)、香瓜属（*Cucumis*）等许多植物都有卷须。采集这类植物光有叶、花不行，还必须采有带卷须的部分，因为这是此类植物的重要特征。压制过程中，卷须易脱落，不要丢失。

（二）木本植物的采集

在动手采集之前首先要决定标本的形状、大小。一般木本植物的标本长30～40cm，宽20～30cm；其次要选择花果齐全的枝条作为标本。采集木本植物标本不能用手去折枝条，要用剪枝剪或高枝剪剪取，既不损伤树木，做成的标本又整齐美观。

1. 先花后叶植物的采集

有些落叶的木本植物的生长特点是先开花后长叶。如木樨科（Oleaceae）的连翘（*Forsythia suspense*)、迎春花（*Jasminum nudiflorum*)，豆科（Leguminosae）的紫荆

(*Cercis chinensis*)，蔷薇科(Rosaceae)的樱桃(*Cerasus pseudocerasus*)、杏(*Armeniaca vulgaris*)，蜡梅科(Calycanthaceae)的蜡梅(*Chimonanthus praecox*)，榆科(Ulmaceae)的榆属植物等，花和叶不能同时采到。这些植物都是先开花后长叶。若等到叶片长出来再采集，花早已凋谢。针对以上情况，应在同一棵树上进行采集，在采集树上进行采集的同时要在采集树上挂一个塑料标签或木制号牌做记号(号牌上要填写文字记号)，以免把甲树的花和乙树的叶混在一起。

2. 棕榈类植物的采集

较矮小的棕榈类与一般的被子植物标本采集方法相同。大型的棕榈则须做详细记载，并附活体照片。如椰子的巨大掌状复叶，只能以叶的一部分作为腊叶标本。棕榈的高度与其树干的直径及其叶的长度与羽叶或裂片的数目必须详记。若叶柄有刺，必须采集一部分。同时，还要记载树的性状、高度、叶的尺寸等。还要记载全花序的长度和与其附着的情形，或为顶生或为腋生，或先于密叠的叶基的下方。叶柄的基部所构成的部分长度也须写明。对于巨大的花序须另行压制。棕榈类植物分类甚为困难，不完全的标本又无详细的野外记录是没有价值的。

3. 竹类植物的采集

竹类植物大多数不常开花，不易鉴别，其枝叶采集与压制比较容易，无需特别处理，但要有详细记录。此类植物的根茎有的为单边横走，有的为多鞭簇生，或二者皆有。采集此类植物标本时一定要采取一段根基，证明其笋箨的时期。尽可能采制笋的标本，嫩枝上所生的箨也要尽可能地采制。竹类植物大多数一定的年龄开花，有一度开花的，要在花季压制标本，种子也须适量采集，以供研究之用。

4. 对雌雄异花序植物的采集

对于雌雄异花和雌雄异花序的植物，应分别设法在同时同地或在不同时期采其异性花和异性花序的植物标本，也可采取挂木牌的方法进行采集并附以记录。如胡桃科(Juglandaceae)、壳斗科(Fagaceae)、榆科等，在采集时应特别注意设法采集到完整的标本。

5. 其他不同类型植物的采集

有的木本植物，新枝与老枝叶片截然不同，差距很大，如桑(*Morus alba*)新枝叶片有裂齿，老枝叶片没有裂齿，在采集时应注意采集全。

还有些植物有茎刺，如鼠李科(Rhamnaceae)的酸枣(*Ziziphus jujuba* var. *spinosa*)具有托叶刺，刺长2～3cm；小叶鼠李(*Rhamnus parvifolia*)枝端有刺；豆科(Leguminosae)皂荚属(*Gleditsial*)在主干或主枝上有茎刺；还有的植物新枝没有刺，老枝有刺，采集时也要注意采全。

多数木本植物是雌雄同花或雌雄同株，但有些木本植物在一个植株上仅生雄花或雌花，如杨柳科(Salicaceae)植物。采集此类植物标本时必须采集到雄株和雌株的带花枝条，它们的开花时期基本相同，便于采集。

有些植物枝端具有吸盘，如葡萄科(Vitaceae)的爬山虎属(*Parthenocissus*)植物属此类。幼枝具有绒毛，老枝却没有，采集时也应注意采全。

(三) 水生植物的采集与压制

1. 浮水植物的采集

浮水植物的特点是植物体浮于水面，如浮萍科(Lemnaceae)的浮萍(*Lemna*

minor)、紫萍(*Spirodela polyrrhiza*),蕨类植物门的槐叶苹(*Salvinia natans*),水鳖科(Hydrocharitaceae)的水鳖(*Hydrocharis asiatica*),还有眼子菜(*Potamogeton distinctus*)等浮水植物,它们分布很广,生长于池塘、湖泊、河流及水沟中。一般在每年的6～8月大量繁殖,浮于水面。采集时,应注意水的深度,水深时可站在岸边用浮游生物网或在长绳上拴上铁钩设法采集;水浅时,可置于水中直接采集。为确保安全,要结组采集,对采集者加强安全保护。

2. 沉水植物的采集

沉水植物,一般茎叶沉于水中,尖端挺于水面。如眼子菜科的竹叶眼子菜(*Potamogeton malaianus*)、茨藻科(Najadaceae)的小茨藻(*Najas minor*)等。这些植物都是一年生或多年生沉水植物,采集时要穿防水衣或潜水衣(必须具备安全保护措施),可选择株型较小的植物标本连根拔出或采部分带花果的茎叶。

有些沉水植物,如水鳖类的苦草(*Vallisneria spiralis*),其主茎在花受粉之后,即呈螺旋状卷缩,将正在成熟的果拽入水中,此时植物的叶柄与花茎的长度因水的深浅而变化且长短不一。长的可达2m以上,短的只有10cm左右。采集此类植物,应在水浅的地方选择植株较小的连根拔出。采花一般在8～9月进行,采果在9～10月进行。

3. 挺水植物的采集

挺水植物一般属于多年水生草本,生于池塘、湖泊、水沟等地,遍布全国。如睡莲科(Nymphaeaceae)的莲(*Nelumbo nucifera*),其根茎肥厚、横走地下,初生叶沉水,后生叶及花浮出水面,花大,果实为坚果。采集此类植物,一定要采一段根茎,并掌握好采集时间:花期7～8月,果期8～9月。此类植物的花和叶片都很大,压制标本较为困难。

采集水生植物有一个共同特点,即茎皆细长而软弱,一经捞出水面,枝叶就粘贴、重叠失去原状。采集中要成束捞起,用湿布或湿纸包裹好,装在塑料袋中或采集桶内,携回驻地,再仔细整理。

整理时,首先打一盆清水,然后将标本放入水中(一次不要放入太多),待植物恢复其原有姿态时再筛选所需植株。用标本纸仔细将漂浮的植株从水中托出,然后将其放入数张标本纸之间,压在标本夹内,勤换纸。对于脆弱的水生植物,不要压得过紧,防止标本破碎。

(四)寄生植物的采集

采集寄生植物,必须连寄主上它所寄生的部分同时采下,要把寄主的种类、形状以及同寄生植物的关系等都记录在记录本上。

高等植物当中有很多是寄生植物。此类植物差异很大,有些为缠绕藤本的植物,主要寄生草本植物,如菟丝子科(Cusutaceae)的菟丝子(*Cuscuta chinensis*)借助于吸器固着于寄主,通常寄生于豆科、菊科等植物上,对胡麻、苎麻、花生、马铃薯等农作物也有寄生。有些寄生于乔木上的小灌木,如桑寄生科(Loranthaceae)大多数寄生于木本植物茎上,由变态的吸根伸入寄生的枝丫中。槲寄生科(Viscaceae)常寄生于槲、榆、桦、柳、桐、桑、柿、梨、麻、栎等树上,还有些寄生于植物根部的植物,如野菰、肉苁蓉,其次有百蕊草、列当、锁阳等,这些寄生植物都是从它的寄主体内吸取一部分营养,通常取自某一种或某一群寄生植物。

（五）其他类植物的采集

有些植物具有匍匐茎，细而长；有的线段生根及芽，而后发叶，长成另一株植物。如蛇莓（*Duchesnea indica*）、艾（*Artemisia argyi*）等，在采集时应注意将其茎和新生的植株一并采取。

采集十字花科（Cruciferae）、伞形科（Umbelliferae）、紫草科（Boraginaceae）等植物标本时，只采花是不够的，要设法采到果实。这些植物的果实在分类上是一个重要特征。

采集兰科植物（Orchidaceae）和杜鹃属（*Rhodendrom*）的植物，仅有果实的标本很难确认，应同时采集有花的标本。另外，兰科的花结构异常复杂。如标本制作稍差，就不易解剖和观察，除在压制时将花的正面铺平外，应将花泡在福尔马林或酒精溶液的广口瓶里，标记与标本同号的号牌或标签木牌。

沙参属（*Adenophora*）、蒿属（*Artemisia*）、益母草属（*Leonurus*），以及伞形科（Umbelliferae）和其他一些植物的茎部叶片和茎上的叶片形状变异极大，采集时也要设法采全，以体现这类植物的个性特征。

七、野外采集记录

完整的野外采集记录，能表示腊叶标本所不能表示的性质。采集人在采集植物标本时，必须体验到所采制的标本无论怎样细致，总与原植物形态有些差异。乔、灌木及高大的草本植物都会存在着不能完全采到的器官，如乳汁、颜色及原有的光泽，采制后不易完整地保存下来。因此，在野外采集标本时，均应详细观察识别，及时记录下来，为以后研究活植物的真实性提供可靠的依据。

野外记录要印制成记录卡片，具体格式见表 6－1。

表 6－1　野外采集植物标本登记表

采集人：	采集编号：
采集时期：　年　月　日　时　分	
产　地：	
环　境：	海　拔：
性　状：	根：
胸　径：	高　度：
枝或茎：	
叶：	
花：	
果　实：	
名　称：	科　名：
土　名：	
学　名：	
附　记：	

记录册的填写说明如下。

采集人：个人或小组。

产地：省、市（县）、乡（镇）、村、山名（水名）。

环境：路边、林下、林缘、山坡、悬崖、土质、水中等具体生长环境。

海拔：随身携带测高仪或向有关水文地质、规划单位询查。

性状：乔木、灌木、草本、藤本。

根：根系状况（直根、侧根、须根、颜色、根瘤等）。

胸径：根茎基部向上 1/3 处或 1/2 处树干直径。

高度：植物体高度。

枝或茎：形态、颜色、毛茸、皮孔等。

叶片：叶片反面的颜色、毛茸、斑纹、乳汁、气味。

花：自然位置（上举、下垂、斜向）、颜色、大小、气味等。

果实：形态、颜色、毛茸、粉腊、成熟状况。

名称：科名、学名、土名。若当时难以确定可回驻地后填写或请专家鉴定确认。

野外记录是一项非常重要的工作，要求认真、翔实、准确、字迹工整。

第二节　植物标本的制作

野外实习中，采回来的材料要制成标本保存，供教学与科研使用，同时还能学习制作的基本方法。通常是根据所采得材料的特点和目的，将其制作成腊叶标本、浸制标本和干制标本。

腊叶标本就是将一株新鲜的完整植物或植株的一部分经采集、压制、干燥后，在标准的台纸上制成的标本。完整的腊叶标本，应该具有花和果、枝和叶。有的草本植物还必须有根系等器官。只有花果而没有营养器官或只有营养器官而没有花果的标本都会降低其实用价值，影响鉴定植物的准确性。

浸制标本就是将植物的花或果以及整体植株放在化学药剂里浸泡而制成的标本。如木贼（*Eguisetum niemalel*）的生活史，可以把它的雌雄原叶体分别放在标本瓶里，这便是一套完整的木贼个体发育标本。

干制标本就是将采集回来的新鲜材料（不适合制作成腊叶标本或浸制标本的），如菌类植物中的大型真菌——蘑菇（*Agaricus campestris*）、灵芝（*Ganoderma lucidum*）和猴头茹（*Hericium erinaceus*）等放在阴凉通风处，使其自然干燥，并保持自然状态的标本。

本节按植物类群来介绍各种类型标本的制作方法。

一、藻类标本的制作

（一）藻类浸制标本的制作

1. 浸制液的配制

(1) 福尔马林固定液（4%～5%）：福尔马林 5mL、甘油 5mL、水（或海水）90～

95mL。此液适用一般藻类形态分类观察，特别适用于褐藻的固定保存。

（2）福尔马林－酒精固定液。福尔马林 4mL、酒精 36mL、水（或海水）60mL。此液适用绿藻、石灰质藻和黏质藻类，特别适于对红藻的固定保存。在上述浸制液配好后，应加入少许苏打，以中和福尔马林分离出来的乙酸，少数重要的标本还可加入 1%甘油，以防固定液蒸发引起组织的破坏。

对于直接取水样沉淀浓缩的标本，则应先在 1L 水样加鲁哥氏碘液 15mL，沉淀浓缩后，再转入 3%的福尔马林中保存。鲁哥氏碘液的配方是：碘化钾 6g 溶于 20mL 水中，加碘 4g，待溶解后再加入水 80mL。

对于绿色和红色的藻类，最好选用原色浸制液（见本节中种子植物标本的制作）。

2. 标本的固定制作

将洗净整理好的标本，放入大小适宜的标本瓶中，加入浸制液，标本容量一般不要超过浸制溶液的 1/3～1/2，盖上标本瓶盖并密封，贴上标签，注明标本号码、学名、采集地点、日期、生活习性和采集者。

（二）藻类腊叶标本的制作

将洗净的标本移入白瓷盘内，加水（制作海藻的标本，一般用一半海水一半淡水，但对某些耐淡水的种类如浒苔、紫菜等科全部用淡水，而对有些接触淡水容易死亡的种类，则应全部用海水）适量把标本淹没，然后将适合标本大小的台纸放入，衬在标本下面，用镊子或毛笔把标本按自然状态展在台纸上，慢慢地将台纸连同标本从水中托起，贴放于斜立的木板或玻璃板上。对于藻体坚实的种类，如海带，可直接摆放在台纸上，如果材料长于台纸，可将材料折成“V”字形或“N”字形，也可把它切成几段，然后摆放台纸上。控去水分后，再放在吸水纸上，在标本上盖一层纱布和三四张吸水纸。然后，用标本夹夹紧放在通风干燥处，每天至少换干吸水纸 1～2 次，大约一星期标本就可完全干燥，即可消毒贴成腊叶标本。

（三）藻类整体封藏标本制作

1. 甘油封藏制片法

①标本用 FAA 标准固定剂（配方：福尔马林 5mL、醋酸 5mL、50%或 70%酒精 90mL）固定 12～24 小时；②在载玻片上滴 1 滴 10%的甘油，吸取沉淀于上述固定剂的材料滴在甘油中，用针轻轻搅动，使材料均匀散布；③将载玻片放在干燥器或大型容器中，使甘油中的水分逐渐蒸发，然后再加 40%的甘油，浓缩至原来一半时即可加盖玻片，仍使水分继续蒸发，2～3 天后，甘油已近无水状态，即可进行密封；④用毛笔蘸上密封剂（配方：阿拉伯树胶 20g、蒸馏水 20mL、水合氯醛 17g、甘油 3mL、冰醋酸 2mL），涂在盖玻片四周及片面的边缘部分（0.5～1.0mm），经过 1～2 天，用刀轻轻刮去盖玻片四周不平整处，再用瓷漆在四周进行加固密封。

2. 甘油胶封片法

①甘油胶的配方：白明胶 1 份、纯甘油 7 份、蒸馏水 6 份、麝香草酚少量。配置时先把明胶放在盛有蒸馏水的烧杯中，在水浴器中加热使其熔化，等明胶化成稠胶，再加入甘油继续加热 15 分钟，并用玻璃棒搅拌，再在每 100g 上述混合液中加入麝香草酚 1g 防腐用。以后加热并继续搅拌，直到麝香草酚消失为止。这时可把甘油胶用纱布过滤，装入瓶

中备用。②制片方法：把含有藻类的1滴水滴在载玻片上加上1滴3%的甘油，用表面皿把材料从甘油中取出（质地较硬的材料不需要脱水），放在载玻片上，用刀刮取少量甘油胶（绿豆大小），加在材料上，略微加热，使甘油胶熔化即可，静置几分钟，待其再度凝固，盖上盖玻片，并轻压盖片，使甘油胶成为一薄层，盖片周围用漆密封。此方法封片效果极好。

二、大型真菌标本的制作

细菌、放线菌、丝状真菌、大型真菌的菌丝体，均适于制作显微玻片标本，用显微镜观察。

大型真菌的子实体因形状、质地和大小不同，处理的方法也不尽相同。

1. 晾干装袋法

具木质、栓质和草质的大型真菌子实体，如木耳、银耳、灵芝、马勃等采用此法。小形标本放在通风处不久即自然干燥，大型的标本要放在阳光下晒干或用烤箱烘干，然后装在透明塑料袋里，再装入牛皮纸袋中贴上标签保存。这种方法简单，也能很好地保持菌体的原有状态。

2. 腊叶标本制作法

由于新鲜的材料大多脆弱多汁，不宜直接压制，所以当取到新鲜的材料后，应先放入热水中烫一下，或用90%酒精浸泡数小时，把细胞杀死，特别是褶菌，这样可防止其迅速老熟，变腐变黑。随后把材料放在阳光下晾晒脱水，至出现萎蔫时，便可夹在白色纸中，并隔以吸水纸。即一层夹材料的白色纸，一层吸水纸，多层叠在一起，放在标本夹中加压。在压制过程中，应经常更换吸水纸，以加速干燥。压后继续干燥，然后移在台纸上，用透明胶条或白线从菌柄等处固定，最后贴上标本名签。

3. 浸制标本制作法

把新鲜或干制品水浸胀的材料，用清水轻轻洗涤干净。放入浸渍液的种类很多，常用配方是：福尔马林4mL、酒精25mL、清水71mL。

三、地衣标本的制作

地衣的标本容易干燥，可直接风干保存，不需要浸制，用时加水浸泡即可恢复新鲜柔软的外形。壳状地衣紧贴在岩石或树皮上，制作时用胶水将带有标本的岩石或树皮贴在台纸上或放入纸袋内即可；叶状地衣和枝状地衣也可制成腊叶标本保存。采回的叶状或枝状地衣应先用水喷湿回软，去净泥沙杂物，使其恢复原状，再放在标本夹中压制，隔日更换纸张，直至标本干燥为止。

地衣标本切忌用酒精或杀菌剂处理，以防颜色及化学性质改变。

四、苔藓植物标本的制作

1. 晾干装袋法

将采回的标本去掉泥土杂物，放在通风干燥处晾干，装入牛皮纸袋中，贴上标本标签即可。但要注意容易脱落部分的处理，如藓类的蒴帽等。

2. 腊叶标本法

制作过程同种子植物，此法特别适宜苔类，因轻轻压制后的苔类比自然风干要平整，观察时比较方便。

3. 浸制标本制作

将采回的标本洗净泥土，浸入5%的福尔马林或70%的酒精中浸制保存。要保持原色，可用饱和硫酸铜水溶液或用醋酸铜水溶液加热处理，水洗后保存在5%的福尔马林中。

五、蕨类植物标本的制作

蕨类植物标本的制作方法与种子植物标本制作方法基本相同，但也稍有区别：石松、卷柏、木贼采得后压制或不压制均可；蕨、贯众等采后需立即压制，否则叶面会皱缩；上台纸时要把具孢子囊群的一部分叶片向上，因孢子囊的形状、大小、排列方式和部位是分类鉴定的重要依据。

水生蕨类，如苹、槐叶苹、满红红等可制成液浸标本，即将标本浸入5%的福尔马林溶液中即可。如欲保持绿色，可在5%的福尔马林溶液中加适量的硫酸铜。

蕨类植物的原叶体在野外采得的机会较少，可用孢子在室内培养。方法是：用刀将成熟的孢子囊刮在半浸水的瓦块上或花盆土表面，使瓦块的凸起部分或花盆土表面始终保持潮湿而又不浸没水中，加塑料罩保持湿度，在室温（15℃左右）条件下培养，2～3周后即可长出原叶体。原叶体可以液浸，也可制成玻片标本保存。

六、种子植物标本的制作

（一）腊叶标本的制作程序

腊叶标本是将带有叶片、花和果实的植物枝条或其全株，经过整理、压平、干燥、装贴而制成的一种植物标本。这种已干燥的植物标本便于长期保存，供植物分类学的教学和研究使用。

1. 整理

首先要清理或擦除标本上的污物，进行初步的分类和清理，并尽量保持枝叶的自然状态，然后根据不同情况进行处理。

（1）木本类标本，要根据台纸的大小，把过长过多的枝叶适当剪掉一部分。

（2）草本类标本，可折成“V”字形、“N”字形或“W”字形，并除去茎秆下部的老叶，但应使花朝上。

（3）肉质的植物和果实，或不易干燥的植物，如马齿苋科、天南星科、景天科和兰科植物等，因其肥厚多汁、脆弱，直接压制，易于破碎，也不容易干燥；如果轻压，顶梢也可能继续生长。因此，制作前应先用80℃左右的热水或80%的福尔马林溶液杀死后再压制。这种方法还可以应用到云杉、冷杉、金钱松、雪松等裸子植物和卫矛科的一些种类中去。若不经杀死处理，压制过程中会形成离层而落叶。但须注意，采用此法时不能将花浸入沸水中。

（4）带刺的茎，如皂角、刺槐等，应先放在木板上，然后用厚铁皮覆在茎上，用力下压，把茎上的刺压倒，使其处于一个平面上，并尽量使茎两侧的刺完整，再夹在吸水纸中压制。

（5）仙人掌科的植物形态特殊，只能切取一部分（球状的可切一条棱，棒状的可纵切一半，与此同时，应做一个横切面，以供了解整体形态时参考），最好也用开水烫一下再压制。此法也可用于大型果实标本的果实处理。

（6）植物的果实，地下茎和根一般应与枝叶同时压制。但大型的果实、异常肥大的地下茎和根，一般也无法压制，最好用浸制法保存，与地上部分统一编号使用。

2. 压平干燥

压平干燥是制作腊叶标本的关键环节，这里介绍常用的水纸吸水干燥法。

一般用木质的夹板压制。打开两扇标本夹板，把有绳的一扇平放做底，上面铺放 4～5 层吸水纸，放上一份标本，使标本的枝叶和花平展，将折叠或重叠的叶子展开并做到叶子的正反面均有，再放 1～2 层吸水纸，其上又放标本。如此进行，使标本与吸水纸相互间隔，当叠放到一定厚度（每夹标本以 0.5m 左右为宜）后，在最后一份标本上面再盖 4～5 层吸水纸，然后将另一扇夹板放在上面压住，用底板夹板上的绳子先绑住一端，绑的时候略加压力，最后将另一端也绑起来。压制时，不要把标本的任何部分留在纸外。叠放标本时，须将标本首尾相互调换，使夹内的全部枝叶受到同样的压力。需要注意的是，云实等豆科植物的小叶易闭合，采后应立即压制，换纸时连同此吸水纸一起更换。

将捆好的标本放在通风干燥处，按规定次数以干纸代替湿纸，以便标本干燥。新压的标本含水量过多，每天至少须换干纸 1～2 次，以后可逐渐延长换纸时间。这些干纸在有条件的情况下，最好经过日晒或火烤后稍带有湿热为好，其热度可随植物标本渐干的过程稍有增加，但切忌不能将标本直接用火烤干，或将压有标本的夹板近火烘烤。因为，这样的处理，标本不易保持原有的色泽，甚至会变黑发黄。初次换纸时注意检查花瓣、叶子有无折皱，如有则务必整平，若干燥后再整理则易折断。如标本的枝叶过密，还可以适当地修剪去一些。初压时，绳子不能绑得太紧，以利通风，也不致使标本紧贴吸水纸而不易换纸损坏标本，以后可逐次束紧，完全干燥后则不能过紧，以免折断标本。在换纸过程中，若发现有叶、花和果脱落或多余的部分，须放入纸袋中与标本压在一起，并在纸袋上面写上相同的标本号。

经过一星期左右，压制的标本完全干燥。在换纸压制的过程中，可按标本的干湿度和号码另行归类压制，效果更好。把已干燥的同号标本提出，以比标本大的纸打包成型，以便长期保存或外运。潮湿阴雨地区应用塑料布包好，以免霉烂。标本捆包后，要在包上表明采集地点、日期、号码、份数，以防混乱。近年来，以做纸箱的瓦楞纸替代部分吸水纸压制标本，并配上烘烤设备制成装置，效果很好。瓦楞纸夹层中有一条条与纸面平行的半圆柱形气道，压制过程中每隔一份标本加一张瓦楞纸，使气道的朝向一致，叠放到一定厚度捆扎好后，把标本夹竖立架起，让气道垂直地面，标本夹下放用煤油灯或红外线灯烘烤，热空气通过气道时，可把吸水纸中的潮气带走，以使标本达到干燥之目的。如果野外工作乘汽车赶路，还可把标本夹放在车顶，使气道对着前方，这样车辆行驶的过程也是标本加速干燥的进程。用便携式标本压制装置制作标本，优点是节约换纸的时间与劳力，能一次烘干，24 小时左右 90％的标本均可干燥，且标本质量好，色泽不褪。为了使标本美观，可以用常规法压一天后整形，然后上架烘干。

干燥的目的，一方面是防止标本霉烂，另一方面是保色。除上述方法外，还有其他方法，详见本章第三节。

3. 消毒

(1) 液体浸涂法

升汞（$HgCl_2$）和酒精（95%）按 0.5∶100 的比例混溶即得到浸涂液，将其盛于比标本稍大的搪瓷盘中，将压制修剪整形干燥后的标本，浸没此液内约半分钟，用镊子取出放于已准备好的干净吸水纸之间轻轻压住，让酒精慢慢挥发，以免酒精挥发过快而使花、叶皱缩。若制作少量或已上台纸的标本，可用毛笔蘸升汞酒精液刷涂或用喷雾器喷洒标本处亦可。若有标本照片，则不能将照片放入消毒液内，以免褪色。升汞有剧毒，消毒时应避免手直接接触。消毒过的标本，台纸上要注明“消毒”字样，以免发生意外。

(2) 气体消毒法

把标本放进消毒室或消毒箱内，叠置不宜过厚，以利毒气透入。架上装有氰化钾的瓷盘，盆上以铁架和盛有稀硫酸（等量的硫酸和水混合而成）的分液漏斗，布置好后将分液漏斗的开关扭开，使稀硫酸徐徐滴在下面的氰化钾上，立即关闭室或箱的门窗，经 24 小时后打开通风孔，待毒气放尽，24 小时再入室工作。也可用敌敌畏置于玻璃器皿内，置入室或箱内，利用药液挥发杀虫，约 3 天后取出标本即可装贴。

(4) 装贴

为使标本长期保存，不致损坏和便于使用，应把消毒好的标本固定于质地较硬的台纸上。

首先要配制胶水：①将桃胶放入容器内，加适量温水浸泡，再加入石炭酸少许以防发酵腐败，加热搅拌至黏度合适即可使用。但桃胶是水溶性的，遇到梅雨季节易返潮，往往影响标本质量。②为避免上述返潮现象，可用过氯乙烯树脂溶解在四氯乙烯中代替桃胶。溶剂数量依据黏稠度高低而定。③白乳胶也是一种经济便捷的胶水，加水稀释至失去黏稠状即可使用。

将消毒过的标本直放或斜放于台纸上（台纸一般为 300～500g 的白板纸，长约 39cm，宽约 28cm），注意把左上角和右下角位置留出来，以便粘贴标签，如标本过大，须修剪不使其露出台纸外边或近台纸边缘，否则易损坏。标本的位置确定之后，用铅笔做一标记，把标本反放在玻璃板上，用软刷或毛笔沾上胶水刷在背上，然后放回已标记的位置上粘贴好。上面放一层白纸或报纸，置于吸水纸内，上方稍加压力，使标本紧贴在台纸上，待干。有些标本的叶、花和果易脱落，要把这些脱落的部分分装在玻璃纸袋内，贴在标本台纸的适当地方。

胶干后，须在标本的主茎、侧枝、主脉、果实等处，用白纸带或白棉线钉牢在台纸上。在标本的适当位置用刀片划透台纸成缝隙状，缝隙的大小视纸条大小而定，用镊子分别夹住纸条两端穿过孔缝，反转标本台纸，拉紧纸条，用胶水固着于台纸上；或用双线沿标本的适当位置分别用针穿透台纸，线头打结要小，而且在上面，切忌背面打结或多针互联，否则在使用标本过程中易损坏其他标本。每一份标本贴纸带数量或穿线多寡应视标本的大小和枝叶的多少而定，以使标本在台纸上牢固为准。

上台纸的标本经鉴定后，需把写有鉴定结果的标签贴在台纸的右下角，把原来野外采集该种标本的记录表格复写一份贴在台纸的左下角，以供使用时参考。鉴定格式如下：

××××植物标本室

采集号：　　　　　　　　　　登记号：
科　名：
拉丁名：
中　文：
采集者：　　　　　　　　　　产　地：
鉴定者：　　　　　　　　　　日　期：

在装贴标本时，必须突出该植物特征，并使标本在台纸上的位置适宜、美观、整洁。

每一份标本都应编号，据此，分别在野外记录本、采集号牌、鉴定标签和标本室目录单上打上同一号码。完成这些步骤，此标本就可归入标本库中贮藏。

（二）浸制标本的制作

通常用一些化学药品配制成溶液来浸泡固定与保存植物标本，能使其保持原有的形状和颜色，这种方法制成的标本称浸制标本或液浸标本。做法较简单，把标本用清水洗净，尽量保持自然状态，然后将其沉入盛有药液的标本瓶中，瓶口用封合剂（如石蜡：将石蜡融化后，加少许松香）封严，最后在瓶子上端贴上标签，写上科名、学名及日期等。

浸制液通常有下列两种：一种是70%的酒精，它的优点是能使标本保存较长的时间，但容易使标本脱色；另一种是5%的福尔马林溶液，它的优点是短时间内保持实物的颜色，且价廉，但药液容易变成褐色。

由于上述浸制液浸制成的标本，在较短时间内都易褪色，因此要保持植物标本的天然颜色，需要配制特殊的保色浸制液（详见本章第三节）。

七、植物形态解剖标本的制作

（一）根系类型标本制作

直根系可选用棉花或大豆等双子叶植物的根系，须根系可利用小麦或高粱等单子叶植物的根系。制作时先把选好的植物从茎的下端距3～5cm处将茎剪断，连带泥土将根放在水中充分浸泡，使附着的泥土脱离根部，然后把根轻轻提出，再用清水反复清洗，至完全洗净。大豆的根具瘤，各环节的操作均应特别谨慎，以防止根瘤脱落。然后，把根移在吸水纸上，放在空中把附着的水晾干，并对侧根加以理顺，再在所留下的一段茎上绑缚线绳，把根悬吊起来进行自然干燥。干燥后，从所留下的一段茎上或主根的上部把根系固附于标本盒中或放入透明塑料袋内即成。

上述根系材料也可用液浸法处理。方法是等根洗净后，先放在5%福尔马林中固定3～5日，然后移入盛有5%～7%福尔马林溶液的标本瓶中保存。由于主根很长，有时所备标本瓶盛装不下，这时可将上部留下的那段茎剪掉，同时还可把主根末端适当弯曲去掉一部分。

制作此种标本，应先计划好，一般每种根系可选1～2种放在一起作为比较标本，也可每种根系多选几种分别制成标本保存。

（二）茎和芽类型标本制作

1. 茎的类型标本

制作此类标本，应选择同一类型1～2种，最后做成一套标本，而且材料必须带有一定数量的叶，特别是攀缘器官必须完整无损。

基本制作方法有三种：一是剪取一部分茎以前述压制法制成蜡叶标本保存；二是整株或一部分株体经风干处理后干燥保存，有时可连带支持物，如菜豆、黄瓜等可连同竹竿等一起保存；三是普通浸制保存或原色浸制保存。

2. 茎的分枝类型标本

分枝标本的材料，或选整株（如二叉分枝的材料：苔藓植物、蕨类植物、分蘖的禾本科植物），或剪取部分枝条，但不论哪一种材料，选择时都应重视其典型代表性，而且大小适宜。

茎的分枝标本，应选择同一类型 1～2 种，作为一套标本保存。制作时，应根据所选植物枝型的大小和特点采用不同的方法。

3. 芽的类型标本

花芽、叶芽和顶芽可选用丁香等植物的芽，混合芽可选用苹果、海棠、梨等植物的芽，腋芽一般在每一叶腋处都具有。最好选用花即将开放前，已膨大饱满的芽，才有利于观察。

上述各类芽，一般都适于浸制法保存，即将带有芽的枝进行适当修剪，修剪的结果应该是既便于装瓶，又能保持有足够的芽数。修剪后，将材料放在 5%的福尔马林溶液中固定2～3天，然后用同浓度的福尔马林，加少许甘油保存。

（三）叶的标本制作

1. 叶形、叶缘、叶尖、叶序、叶类型标本

可根据类群做成成套的标本，以便比较观察；也可选择同一类型的不同植物归类保存。

在制作蜡叶标本时，为了更好地保持叶片的绿色，可用硅胶粉吸水和烘烤的方法制作：先在标本夹底板上铺 2～3 层吸水纸，吸水纸上均匀地撒一层烘干过的硅胶粉，硅胶粉上再铺 2～3 吸水纸，其上再放材料，材料上再铺吸水纸，其上撒硅胶粉，如此一层层叠起来，集中十几份材料，夹入标本夹加压，然后放入干燥箱中烘干，从而收到好的效果。

2. 叶脉标本

叶脉在叶片上的分布有许多形式，其标本虽可在压制整个叶片时获得，但不如单独的叶脉标本容易观察效果好。

单独叶脉的标本制作方法较多，基本步骤是：腐蚀叶肉→漂白叶脉→染色→干燥。这里介绍三种效果较好的方法。

（1）将叶脉粗壮、坚韧而密的叶片置沸水中煮，使叶肉变软，然后放入酒精中脱色。脱色时可将叶片放在 75%的酒精中煮，也可放在常温酒精中浸泡，但酒精要经常更换。待叶片发白时取出。叶表面具有较厚角质或蜡质的，可先用 4%的烧碱溶液浸泡数小时后再在酒精中脱色。脱色后的叶片放入 4%的烧碱溶液中浸泡 12～24 小时至叶脉清晰时取出，在清水中用软毛刷轻轻刷去叶肉，然后移入 15%的双氧水中漂白数小时，具平行叶脉的叶片漂白时间要短些，以免发生纵裂。经过漂白的叶脉可进行染色，方法是将漂白后的叶脉置于 0.5%的番红溶液中染色（也可用平红、固绿、孔雀绿及蓝墨水、红墨水等染料染色）几分钟，取出用清水冲水洗后压制干燥（可两面衬吸水纸置玻璃板下），即成为理想的叶脉标本。

（2）取叶片数片备用，再用 1000mL 烧杯一只，加水 200mL，Na_2CO_3 5g，NaOH 7g 加热，待水煮沸时，将叶片置于其中继续煮约 10 分钟（煮的时间长短，视树叶的种类而

有所不同）。在加热时，可用镊子将叶片轻轻摇动，使各叶片分离，以便均匀受热和受到药品的腐蚀而去掉叶肉部分。煮后移开烧杯，取出叶片置清水中，轻轻刷去叶脉上残存的叶肉，露出叶脉。随后可进行漂白，漂白液可用15%K_2CO_3溶于30mL沸水中，将以上两液混合摇匀，待凉后加入100mL水，过滤后即可使用。漂至叶脉变白时取出水洗，然后进行染色干燥。

（3）取生石灰1份加清水5份，用玻璃棒充分搅拌，待石灰水澄清后，将叶片浸入，一般一星期左右叶肉就能被腐蚀掉，取出叶片放入清水中轻轻刷去残余叶肉，再进行漂白、染色、干燥。

（四）营养器官变态标本制作

营养器官变态标本类型多样，在制作时应根据不同情况采取不同的制作方法，无论是哪种方法，都应做成成套的标本，以便在教学中比较观察。

大多数的变态叶、细小的根状茎可制成蜡叶标本；部分的气生根、枝刺、茎卷须、叶刺等可自然干燥保存；其他类型的变态，如根、块根、鳞茎、块茎、球茎等，应采取浸制法保存，可用5%～7%的福尔马林溶液3份和70%的酒精1份混合固定10～15天，中间更换1～2次新的固定液，然后用该固定液作为保存液进行长期保存。同时应注意用注射器向材料中注入适量的固定液。

（五）花序、果实类型标本的制作

不同类型的花序、肉质的果实均可采用液浸法或原色保存法保存。干果可用自然干燥法保存。花序可制成蜡叶标本。花序也可制成干花标本，其方法有以下三种。

（1）电热恒温箱法

将采到的花，放入电热恒温箱内层架上，调节温度至40℃（温度可在35℃～45℃范围内，超过45℃则不能保持花的原有色泽），两天后就会完全干燥透，然后小心取出花的干制标本，装入标本瓶，并放入少量无水氯化钙或干燥硅胶，密封即可。

（2）硅胶粉

将变色硅胶粉碎，过40目筛后在105℃下干燥（呈蓝色），冷却后备用。将选好的花置于干燥器或标本瓶中，然后用上述硅胶掩埋固定（注意保持花的自然姿态），在盖上均匀地涂上一层凡士林，密封令其自然干燥，当硅胶吸水后变粉红色时，应换上干燥的硅胶，直至花在各部分干透为止。干燥后，小心移去硅胶，取出标本装入标本瓶中。若是小型花，硅胶也可以不经粉碎，放入干燥器底部，将花直接放在隔板上干燥。

（3）低温法

将花放入冰箱的冷藏室里（温度为4℃～5℃），10天左右便能得到干制标本。

在这三种方法中，硅胶法效果最佳，不仅适于大型花标本制作，也适于小型花且色泽失真少。电热恒温法及低温法，适于小型花，大型花则需先固定好形态，否则难于保持自然姿态。

八、立体标本的制作

（一）立体干标本制作方法

1. 微波干燥法

采用石英砂做包埋剂。选好的植物标本将其各部展开，姿态适度，放入砂盘中，用石英砂包埋，放进微波炉内烘干。处理的时间可根据材料质地而定，如鸡冠花、大叶黄杨枝可处理3分钟左右。取出砂盘，将标本从砂中取出，保存在干燥器或标本瓶中。

2. 硅胶干燥法

详见本节前文。

（二）植物维管束立体显示标本制作

显示标本制作方法如下：先按下列配方制成碱性洋红溶液——碱性洋红0.5g、95%酒精2mL、水100mL。将植物整株幼苗连根拔起冲洗干净后，将根或连同部分茎立即插入碱性洋红液中，经12～24小时，全部维管束染上红色，取出，用清水漂洗除去外面染液。将已染色的材料连续浸入15%、20%、30%、50%、70%、80%、95%、100%的酒精中脱水两天（每个浓度中停留5小时左右），再浸入纯酒精和二甲苯各1/2的混合液透明8小时左右，再浸入纯二甲苯中透明1天，最后在二甲苯中长期保存。经上述处理后，标本维管束显红色，其他组织无色透明，便于观察维管束的分布。

操作时应注意以下问题：过长的标本不易装入玻璃瓶，可在染色后切成小段，再进行脱水与透明，然后用玻璃板将标本按顺序排列，绑好装入瓶内保存；脱水过程要彻底，否则放入二甲苯中不能透明；二甲苯易于发挥，在二甲苯中加入少量香柏油可防止挥发。

第三节　植物标本的保存

一、浸制标本的保存

（一）浸制标本的保色

自然界的各种植物及其器官都可以泡在浸制液中，制成浸制标本，但是要使在浸制液中制成的标本保持天然色泽，就需要配置特殊的浸制液。它们的配置方法因保存的不同颜色而不同。

1. 保存白色、无色、有色根或根茎浸制法

这类植物如玉珠、桔梗、百部、天门冬、党参等，先洗净后稍加修整，使其入瓶整齐而美观，浸于30%氯化镁水溶液中1～5天，浸液pH值6.8；然后分别用50%、70%、80%的氯化镁各浸泡3～4周，浸液pH值为5.6；最后用过饱和的氯化镁固定，即能长期保存其原色和形态。

2. 保存绿色标本浸制法

(1) 醋酸铜－醋酸液处理浸制法

将醋酸铜粉末徐徐加入50%醋酸中，使之成饱和溶液（醋酸100mL、醋酸铜粉末15～30g），配成原液。原液加水稀释4倍，然后将标本放入稀释液中加热，标本渐变为黄绿色，继续煮绿色又逐渐恢复，至绿色恢复原状时，将标本取出，用水漂洗后，浸入5%的福尔马林溶液中长期保存。

此种方法手续较繁，但制出的标本色泽鲜明良好，并可长期保存。蕨类植物的幼苗、一般茎叶标本等均可用此法保存。

(2) 硫酸铜－福尔马林溶液处理浸制法

第一种方法　将标本放入盛有3%硫酸铜水溶液的容器内加热，标本开始由绿色转为褐色，又渐变为绿色时，取出标本，清水漂洗，放入5%甲醛液中保存。此法浸制蕨类植物和种子植物的茎、叶均适宜，标本的绿色可经久不褪。

第二种方法　取硫酸铜饱和水溶液750mL、福尔马林50mL、水250mL，配成浸制液。将标本放入此液中浸泡8～14天，取出用水漂洗，然后浸入4%～5%的福尔马林溶液中保存。此方法手续较为简单，而且许多不能加热或表面附有蜡质不易浸制着色的标本，采用此方法较好。四叶苹、菠菜、绿色的苹果和梨等，用此法浸制均适宜。

第三种方法　用4%～5%的福尔马林溶液加入适量的硫酸铜粉末（每100mL溶液中约加2g），将标本浸入其中保存。本法手续简单，但标本保色时间较短。

第四种方法　将标本浸入5%硫酸铜水溶液中使其着色，浸制时间的长短，视标本的特性而定，薄软易着色者浸24小时，不易着色者浸2～5天。取出后，移入5%的福尔马林溶液内保存。本法手续简单，一般易着色的或短期保存的标本均可采用。

(3) 硫酸铜－亚硫酸液浸制法

第一种方法　标本放入5%硫酸铜水溶液中，浸制时间同（2）中的第四种方法，取出后水洗，放入1.5%亚硫酸（为市售工业用普通亚硫酸）中保存，许多植物叶片柔软、不耐加热，或表面具蜡质、处理药液不易立即渗入者，可用此法。

第二种方法　处理方法同上，保存液配法如下：亚硫酸30mL、5%硫酸铜50mL、水1000mL混匀。此法适用于绿色果实，如梨、软枣、猕猴桃等。

(4) 氯化铜－甘油浸制法

软薄而嫩的标本，浸入此浸制液中，数日后便可获得所需的绿色。配法如下：将氯化铜100g、甘油25mL、福尔马林50mL、冰醋酸25mL、50%酒精900mL混匀即可。

3. 保存红色果实浸制法

5%～40%硫酸铜溶液浸泡处理24小时，保存液配方如下：

(1) 盐酸40mL、甲醛100mL、甘油和硼酸少许、水100mL，适用于山楂、草莓、桃等红色果实。

(2) 亚硫酸15～20mL、硼酸2g、水1000mL，适用于桃、杏等红色果实。

(3) 6%亚硫酸4mL、精盐60g、甲醛8mL、硝酸钾4g、甘油240mL、水3875mL。

(4) 硼酸450g、75%～90%酒精2800mL、福尔马林300mL、水400mL。

4. 保存紫色果实浸制法

5%～40%硫酸铜溶液浸制24小时，保存液配方如下：

(1) 饱和食盐水1000mL、甲醛500mL、水8500mL，适用于紫色葡萄、黑汉、龙眼等。

(2) 甲醛45mL、酒精54mL、水180mL，此液产生沉淀，过滤后使用。

(3) 3%明矾、16%食盐、2%硼酸、1%甲醛等量混合，保存老熟的紫色茄子标本，防止褪色的效果也很好。如保存液上面发生泡沫，可添加0.1%亚硫酸。

5. 保存黄色果实浸制法

5%硫酸铜溶液浸泡24～28小时，保存液配方如下：

(1) 亚硫酸568mL、80%～90%酒精568mL、水4500mL。

（2）亚硫酸 4mL、甘油 5mL、水 1000mL，适用于保存金香柚、菠萝等。

（3）亚硫酸 284mL、水 3785mL，适用于保存黄海棠一类果实。

（4）氯化锌 200g、福尔马林 100mL、甘油 100mL、水 4000mL，过滤后使用，适用于黄色花果。

6. 保存褐色果实浸制法

果实用 70％酒精消毒后，用水洗净，5％～20％硫酸铜溶液浸制 24～28 小时，保存液配方如下：亚硫酸 3mL、冰醋酸 3mL、水 100mL。

7. 保存黑色果实浸制法

5％硫酸铜溶液浸泡 24 小时，保存液配方如下：甲醛 45mL、95％酒精 280mL、水 2000mL。此液若沉淀，过滤后使用。

8. 保存无色透明的寄生植物浸制法

95％酒精 950mL、硫酸钠 20g、浓盐酸 25mL 和二甲苯 1000mL。方法如下：在标本瓶中倒入酒精，加入硫酸钠和浓盐酸密封动摇，存放一星期后倒去全部溶液，改用二甲苯密封保存。适用于水晶兰等。

9. 保存色泽鲜艳、质地柔软的花朵浸制法

先将选好的花朵分别用 10％、20％、30％、40％、50％的氯化镁溶液浸泡，每两天更换一次，pH 值为 6.0；然后用 60％、75％、85％的氯化镁溶液，每隔一周依次更换一次；最后用过饱和氯化镁溶液长期保存，pH 值为 5.8。此法浸泡月季、芍药花保存两年以上，仍色泽鲜艳、花形完整。

10. 适用于保存各种颜色的果实浸制法

先将果实洗净，用 20％氯化镁溶液浸泡 7～10 天；最后用过饱和氯化镁溶液（pH 值为 5.6）长期保存。

无论何种方法，对于较大果实的原色保存，在浸制前都要用注射器向果实内部注射一部分浸制液，才能取得好的效果。

11. 透明标本的浸制

把植物标本洗净，放入 70％酒精中水浴加热煮沸，待绿色部分变为黄白色后，取出材料，在清水中漂洗。

将去叶绿素的植物，浸入 4％氢氧化钠溶液中，使植物透明。透明后在清水中轻轻漂洗。在透明过程中，要经常观察，处理时间不能过长，以免标本发软变烂。

透明后的标本放入 70％酒精中固定 5～6 小时直到硬化为止，然后放入 0.5％～1％的番红溶液或孔雀蓝中染色，时间为 10 分钟左右，取出后清水漂洗。

取蒸馏水 100mL 加浓盐酸 3 滴，把经漂洗后的标本放入上述稀盐酸溶中褪色，5 分钟左右取出，褪色后的植物标本维管束仍保持红色或绿色，且很清晰，这时就可以放入 2％福尔马林溶液中保存。

标本也可以不经过染色，从 70％的酒精中取出后保存在二甲苯中。二甲苯除了能长期保存标本外，还有进一步使标本透明的作用。

（二）浸制标本的封瓶方法

浸制标本制作和保存是同时进行的，制作过程即为保存手段。将标本瓶口封闭，一方

面可以防止保存液蒸发；另一方面能预防外界杂菌侵入。标本瓶口的封合剂种类很多，下面介绍几种常用的材料。

1. 石蜡封瓶法

浸制标本装入标本瓶后，将瓶口和玻璃塞擦干后加热，然后把经过加热的瓶塞浸到热石蜡中，浸透以后把纱布紧紧包着瓶口，用细绳绑紧。等蜡凝固后，把瓶子倒过来，将包着纱布的瓶口浸入熔化的石蜡中，这时的蜡不需要太热，待稍凉，用手把瓶口的蜡抹平。完全凝固后标本便封严了。

2. 赛璐珞封瓶法

瓶口先用石蜡封紧，使瓶塞不能松动。用一张薄纸，将瓶口包着，然后把瓶子倒过来，浸入溶于丙酮或喷漆稀料的赛璐珞黏稠液中。大瓶多插几次，封厚些较好。

3. 鳔胶封瓶法

先将鳔胶切成小块，用水浸泡 9～11 小时，变软后切碎，去掉未浸透的硬结，放入研钵中捣成泥状，加少量石炭酸；然后将瓶口和瓶塞加热，迅速把鳔胶涂在瓶口和瓶塞上，立即塞紧。6～7 小时后，鳔胶干燥即封闭好。

（三）浸制标本的保藏

标本不宜放在高温及日光直射处，否则标本容易变色，一般是深色的变得更深，浅色的变得更浅。如果不做长期展览用，应放在不见光的橱内加上黑色纸罩，这样可以长期保持原色，每年春夏检查一次，溶液少了，要及时补充，一定要全部浸没标本，防止杂菌生长。溶液混浊，要及时更换新液。如标本变质，要及时更换浓度较高的保存液。

更换或增加溶液，要在夏季进行，因为此时瓶塞容易取下来。如果开启困难，可以先将标本瓶上半部浸入 60℃温水中 15 分钟再启封。

二、腊叶标本的保存

（一）腊叶标本的保色

绿色是植物的基本色，幼嫩的茎、叶片、芽都是绿色的，因此保存颜色以绿色为主。植物体内的叶绿素很容易分解破坏，植物干燥以后，原来的鲜绿色就变成灰绿色、灰褐色、枯黄色；有些植物叶片内还含有其他成分，干燥后变为黑褐色；花在干燥后也要褪色。只有少数枝叶和少数膜质的花不易褪色，可以保持原色一段时间。

一般腊叶标本的制作要经过压榨和干燥处理，目的是在短时间内使植物体内的水分被纸吸尽和蒸发掉，使标本能长期保存，不致霉烂。干燥的快慢与植物标本的质量关系很大。标本干得越快，就越能保持植物天然的颜色，越慢就越容易褪色，甚至变黑或霉烂。下面介绍使腊叶标本快速干燥的几种方法。

1. 烧煮法

用硫酸铜溶液处理过的植物，经过整形后，放在吸水纸层上。按一般压制植物标本的方法制成绿色的腊叶标本。

2. 烙干法

（1）在平坦的板上叠放 2～4 张吸水纸，把标本摊在吸水纸上整理好，再在标本上盖 2～4层吸水纸。

（2）加热熨斗，将水滴到熨斗底部发生蒸汽时，就可以熨烫标本。

（3）把熨斗放在夹有标本的吸水纸上慢慢移动。上面烫几次，将标本翻过来，反面再烫几次。

（4）让标本冷却，整理标本后再烫。含水量多的标本多烫几次，含水量少的标本少烫几次。

在熨烫过程中要时常揭开吸水纸，移动标本防止标本贴在纸上。但有些花、叶、茎干燥后容易收缩碎裂，在熨斗过程中，让其背面黏附在吸水纸上，烫干后沿边缘连纸剪下来，装到台纸上。

3. 微波干燥法

微波法主要是根据新鲜植物在微波场的作用下，所含极性分子会在高频场的作用下快速摆动，分子之间产生摩擦并以热的形式表现出来，从而使植物迅速升温，水分快速蒸发的原理，应用于干燥植物标本。由于微波加热能够直接穿过内部，内外同时加热，因此大大地提高了干燥植物的效率。

具体操作程序如下：①将新鲜的植物材料按常规法进行整理。②整理好的材料放在有瓦楞纸间隔的吸水纸中，用木夹捆牢夹好。③捆好的标本材料放在微波炉内的转盘上，将炉门关闭。④根据植物体含水量的多少确定处理功率和时间。一般含水量在75%以上的植物称为高含水量植物，如玉竹、黄瓜六叶期全株等，应先用210W较低的功率处理3～5分钟，使其体内水分缓慢散发出一部分，然后再增加微波功率到280～350W处理5～8分钟，加速干燥；含水量在66%～74%的植物，如问荆、委陵菜、夏至菜等，应选用微波功率280W，处理10～15分钟；含水量在65%以下的植物称为低含水量植物，如苔草、文竹、点地梅等，应选用微波功率280W，处理8～10分钟。⑤将烘干的标本从微波炉里取出，散发热气后，放在干纸中间，准备消毒装贴。

无论是常规法还是微波法干燥标本，对于水生植物来说，从水中取出时易纠缠在一起，不易展开，故应先将水生植物放在水盆中，在盆底铺上台纸，使植物姿态舒展开后，再慢慢将台纸连同标本托起，上面盖以白布或纱布后再进行压平干燥。

4. 铝制波纹板干燥法

（1）制备长45cm、宽30cm的铝制波纹板若干。将新鲜标本夹在报纸中，用铝板将其上下夹住，每两块铝板间可以夹2～4个标本。

（2）把夹有标本的铝制波纹板叠摞起来，用标本夹将其捆紧，放进烘箱烘干。烘箱温度要保持在45℃～50℃，一般半天到一天就可以完全烘干。

在使用铝制波纹板的过程中，一定要注意压紧捆牢，否则标本可能不如用吸水纸压制的那样平展。在干燥过程中由于植物体内水分蒸发，整捆标本会逐渐变松，这时不能再将其取下压紧，否则易使部分已经接近干燥的标本折断。

由于铝板的导热性好，波纹之间的空隙利于植物体内水汽的散失，标本可以迅速干燥，并能保持天然的颜色。

（二）腊叶标本的保存

植物腊叶标本在使用过程中容易发生的损坏有枝叶皱卷、折断、脱落、果实或种子脱落、附件散失等，在保藏过程中容易吸湿、生霉、虫蛀等。防止腊叶标本在使用和保藏过程中损坏，应从各方面注意。首先，在压制时就要注意以下问题。

1. 根据标本干燥速度不同，分别处理

在压制标本时要考虑到保存。同时采来的新鲜标本不会同时压干。植株较大而叶片肥厚的干燥得慢些；一份标本中，幼嫩部分干燥得慢。凡干燥较慢的材料，在压制时，要注意多加些吸水纸，勤换勤晒吸水纸，并延长压制时间，这样有利于以后的保藏。

2. 减少标本之间的相互磨损

在很多腊叶标本中抽取其中一份，往往损伤其他标本。一方面在取标本时要避免它们之间的摩擦，另一方面还可以采取一些特殊方法保护标本。

(1) 常用的易损标本，可以在台纸上另加一张透明纸或塑料薄膜护面，或将装订好的植物标本封在塑料薄膜袋中。

(2) 制成过塑标本。标本修整后，在标本的反面涂上薄薄一层粘贴剂，一般为白明胶或加拿大树胶，然后将标本粘贴在台纸上的适当位置。标本鉴定后，将鉴定签贴在台纸的右上角。最后将粘贴有标本的台纸用封塑机过塑，即制成过塑标本。

(3) 使用标本注意避免损伤。在观察标本时，应将标本放在平坦的桌面上，不要使台纸卷折弯曲。没有必要不可拨弄枝叶。如果枝叶不平展，可以用喷雾器洒水分，再压平烫干。用完以后妥善保藏。

(4) 收藏标本时，注意保养。腊叶标本份数不多时，可以包在纸袋内或插入塑料袋中。如果份数较多，要预先按科、属、种分好类别，分类叠放在纸箱或木箱中。有条件的可将标本收藏在植物标本架上或植物标本橱内。腊叶标本可以根据教学内容每十份至每十五份用纸包好，再按教学进度顺次保藏好。存放标本的橱子应放在空气流通而干燥的场所。

三、植物标本的保养与维护

各高等院校生物系及相关研究机构一般都采集和保存了一定数量的植物标本，供教学、实验、科研使用。必须加强对这些植物标本的保管和维护，严防虫蛀和霉烂，使标本能长期保存和使用。同时还必须保管好与标本有关的资料、图片等，使标本更好地为教学研究服务。植物标本的保存和维护主要有以下几方面内容。

（一）标本室和器具

1. 建立植物标本室

植物标本室是存放标本的专用场所。宜设在干燥通风和整洁的地方。一般以楼房上层为宜。标本室的面积和空间视标本的数量而定。标本室门窗有较好的密封性能，以利于消毒和阻隔室外的潮气；并应挂有门窗帘，防止阳光直射而引起标本的变形、褪色。有条件的单位植物标本室最好装有排气扇，以利调节室内空气。

2. 植物标本柜

主要用于存放腊叶标本，式样和大小可根据实际情况而定，以铁质最好，既可防鼠，又可防火，但造价较高。一般用木质标本柜，通常采用二节双门式，以便于搬运装合。每节的大小约高 1m、宽 1.1m、深 50cm，每节竖向纵隔成 3 格，每格宽为 32～33cm，每纵格再用活动板横隔成几格。柜门须严密，门缝四周须嵌有毛毡条。

3. 植物标本橱

用于存放、陈列浸制标本和小型干制本，一般可定制，也采用 2 节拼装，以利搬运。一般每节高 1.1m、宽 1.5～2.0m、深 50m，要求正面及左、右三面为玻璃。木橱中最好用 6mm 厚的玻璃做搁板，并能灵活地调节高低，使不同高度的标本瓶都能装上标本陈列。

4. 标本盒

用于保存某些常用的教学用腊叶标本或珍稀腊叶标本。盒子最好用较轻的木材（泡桐）或质地坚硬的纸板做成，以保持不变形、不破裂，盒的大小要尽量一致，使入柜存放整齐、使用方便。标本盒一般长 40cm、宽 30cm、高 2.5～3cm，盖子上要装上玻璃，在盒子外面便可以看到标本。近年来为节约费用，有在腊叶标本上好台纸后，在表面加盖尼龙薄膜，效果也不差。

5. 标本瓶

主要用于存放浸制标本，规格有多种，应视浸制标本的大小而选用，有些小型浸制标本也可用酱菜瓶代替。

（二）标本的存放

1. 植物标本的分类存放

为便于植物标本的保存管理和观察利用，根据植物系的不同用途，用不同的方法制作的植物标本，应分别保存、管理。

（1）浸制植物标本的存放

将浸制标本存放于标本橱（玻璃橱）内，排列时应按植物的系统演化关系和它们的归属，有序排放，尽量做到同一类群植物放置于一个层面，并应尽可能布置得美观整齐。对于高等植物的根、茎、叶、花、果实和种子及营养器官的变态标本，要与系统分类标本分开排放，以免混淆。

（2）腊叶标本的存放

植物腊叶标本的存放，一般应按恩格勒系统排列。标本较少的单位，可以科为单位存放于标本柜的一格内；标本较多的单位，可以一个属的标本存放于一格内；种类特别多的属可以存入几格。在标本存放入柜时，应进行分类登记存档，包括存放标本科、属、种、份数及入柜时间、存入柜号、格码等，以便随时取用。

（三）标本的管理

1. 防霉

植物标本室应保持干燥，空气流通外，标本柜中应放置适量的生石灰或硅胶作为干燥剂，用量根据标本柜容器而定。梅雨季节后，结合消毒，进行全面整理，若发现个别标本轻微长霉，可用毛笔蘸少许二甲苯或氯仿，或用 7 份酒精、3 份石炭酸配制的溶液，轻轻刷清，晾干后再收藏。

2. 防虫

存放植物标本的每个柜、橱、盒中都必须放置适量的驱虫剂，以防止标本被虫蛀坏。一般常用的驱虫剂为樟脑精块，要求每年添加一次。平时应注意观察，一旦发现少数标本受到虫害时，即应拿到标本室外灭虫。对危害严重的标本，要及时焚烧。当发现害虫比较多时，应进行药物熏蒸，方法如下：熏蒸时，关闭门窗，打开标本柜、橱、盒，工作人员带上防毒面具或双层口罩，把二氯乙烷与四氯化碳以3∶1混合（每立方米用混合液90g），分别倒在几只搪瓷盘内，将盘放于标本柜顶上（因药液蒸汽比重大），工作人员离开标本室，并关上门窗，熏蒸24小时后，工作人员戴上防毒面具或双层口罩进入标本室，打开所有门窗，启动通风设备，或用电扇辅助通风，并将盛有药液的搪瓷盘拿到自来水槽冲掉残液。等室内残留毒气散完排出后，才允许进入标本室做整理工作。熏蒸季节最好在春末、秋季气温在15℃左右时进行。温度过低药液不易挥发，温度过高，室内墙壁、器具吸收药物蒸汽过多影响效果，且在温度过高的季节进行熏蒸容易发生中毒事故。

3. 防鼠

木制标本柜容易受到鼠害，防治方法是彻底消灭老鼠，堵塞鼠洞，可用药物灭鼠或机械灭鼠等多种方法。

4. 防光、防热

标本室的窗户要用深色布帘，避免日光直射。如标本受潮，切忌日光暴晒或高温烘烤，否则标本上的颜色就会褪掉或改变。应用吸水纸夹好放在标本夹中，采用新鲜标本的干燥法使其干燥。此外日晒和高温也会使干制标本脱胶或断裂，使浸制标本的封蜡氧化，浸液挥发。

5. 防潮

标本室应保持干燥，并使空气流通。标本柜、橱、盒中的硅胶一旦变色，应立即更换，梅雨季节及雨天切忌打开门窗或开启标本柜、橱、盒。标本的底层最好不放标本，而放置生石灰或氯化钙（用容器盛装）等防潮物品，以避免标本受潮霉变和脱胶。

6. 密封、换液

标本柜、橱、盒的密封应能有效防止灰尘、水汽、菌类和害虫的侵入，浸制标本瓶口的密封则应能保证浸液不挥发。一旦发现以上器具的密封性能改变，即应采取相应措施，重新做好密封工作。一旦发现浸制标本的保存液或混浊或发黄，要及时更换新液。换液时先去掉瓶上的蜡封，松动瓶盖后，打开盖子，小心倾去混浊液，再换入新配制的保存液，最后用蜡封包瓶口。

第四节　植物标本的运输

植物标本的运输主要是指在实习过程中采集和压制的标本在实习地点之间的转移，和从实习基地运送回实验室的过程。由于实习基地通常离自己的标本室较远，因此标本的运输至关重要，否则，可能使得前面辛苦采集得到的标本损坏，劳动成果付之东流。

① 防止丢失，人为损坏，因此需派专人负责。

② 防止雨淋，防潮防湿。梅雨季节，需用塑料布将标本夹捆扎好。

③ 发现问题要尽快解决，以防止标本进一步被损坏。

植物标本的运输，在晴天或阴天（不下雨）可以将标本夹捆在车厢顶部，一方面可以省去标本夹在车厢内所占的空间；另一方面也可进一步干燥标本。如果路途遥远，在路上的时间比较长，必须考虑在途中对一些没有完全干透的植物标本及时换纸，以防霉烂。

附录1 野生植物调查方法

气候条件，主要是指热量和水分以及两者的配合状况，它是决定许多植被形成带状分布的根本因素。太阳辐射是地球表面热量的主要来源，由于它提供给地球的热量从南至北有规律差异，形成不同的气候带，因而植被也成从南至北依次更替。因此，应结合气候的特点，进行植被调查。调查时应当注意：①地带性植被在相应气候条件下主要以显域生境最为适宜，特征亦最典型。如果地形平缓，地带内部常形成与气候差异有关的若干植被亚型，易呈带状分布。②在任何一个以某种地带性植被为主要类型的地带内，并非是清一色的显域生境。受河流、湖泊、沼泽、流沙、盐渍土、白垩或石灰岩、特殊地形等隐域生境影响，经常出现某些非地带性（隐域）植被，如草甸、沼泽、沙生植被、盐生植被、石灰岩植被等。

一、目的与任务

自然环境是生物的环境，野外实习将自然地理环境与生态系统学系统理论知识以及它们之间的联系结合起来，运用现代自然地理学和生态学野外工作方法，使学生全面认识影响生物生长、发育、繁殖、地理分布、生理过程、形态构造、行为的生态因子以及生物与环境的关系、生物群落和生态系统，综合认识野外植物调查的基本工作方法。

二、基本要求

通过野外植物调查实习，了解种群的数量特征及野外研究的基本过程。主要是植物种群数量的调查与统计；了解调查区常见的植物特征和一些代表种类；了解各大类群的基本特征与环境的关系。学会初步整理分析资料，认识实习地区植被的主要特征及分布规律；对调查地区常见植物具有一定的鉴别能力。特别是要观测与分析生物与环境的关系；环境对生物的限制作用（如温度、水分）；生物对环境的适应（如光、水、温度、风、地形）。基本掌握生物环境评估的常用指标，了解生物与地表环境的关系。

三、调查点选择的基本原则

调查样地必须选择在样本植物具有代表性、典型性的地段，亦即与当地大气候水热条件最相适应的、稳定的植物群落。因为，在某一自然地理区域，在气候、土壤、地形、动植物、水分等因素影响下，会形成与所在地环境条件协调一致的生物群落。这些群落的特征反映了当地的生境。

四、观测程序

1. 植物群落调查

调查植物群落有多种方法，如样地法、样线法、距离抽样法、点样法等。其中样地法是基础方法。

(1) 样地的布设：样地一般选择在能够代表区域群落的基本特征的地段。对植物群落考察应在确定的样地内进行，通过多个样地的详细调查，综合调查收集证据来估计推断整个群落的情况。

(2) 样地选择的原则：①样地应该选择在显域生境的地段，这样调查的植物具有较好的代表性；②种群结构完整，层次分明，便于识别；③各环境因子，包括土壤、母质和地形等须一致，在干旱区还要特别注意水分条件；④样地中植物中的分布要有均匀性；⑤样地必须在群落的中心部位，应避开过渡地段。

(3) 样地的规格：一般情况下草本群落样地面积 $1\sim10m^2$，灌丛样地面积 $16\sim100m^2$，单纯针叶林样地面积 $100m^2$，复层针叶林、夏绿阔叶林样地面积 $400--500m^2$，亚热带常绿阔叶林样地面积 $1000m^2$，热带雨林样地面积 $2500m^2$。虽然通常情况下小型样方用于调查草本群落或林下草地植物层，大型样方用于调查森林群落，但是在干旱地区调查荒漠中的群落时，由于植物数量较少，也应该采用大型样方。

(4) 样地数目：多数情况下样地数目多少取决于群落结构复杂程度。根据统计检验理论，多于30个样地的数值才比较可靠。为了节省人力和时间，考察时每类群落根据实际境况可选择3～5个样地。所有样地应依照顺序进行编号，以免混乱。

(5) 样地的形状：一般样地多采用方形，又称样方。除此以外，还有样条、样线等，可根据不同研究内容具体选择。为防止出现闭合差，在森林调查中，样方常沿着预定的测线方向呈菱形设置。

2. 调查内容与方法

样方地点选好后，根据所确定的样方面积，用绳或皮尺分组进行拉方。再根据植物群落调查表的内容要求和所学的原理方法，逐项调查统计填表。样地调查内容主要有环境条件、群落的空间结构、群落的组成特征、群落的外貌。

(1) 环境条件调查。至少应当包括以下九项：①调查地点；②地理坐标；③海拔；④气候条件；⑤地貌条件；⑥土壤条件；⑦母岩；⑧坡向、坡度；⑨人类影响。

(2) 组成特征调查。①种类组成，记录一份完整的种类名单，在设定的样地内调查、记录、完成。为防遗漏，还应在样地周围反复踏查。调查种类组成时，应采集标本，用于以后定名和订正。②数量特征，包括：一是多度，是对物种个体数目多少的一种估测指标，多用于群落野外调查。二是密度，单位面积或单位空间内的个体数。一般对乔木、灌木和丛生草木以植株或株丛计数，根茎植物以地上枝条计数。样地内某一物种的个体数占全部物种个体数的百分数比称作相对密度。某一物种的密度占群落中密度最高的物种密度的百分比称为密度比。三是盖度，是植物上部分垂直投影面积占样地面积的百分比，即投影盖度。另外还有基部盖度，即植物基部的覆盖面积。对于草原群落，常以离地面1in (2.54cm) 高度的断面计算；对森林群落，则以树木胸高 (1.3m处) 断面积计算，基盖度也称真盖度。盖度还可以分为种盖度（分盖度）、层盖度（种组盖度）、总盖度（群落盖度）。林业上常用郁闭度来表示林木层的盖度。通常，分盖度或层盖度之和大于总盖度，这是由于植物枝叶互相重叠造成的。群落中某一物种的分盖度占所有分盖度之和的百分比，即为该物种的相对盖度。某一物种的盖度占盖度最大物种的盖度的百分比称为盖度比。四是频度，是指群落中某种植物出现的样方数占整个样方数的百分比，即某个物种在调查范围内出现频度。五是高度，测量时取其自然高度或绝对高度。某种植物高度占最高的种的高度的百分比称为高度比。

3. 调查参考指标

（1）多度划分参考指标

国内多采用 Drude 的七级制多度。

密：极多，植物地上部分郁闭，占样地植物总株数 76%以上；

多：占样地植物总株数不超过 75%，通常分为，很多（51%～75%）、多（36%～50%）、稍多（6%～25%）；

少：数量不多而分散，占样地植物总株数 1%～5%；

稀：数量很少而稀疏，样地植物总株数小于 1%；

单：株数极度少、个别的。

（2）频度划分参考指标

一般按 10 级划分，即 1%～10%；11%～20%；21%～30%；31%～40%；41%～50%；51%～60%；61%～70%；71%～80%；81%～90%；91%～100%。

（3）物候期划分参考指标

① 营养期；

② 开花期，包括孕蕾期、初开期、盛开期、花谢期；

③ 结果期，可分为未熟期、成熟期或种子期；

④ 果后营养期。

（4）生活强度划分参考指标

① 营养体生长不好，而且个体稀少者；

② 仅有营养繁殖的植物种；

③ 具完全发育循环的植物种。

4. 外貌调查

群落外貌集中体现在生活型的组成上，可根据植物空间结构调查来进行。植物空间结构包括垂直结构调查：群落成层现象是群落形态结构的最显著标志之一，主要指群落的垂直结构。群落成层性包括地上成层和地下成层。地上成层现象在森林群落里最为明显，其主要观察：根据植物的生活型进行分层。首先划分地上层和地下层两个基本层次；其次，将地上层划分为四个基本层次，即乔木层、灌木层、草本层和由苔藓地衣构成的地被层。还可以进一步按同化器官的高度划分相应亚层。层划分有多种，一般情况下，第一层为植株高 6m 以上的乔木；第二层为植株高 6m 以下的乔木；第三层为灌木层；第四层为高度 30cm 以上的草本，属高草层；第五层为高度 10～30cm 的草本，属中草层；第六层为高度 10cm 以下的草本，属低草层；第七层为匍匐地面的植物（包括草本、蕨类、苔藓、地衣），属地被层。

乔木层也可以按最小 25m、10～25m、8～10m 划分亚层；灌木层按 2～8m、0.2～2m、最大 50cm 划分；草本层按最小 2m、0.2～2m、最大 50cm 划分；苔藓按最小 1m、最大 10cm 划分。此外，对地下层进行划分，可利用挖掘样坑的方法进行观察，即挖掘一定深度的土坑，把坑壁上的根系摄影或者描绘下来。然后根据植物地下器官根系和根茎等在土壤内垂直空间中分布情况，按分布的深度划分层次。通常与地上分层相对应。森林群落中乔木层根系分布最深，灌木层较浅，草本层最浅并常局限于土壤的表层。

不论是地上还是地下层记录时都应：①按垂直结构层次进行记录；②统计样地内各层或亚层的植物种类；③藤本植物和附生植物都列为层间植物，单独记载并记录它们各自枝叶分布的层次；④乔木的幼苗高度不一，无论混生哪一个层次里面都应单独记载，混生在草本层的灌木幼苗也应该单独记载。

水平结构调查主要表现在植物种类在水平方向上分布不均匀。调查时在样方中发现小群里应进行记载，记录其植物种类、面积大小以及形成原因，并画出其在平面上的分布状况。

调查时需确定每种植物的生活类别，统计每一类生活型中的植物种类数目，按下列公式求出百分率：

某一生活型的百分率＝（群落中某一生活型植物的总数/群落中全部植物总数）×100％

将统计结果列成表，可制作该群落的生活型谱。

五、观测资料的整理与分析

乔木层的优势主要利用重要值来判定：

重要值＝相对密度＋相对盖度＋相对频度

重要值最大的植物种类为乔木层的优势种，因而也是本群落的建群种。

草本层和灌木的优势种主要利用总优势度来确定，利用相对盖度（％）、相对高度（％）、相对密度（％）、相对频度（％）等作为基本参数，区别各个种的重要性。

若调查数目过少无法计算重要值和总优势度，可用目测多度和盖度结合起来的方法，把植物优势程度分成以下等级：

5——个体数任意，盖度大于 75％；

4——个体数任意，盖度 50％～75％；

3——个体数任意，盖度 25％～50％；

2——个体数很多，或个体不多而盖度 5％～20％；

1——个体数虽多而盖度小于，或个体数少而盖度小于 5％；

+——个体数少，盖度也非常小；

R——个体数极少，盖度极小。

六、野外植物调查报告

野外植物调查报告需要介绍样地的分布、样地的选择、观察描述样地环境特征、调查过程、调查项目、统计和登记样地植物种类。按乔木、灌木、草本分类统计植物的种类、数量，实习区域气候类型、植被区系、指示植物、建群种、优势种、伴生种、原生植被。然后计算汇总各组统计资料，按每一类植物群落的数量特征，初步整理样地调查数据和分析优势种，为群落命名。但是主要内容是根据各自植物群落调查数据，进行整理计算，并以生态学的原理，对产生的现象和特征对比分析，揭示各种现象之间的联系。可阐述：①群落属性标志和数量标志，指出主要的建群种、优势种和伴生种；②观测和分析种内与种间关系，如种内竞争（植物的自疏）、种间竞争、捕食、寄生和共生现象；③植物种群的基本特征及对环境的适应性，及其协调（相互之间的关系），种群与生境的分析结果等。

不同植物调查所参考的几种调查表见附表 1 至附表 4，可根据野外实习具体情况选用。

附表 1　植物群落调查表

调查者：　　　　　　　　　　调查地点：　　　　　　　　　　海拔：

地理坐标：　　　　　　　　　　　　　　　　　　　　　　　　调查日期：

<table>
<tr><td colspan="2">样方号</td><td colspan="2">自　至</td><td colspan="2">样地面积</td><td></td><td colspan="2">岩石标本号</td><td></td></tr>
<tr><td colspan="2">地貌</td><td colspan="2"></td><td colspan="2">坡向</td><td></td><td colspan="2">坡度</td><td></td></tr>
<tr><td colspan="2">土壤坡面号</td><td colspan="2"></td><td colspan="2">土壤厚度</td><td></td><td colspan="2">土壤 pH 值</td><td></td></tr>
<tr><td rowspan="2">光度</td><td>样地内</td><td colspan="2"></td><td colspan="2">气候</td><td></td><td colspan="2">温度</td><td></td></tr>
<tr><td>样地外</td><td colspan="2"></td><td colspan="2">风</td><td></td><td colspan="2">地下水位</td><td></td></tr>
<tr><td colspan="2">群落名称</td><td colspan="2"></td><td colspan="2" rowspan="3">群落各层优势种</td><td>乔木</td><td colspan="3"></td></tr>
<tr><td colspan="2">群落特点</td><td colspan="2"></td><td>灌木</td><td colspan="3"></td></tr>
<tr><td colspan="2">人类活动情况</td><td colspan="2"></td><td>草本</td><td colspan="3"></td></tr>
<tr><td rowspan="2">乔木层</td><td>高度</td><td colspan="2"></td><td rowspan="2">灌木层</td><td>高度</td><td></td><td rowspan="2">草木层</td><td>高度</td><td></td></tr>
<tr><td>盖度</td><td colspan="2"></td><td>盖度</td><td></td><td>盖度</td><td></td></tr>
<tr><td rowspan="2">枯枝落叶</td><td></td><td colspan="2"></td><td rowspan="2">腐殖质层</td><td></td><td></td><td colspan="2">木桩直径</td><td></td></tr>
<tr><td></td><td colspan="2"></td><td></td><td></td><td colspan="2">倒木直径</td><td></td></tr>
<tr><td colspan="10">样地及其周围环境照片、素描以及样地地貌图</td></tr>
</table>

附表2 植物野外调查记录表

地点： 调查人： 记录人：

样方号码： 面积： 种类组成：

总盖度： 分层盖度： 调查日期：

编号	植物名称	高度		株（丛）幅		层次	盖度	多度	密度	频度	物候期	株数
		平均	最高	平均	最大							

附表3 野外无样地植被目测调查表

调查人：________________ 调查日期：________________

样点号：________________ 记载面积：________________

调查地点：________________ 地形：________________

坡向：__________ 坡度：__________ 海拔：__________ 土壤：__________

乔木层

优势种：________________ 郁闭度：________________

主要树种：________________________________

灌木层

盖度：________________________________

主要种类：________________________________

草本层

主要种类：________________________________

层外植物：________________________________

人类及动物影响：________________________________

____

附表 4　野外植物样方调查表

调查人：____________　　调查日期：____________

样点号：____________　　样方面积：____________

调查地点：____________　　地形：____________

坡向：________　坡度：________　　海拔：________　土壤：________

群落名称：____________　　人及动物活动影响：____________

乔木层　　　　　　优势种：　　　　　　郁闭度：

种名	层次	胸径	高度	盖度	频度	倒木直径	物候期	蓄积	
								单株	样地

苗木或幼树

种名	株数	多度	高度	盖度	频度	生活强度

灌木层　　　　　　盖度：　　　　　　分布情况：

种名	株数	高度		盖度	多度	密度	生活强度	分布情况	物候期
		平均	最高						

草本层　　盖度：　　分布情况：

种名	层次	高度		盖度	多度	密度	生活强度	物候期
		平均	最高					

苔藓地衣类　　盖度：　　分布情况：

地面上：　　树干上：

种名	多度	小生境	分布状况	其他

层间植物

种名	多度	生长方式	其他	种名	多度	生长方式	其他

附录2 广州民航职业技术学院植物学野外实习报告

姓　名＿＿＿＿＿＿＿＿＿＿＿＿＿＿＿＿

学　院＿＿＿＿＿＿＿＿＿＿＿＿＿＿＿＿

班　级＿＿＿＿＿＿＿＿＿＿＿＿＿＿＿＿

提交日期＿＿＿＿＿＿＿＿＿＿＿＿＿＿＿

指导老师＿＿＿＿＿＿＿＿＿＿＿＿＿＿＿

实习地点＿＿＿＿＿＿＿＿＿＿＿＿＿＿＿

实习时间＿＿＿＿＿＿＿＿＿＿＿＿＿＿＿

小组成员＿＿＿＿＿＿＿＿＿＿＿＿＿＿＿

植物学野外实习报告

一、实习的目的与意义

1. 目的

（1）熟悉植物野外的生存环境，正确认识植物与环境之间的关系。

（2）巩固和加强课堂知识内容，观察、比较、分析植物各大类群的典型代表植物，探讨各大类群植物的形态特征。

（3）学会使用植物检索表，掌握一般的植物分类理论基础。能通过检索表认识查找植物，并掌握常见植物的科、属类别。

（4）通过野外实习，学会基本的野外工作方法，自己动手做标本，初步学会和掌握做标本的方法、步骤，培养独立的工作能力。

（5）认识广州地区植物的特征，了解华南地区常见植物形态特征及分布类型。

2. 意义

（1）通过实习可以培养科学的学习态度，吃苦耐劳的精神，严明的组织纪律性，团结协作精神。

（2）利用野外实习可以很好地让同学们认识和了解大自然，培养热爱自然、保护生态环境的意识。

（3）野外实习不仅是对理论知识的验证和巩固、对课堂知识的补充和深化，同时也是对综合素质的全面锻炼和提高。野外实习对于激发同学们的学习兴趣、培养观察能力、创新思维和动手能力具有重要意义。

二、野外实习的内容及要求

野外实习是一项综合性实习，它是运用所学知识去认识植物世界的一项重要的科学实践活动。标本的采集和制作是这次实习的重要内容。标本的采集要讲究技巧，有花或有果的、叶子较完整的、长势相对较好的植物才有价值，还必须注意雌雄是否异株，雌雄异株的必须两种都要采。标本采集回来必须及时进行压制。压制过程中最好全小组都参与，这样有利于大家对压制方法的掌握和对植物的识别。压制时除了要注意叶子要铺平之外，还要注意叶子应该要有正、反两面。压制完之后的头三天要每天都换纸，之后可以隔一两天再换，直到压干。我们分别对常见观赏植物、山地植物、树木的植物形态特征、种类及分布规律进行了详细的观察、记录、分析和鉴定，对不认识或不清楚的植物我们就通过查阅植物志、检索表等进行鉴定。

三、实习地点

本次实习的具体地理位置是广东南岭国家级自然保护区，其坐落于粤湘两省交界的粤北南岭腹地，广东省北部南岭山脉中心地带，地理坐标为东经 112°30′～113°04′，北纬 24°37′～24°57′。

四、实习地点自然概况

南岭国家级自然保护区东与乳源瑶族自治县大桥镇、大坪和南水水库接壤，南与乳源瑶族自治县洛阳乡、古母水镇连接，西靠连州潭岭水库，北与湖南莽山国家级自然保护区相邻，总面积 58400hm^2，是目前广东省面积最大的国家级自然保护区，森林覆盖率达98%以上。南岭保护区属森林生态系统类型保护区，主要保护对象为中亚热带常绿阔叶林和珍稀濒危野生动植物及其栖息地。

南岭自然保护区位于南岭山脉中段南坡，为珠江支流北江的发源地。构造上属华南褶皱带的一部分，在地史上属华夏古陆和杨子古陆的华南地台，海浸盛期的泥盆世，以大瑶山海岛露于海面，中生代以来，经过几次强烈的华南地台上升，海相沉积，砂岩、石灰岩、泥炭岩和白云岩侵入，形成了从连州市潭岭向东南经莽山、秤架、天井山的西北一东南走向山脉。保护区最低处海拔 200m，最高峰石坑崆为"广东第一峰"，海拔 1902m，区内千米以上高峰 30 多座，属中山地貌，重峦叠峰，地形峻峭，山高谷深，山地坡度一般为 25°～50°，局部可达 60°以上，山峰多呈浑圆形式。

南岭自然保护区成土母岩有花岗岩、砂页岩、变质岩等。海拔 900m 以下，分布着山地红壤，土层深厚质地稍黏；海拔 900～1800m 为山地黄壤，是保护区主要土壤类型，土层较薄，有机质含量高；海拔 1800m 以上，局部形成山地灌丛草甸土，其母岩风化程度低，土层浅薄，但有机质含量极高。

南岭自然保护区属典型的亚热带温湿气候，兼具亚热带季风气候特征，因地势较高，又兼具山地气候特色。年平均气温 17.7℃，历史最高气温 34.4℃，最低气温－4℃（1954年），冬季霜期较长，最长可达 100 天，年均通常有 10 天左右的降雪期，山顶伴有结冰，中山云雾多，日照率 40%。降水量充沛，年平均达 1705mm，最高年份可达 2495mm，降雨量多集中在 3～8 月，年相对湿度 84%。由于水热条件优越，气候宜人，各类生物生长繁茂，动植物资源十分丰富。南岭自然保护区内分布的国家重点保护植物、鸟类和兽类，分别占广东省总数的 43.9%、51.4%、88.5%，其中蝶类等昆虫资源更是广东之最。据调查，南岭自然保护区的种子植物有 171 科 2138 种，其中国家重点保护的珍稀濒危植物 40 多种；陆栖兽类 25 科 86 种，其中国家一级保护兽类 6 种，二级保护兽类 17 种；鸟类 42 科 218 种，其中 15 种（或亚种）为广东新记录种，国家一级保护鸟类 2 种，二级保护鸟类 35 种；蝶类 11 科 314 种，其中金斑喙凤蝶属国家一级保护昆虫。

南岭具有悠久的生物发展历史，是古热带动植物的避难所和近代东亚温带、亚热带植物的发源地。南岭自然保护区保留下来的原生林是生物进化史中形成的珍贵遗产。目前世界上与南岭同纬度的地区大都成为稀树草原或热带沙漠，南岭是仅存面积最大的绿洲，并保存着南亚热带季风常绿阔叶林、沟谷雨林、针阔叶混交林、针叶林和山顶矮林等森林植被类型。这些宝贵的森林资源是人类不可多得的自然遗产。

保护区物种起源古老，种类繁多，南北动植物交错渗透，孕育着丰富的森林和野生动植物资源，是我国生物多样性关键地区之一，在生物进化史中具有特殊的地位。其中安息香科植物有 8 个古老的属分布在南岭，有专家认为南岭是安息科植物的发源地；另外还有半枫荷属、石笔木属等植物也以南岭为分化中心。南岭还保存着许多孑遗种和特有种植物，如樱井草、双花木、广东松、乐东木兰、长苞铁杉、大果马蹄荷等。同时还保留着许多古树名木，如杉木、紫杉、锥树、红豆杉等，粗者胸径达1.4m。

五、实习结果分析和讨论

1. 标本采集

采集标本要尽可能采集根、茎、叶、花、果实、种子各个时期同时存在的植株。应该选择生长正常、无病虫害的植物作为采集对象。

采集完成后，在标本上挂号码签，在采集记录本上填写对应号码标本的采集时间、地点、植物生长环境和初步鉴定的植物种名、科名等。

2. 制作过程

适当修剪植物体上过于密集的枝叶及花果。植株过大的草本植物可折成“V”形、“N”形、“W”形。若采集的果实过大，可将果实切成片状后干燥。

将枝叶展开，反折平铺其中一个小枝或部分叶片，使进行观察鉴定时能见到植物体两面的构造。

压制标本。在夹板上铺5～10层报纸，把整理后的植株置于报纸上，再铺上几页报纸，再放上一株植株。重复此动作直至标本都放入报纸中。再铺上5～10层报纸，放上夹板。

对夹板进行对角线捆扎，捆扎后应使绳索在夹板正面呈“X”形。由于标本的原因造成的凹凸不平要注意调整，使夹板内的全部枝叶花果受到同等的压力。

压制时应注意植物体的任何部分不要露出标本夹外，否则标本干燥时，伸出部分会皱缩，干燥后也易折断。

为使标本迅速干燥，最初的几天特别要勤换纸，等标本基本上干燥了，则可以隔天换一次纸，直到标本全部干燥为止。这时，可以将已干燥的标本取出另放，未干者继续换纸。

换下的湿纸要及时晒干或烘干，以备后用。在换纸的同时，还应注意对标本进行继续修整，铺展枝叶，脱落的花果要用纸袋收集，并做好记录。对于霉烂的标本要及时清除。

3. 植物种类（名称、科、属、拉丁名）

本小组共压制了×个种的植物标本，少数种名称有待鉴定，已鉴定标本植物的拉丁名及科名如下：

采集号	植物名称	拉丁名	科名
201201	构树	*Broussonetia papyrifera*	桑科 Moraceae
201202	狗牙根	*Cynodon dactylon*	禾本科 Poaceae
201203	鬼针草	*Bidens pilosa*	菊科 Asteraceae
……	……	……	……

六、收获与体会

此次野外实习，我亲手收集并鉴定了部分植物，进一步加深了我对课本知识的理解和掌握，同时掌握了制作标本的方法及要求，使我对学习植物学产生了很大的兴趣……

七、意见与建议

附：×张实物图　（略）

编写说明

本书在编写过程中，参考了国内外大量机场及野外实习方面的资料，并选用了图片，因作者较多，无法取得联系，在此表示感谢。请相关图片作者与本书作者（单位：广州民航职业技术学院；地址：广州市白云区机场路向云西街10号）联系，我们将赠送本书及相应的片酬。